异构基因共表达网络的分析方法

熊　芳　吴继冰　邓　苏　肖开明　著

電子工業出版社
Publishing House of Electronics Industry
北京・BEIJING

内 容 简 介

本书以面向鼻咽癌的 LncRNA 和 mRNA 基因共表达网络为主要研究对象和研究背景，基于张量分解工具对异构信息网络的聚类问题进行研究；提出了基于张量的异构信息网络建模方法、一般网络模式的异构信息网络聚类模型、稀疏性约束下的异构信息网络聚类模型、动态异构信息网络中的混合多类型社团发现模型；并在此基础上利用这些异构信息网络分析方法，深入研究 LncRNA 和 mRNA 的表达水平和调控关系，从而为后续鼻咽癌的监测和治疗提供依据并奠定基础。

图书在版编目（CIP）数据

异构基因共表达网络的分析方法 / 熊芳等著. —北京：电子工业出版社，2023.9
ISBN 978-7-121-46430-0

Ⅰ. ①异… Ⅱ. ①熊… Ⅲ. ①异构网络—研究 Ⅳ.①TP393.02

中国国家版本馆 CIP 数据核字（2023）第 182664 号

责任编辑：雷洪勤
印　　刷：河北虎彩印刷有限公司
装　　订：河北虎彩印刷有限公司
出版发行：电子工业出版社
　　　　　北京市海淀区万寿路 173 信箱　邮编：100036
开　　本：720×1 000　1/16　印张：11.25　字数：216 千字
版　　次：2023 年 9 月第 1 版
印　　次：2025 年 5 月第 3 次印刷
定　　价：88.00 元

凡所购买电子工业出版社图书有缺损问题，请向购买书店调换。若书店售缺，请与本社发行部联系，联系及邮购电话：（010）88254888，88258888。

质量投诉请发邮件至 zlts@phei.com.cn，盗版侵权举报请发邮件至 dbqq@phei.com.cn。

本书咨询联系方式：leihq@phei.com.cn。

前　言

我们正处在一个万物互联的时代。随着微传感器技术、物联网技术的高速发展，我们身边原本孤立的各种物理设备正逐渐变得智能化，并借助多样化的信息交互手段无缝连接到一起。物理设备映射到信息域交互连接的信息对象组成了一个庞大而复杂的网络，我们称之为信息网络。信息网络也可以视为现实系统在信息域的一种描述，其反映了现实系统中的对象（这些对象包括物理世界中的智能设备、智能设备在信息域映射的信息对象，还包括信息系统中的各种数据对象等）、拓扑结构及对象之间丰富的交互关系等。现实系统中的对象被表示为网络中的顶点，而对象之间的关系被表示为顶点与顶点之间的边。由大量互相连接的信息对象组成的信息网络在现实世界中随处可见，例如社交媒体网络、电子商务网络、生物信息网络，以及大量的结构化数据库系统等。尤其是生物信息网络的基因共表达网络为分析和深入研究基因的表达水平和调控关系、为后续生物学研究提供依据，并奠定了坚实的基础。如何从信息网络中挖掘出有用的知识是一项意义重大且充满挑战的任务。在最近十几年里，信息网络的挖掘俨然成为数据挖掘和信息检索领域的一个新的研究热点。最初的信息网络挖掘基本上都是将传统的数据挖掘方法扩展到同构信息网络中，即假设信息网络中只包含一种类型的对象，且对象之间只存在一种类型的连接关系。然而，在实际情况中，信息网络基本上都是异构的，即网络中包含多种类型的对象，且对象之间可能存在多种类型的连接关系。

然而，许多现有的数据分析方法，如聚类等，都是为了离散点集或只包含一种关系的同构信息网络而设计的。对于异构信息网络中包含的多种类型的对象和丰富的语义关系，必须经过投影转换等手段将异构信息网络转换为同构信息网络才能处理。这种转换忽视了对象和连接类型之间的相关性，一般都会导致异构信息网络中语义信息的丢失或者网络结构的损坏。

本书以面向鼻咽癌的 LncRNA 和 mRNA 基因共表达网络为主要研究对象，基于张量分解工具对异构信息网络的聚类问题进行研究；提出了基于张量的异构信息网络建模方法、一般网络模式的异构信息网络聚类模型、稀疏性约束下的异构信息网络聚类模型、动态异构信息网络中的混合多类型社团发现模型；并在此基础上利用这些异构信息网络分析方法，深入研究 LncRNA 和 mRNA 的表达水平和调控关系，从而为后续鼻咽癌的监测和治疗提供依据。

本书通过基因芯片技术，获得基因表达谱，并从中找到与鼻咽癌相关的差异表达的 LncRNA，综合考虑不同类型 mRNA 之间的关系、LncRNA 和 mRNA 之间的关系，结合基因调控网络的知识，构建与鼻咽癌相关的 LncRNA-mRNA 基因共表达网络。

本书共 7 章，第 1 章是绪论，介绍异构信息网络分析的基本概念，讨论了关于异构信息网络聚类和张量分解的发展和研究现状，分析了目前异构信息网络聚类方法存在的问题和短板，引出本书主要内容；第 2 章主要介绍关于异构信息网络和张量代数的基本定义和相关概念，分析异构信息网络的主要特征，研究异构信息网络的张量表示模型，为接下来的异构信息网络聚类研究提供模型描述基础；第 3 章介绍基因共表达网络基础知识，并采用临床样本数据构建 LncRNA-mRNA 基因共表达异构信息网络；第 4 章主要介绍一种基于遗传算法的社团划分算法——CDGA 算法，可以进一步发现基于鼻咽癌的 LncRNA-mRNA 基因共表达网络中具有相似表达的基因，利用遗传算法对鼻咽癌相应的基因共表达网络进行社团探测；第 5 章介绍一种新型的基于稀疏张量分解的聚类框架，将异构信息网络的聚类形式化为类似 TUCKER 分解的张量形式，证明张量分解应用于异构信息网络聚类的可行性和收敛性，并探讨基于张量分解的异构信息网络聚类的瓶颈问题，给出了算法的初始化方法，最后通过在实际基因共表达数据集上的实验对算法进行了评估；第 6 章针对现实异构信息网络中各种类型对象的聚类结果存在稀疏性问题，在张量 CP 分解模型的基础上引入了 Tikhonov 正则项对特征矩阵进行稀疏性约束，提出了带稀疏性约束条件的异构信息网络聚类框架，提出了两种随机张量梯度下降算法，严格证明了两种随机张量梯度下降算法的收敛性条件，并讨论了利用张量的稀疏性对算法加速运算的策略，最后在实验中评估了两种算法的性能；第 7 章进一步介绍动态异构信息网络中的混合多类型社团发现方法，提出了带时变正则项的张量 CP 分解模型，并提出了混合多类型社团数量的自适应学习方法，讨论了网络中新旧对象更替和算法在线部署等问题。

目　　录

第1章 绪　　论

鼻咽癌（Nasopharyngeal Carcinoma，NPC）是指发生于鼻咽腔顶部和侧壁的恶性肿瘤。是我国高发恶性肿瘤之一，发病率为耳鼻咽喉恶性肿瘤之首，从流行病学、病因学、病理特征及治疗策略等方面都与其他头颈部恶性肿瘤有着明显的区别。根据对患者相关数据的统计分析发现，该癌症具有种族易感性、家族聚集性和地区集中性等特性，多见于黄种人，少见于白种人，且在世界上大部分地区发病率都较低，仅在东南亚及北非等地区高发，尤其在中国南方五省，即广东、广西、湖南、福建和江西及其周边地区鼻咽癌的发病率高达十万分之三十（在全球大部分地区鼻咽癌的发病率都低于十万分之一），占当地头颈部恶性肿瘤的首位，且发病率高的民族，在移居之后其后裔仍有较高的发病率。因此该疾病成为我国医学领域迫切需要得到控制和解决的重要问题之一。

目前，在鼻咽癌的治疗上，对于早期患者多采用放射治疗，对于晚期患者多采用同步放化疗，虽然对放化疗敏感，但由于原发部位隐蔽，早期症状不明显，因此在临床上容易出现漏检或误诊，且大多数鼻咽癌恶性程度高，有很强的转移倾向，因此鼻咽癌治疗的失败率仍然相对较高。鼻咽癌患者的高转移水平、高复发风险以及不良预后，使得鼻咽癌的治疗难度增加，且至今仍无根治措施，因此持久有效的新生物标志物以及治疗手段对于鼻咽癌患者而言至关重要。

在鼻咽癌发生和发展过程中，存在大量癌基因的激活、抑癌基因的失活，以及多条信号转导通路的异常改变，但鼻咽癌发生和发展的分子机制目前仍未被阐明。越来越多的研究表明，除蛋白编码基因外，非编码 RNA（non-coding RNA，ncRNA）在恶性肿瘤发生和发展过程中起着重要的作用。ncRNA 可被人为地分为多种类型，包括微小 RNA（microRNA，miRNA）、长链非编码 RNA、内含子 RNA、环状 RNA 和胞外 RNA 等。目前已有广泛的证据表明，miRNA 通过与靶向的 mRNA

结合，对靶基因表达进行调控，使肿瘤患者出现失调现象，表达异常，因此抑制靶基因表达或诱导其降解至关重要。在鼻咽癌的相关研究中，发现 miRNA 可作为鼻咽癌有效的生物标志物。Wen 等人发现的 16 个 miRNA 可以成为鉴别鼻咽癌和其他头颈部癌症的第一个有意义的标志物。马俊团队发现了 5 个与鼻咽癌生存相关的 miRNA。刘欢等进行了鼻咽癌关键 miRNA 的鉴定及其相关的生物信息学分析。与 miRNA 相比，在 ncRNA 中，绝大部分是长度超过 200 核苷酸（nucleotide，nt）的长链非编码 RNA（Long non-coding RNA，LncRNA）。目前人类基因组上已经鉴定出的 LncRNA 基因超过 90 000 个，可以编码超过 140 000 万种不同的转录本，已经远远超过了蛋白编码基因的数目。尽管 LncRNA 不编码蛋白质，但是它们却在表观遗传、转录和转录后等多个层面调控细胞内的基因表达，从而发挥着重要的生物学功能。尽管目前在鼻咽癌中已有 100 多个 LncRNA 被报道，但相对于 90 000 多个已经被鉴定的 LncRNA 基因来说，这还仅仅是极小的一部分，绝大部分 LncRNA 在鼻咽癌发生和发展过程中的作用和机制还不清楚。因此在全转录组水平构建鼻咽癌及其对照组织中 LncRNA 的表达谱，将为筛选和鉴定在鼻咽癌发生和发展过程中具有重要作用的 LncRNA，并深入探讨它们在鼻咽上皮癌变过程中的分子机制提供重要参考。但是，目前已有的描述基因调控关系的网络模型尚未将人体内的各种不同类型的基因，如 mRNA（Messenger RNA，信使 RNA）、miRNA（microRNA，微小 RNA）、LncRNA 等多维网络模型的节点加以区别，而是将其割裂构成不同二元网络节点进行分析，这样降维无疑会造成有价值信息的丢失，从而使得肿瘤发生和发展过程中的动态变化规律的发现以及关键节点分析更为困难。

异构信息网络作为一种半结构化的表示方式，能够对现实系统进行具体的抽象，并保留现实中的语义信息。异构信息网络将现实系统中不同类型的节点及节点之间的各种丰富的交互关系区别对待，分别建模，因此异构信息网络不仅可以有效地融合更多的信息，而且能够涵盖节点和连接中丰富的语义。通过异构信息网络，可将人体内各种不同类型和不同作用的基因节点建模为同一个复杂信息网络模型中的不同类型节点，完整地描述它们之间的不同交互关系及权重角色。利用网络模式、元路径等异构信息网络特有的概念，可以无损地描述不同类型的节点和交互关系。此外，基于异构信息网络的挖掘算法可以有效发现异构信息网络中各种隐含的模式和交互结构及其变化规律。因此，异构信息网络相关技术对发现基因在鼻咽癌发生和发展过程中的动态变化规律、关键节点、结构演变具有天然的优势。

由于在已有的针对 miRNA 的研究中已经筛选出一定数量的鼻咽癌相关靶基因 mRNA，且在肿瘤转录组中主要描述的是肿瘤细胞中转录的 mRNA，本书重点研究的是 mRNA 与 LncRNA 之间的基因调控。基于异构信息网络相关技术、基因调控网络相关知识及有关生物信息学手段，构建恶性肿瘤发生和发展相关的 LncRNA-mRNA 基因共表达网络，通过异构信息网络相似性度量、排名和聚类等技术分析恶性肿瘤发生和发展对应的基因共表达网络的规律，特别关注 ncRNA 与其他重要生物分子间的相互调控关系，鉴定出下游调控网络中作为关键节点的 ncRNA 分子，这些 ncRNA 将在后续临床转化研究中作为恶性肿瘤早期预警和早期诊断的标志物，并成为恶性肿瘤防控的重要靶点。如果能通过这些 ncRNA 将“非可控性炎症”重新引导为“可控性炎症”，则有可能抑制炎症相关肿瘤的发生，将具有较好的潜在临床应用前景。研究的完成不仅有助于深刻理解炎症相关恶性肿瘤的发生和发展机制，对于完善恶性肿瘤的癌变原理也具有非常重要的理论研究意义。本文提出的基于 LncRNA-mRNA 的基因共表达网络模型的构建以及对网络相关性的分析等方法，也能为其他类型的基因调控网络分析提供理论支撑，并为异构信息网络分析挖掘提供新的范例。

第2章 基于张量的异构信息网络建模方法

现实系统中一般都包含了大量的、交互的、多类型的对象，这些对象映射到信息域组成了一个庞大的信息网络。信息网络也是现实系统在信息域的抽象，信息网络中的顶点对应于现实系统中的对象，边对应于对象之间的关系。按照网络中对象和边的类型种类可以将信息网络分为同构信息网络（即网络中只包含一种类型的对象和边）和异构信息网络（即网络中包含至少两种类型的对象或者边）。其中，异构信息网络是现实系统中普遍存在的。而张量是对矩阵在高维空间中的扩展，对高阶数据的表示具有天然的优势。本章主要介绍异构信息网络和张量代数的相关概念，提出了异构信息网络的张量表示模型。

2.1 异构信息网络

定义 2.1 信息网络（Information Network）。信息网络是定义在一个对象集合 V 和边集合 E 上的加权图 $G=(V,E,\tau,\varphi,\psi)$ 。其中，τ 为边的权重映射函数 $\tau:E\to\mathbb{R}^{+}$ ，即 $\forall e\in E$ 有 $\tau(e)\in\mathbb{R}^{+}$ ；φ 为对象类型映射函数 $\varphi:V\to V$ ，φ 将对象集 V 中的每一个对象都映射到一种对象类型，即 $\forall v\in V$ 有 $\varphi(v)\in V$ ；ψ 为关系类型映射函数 $\psi:E\to E$ ，ψ 将边集 E 中的每一条边都映射到一种关系类型，即 $\forall e\in E$ 有 $\psi(e)\in E$ 。

通常情况下，信息网络 $G=(V,E,\tau,\varphi,\psi)$ 也简记为 $G=(V,E)$ ，这两种记法互为等价，在接下来的讨论中使用简记，将信息网络直接记为 $G=(V,E)$ 。信息网络的定义中最大的一个特征是明确区分了对象所属的对象类型和边所属的关系类型。记信息网络中的对象类型数为 N ，有 $N=|V|$ ，关系类型数为 R ，有 $R=|E|$ 。从而，当 $N>1$ 或者 $R>1$ 时，信息网络中具有多类型的对象或者多关系类型的边，这种信息网络称为**异构信息网络**（Heterogeneous Information Network）；当 $N=1$ 且

$R=1$时，信息网络称为**同构信息网络**（Homogeneous Information Network）。本书的主要研究对象为异构信息网络，除特别标注或者说明，书中出现的异构网络和异构信息网络等价，均指异构信息网络。

为了方便阐述，将对象类型V_n中的任意对象记为$\{v_{i_n}^n\}_{i_n=1}^{I_n}$，其中$I_n$是类型$V_n$中的对象总数，即$I_n=|\{v\mid v\in V,\varphi(v)\in V_n\}|$，$n=1,2,\cdots,N$。从而，信息网络中对象的总数记为$I=|V|=\sum_{n=1}^{N}I_n$。异构信息网络中的任意边记为$e_{i_a,i_b}^{(a,b)}=\langle v_{i_a}^a,v_{i_b}^b\rangle$，其中$i_a=1,2,\cdots,I_a$；$i_b=1,2,\cdots,I_b$；$a,b=1,2,\cdots,N$。特别地，在异构信息网络中如果边集$E$中的两条边$e_{i_a,i_b}^{(a,b)}=\langle v_{i_a}^a,v_{i_b}^b\rangle$与$e_{i_c,i_d}^{(c,d)}=\langle v_{i_c}^c,v_{i_d}^d\rangle$具有相同的类型，即$\psi(e_{i_a,i_b}^{(a,b)})=\psi(e_{i_c,i_d}^{(c,d)})$，那么这两条边所连接的起点对象具有相同的类型，即$\varphi(v_{i_a}^a)=\varphi(v_{i_c}^c)$，并且终点对象也具有相同的类型，即$\varphi(v_{i_b}^b)=\varphi(v_{i_d}^d)$。

对于异构信息网络中的任意一条边$e_{i_a,i_b}^{(a,b)}=\langle v_{i_a}^a,v_{i_b}^b\rangle\in E$，根据应用和具体情况的不同，权重函数$\tau$可以有多种形式的定义。其中，最简单的权重函数$\tau:E\to\mathbb{R}^+$可以定义为：

$$\omega_{i_a,i_b}^{(a,b)}=\tau(e_{i_a,i_b}^{(a,b)})=1 \tag{2.1}$$

很显然，此时的异构信息网络变成了一个非加权网络，即网络中所有边的权重值相等且均为1，这也是现实情况中最常见的一种。当然，根据具体情况，可以定义不同的加权函数τ，并不影响本文接下来的讨论。

给定一个复杂的异构信息网络$G=(V,E)$，尤其是网络中包含大量对象和边时，如图 2.1 所示的几个例子，我们很难一眼就看出网络各种类型的对象和边之间的组织结构。为了更好地抽象出网络中对象和边的组织形式和结构信息，需要一种从网络元级别的描述形式。网络模式可以从元级别来描述异构信息网络中对象类型与关系类型的组织结构，这是对异构信息网络元结构的一种抽象。

定义 2.2　网络模式（Network Schema）。网络模式是异构信息网络$G=(V,E)$的一个元模板，是定义在对象类型V和关系类型E上的一个图，记为$S_G=(\mathcal{V},\mathcal{E})$。

网络模式$S_G=(\mathcal{V},\mathcal{E})$从元级别描述了异构信息网络$G=(V,E)$中存在的对象类型集合，以及不同类型对象之间存在的关系类型约束。异构信息网络 $G=(V,E)$ 也称为符合网络模式 $S_G=(\mathcal{V},\mathcal{E})$ 的一个网络实例。从一个简单的网络模式，可以看出一个复杂的异构信息网络中对象组织形式和对象之间存在的语义关系类型；而异构信息网络中的任意子网络，都可以在网络模式中找到与其对应的结构。图 2.1 列出了几种常见的网络模式。

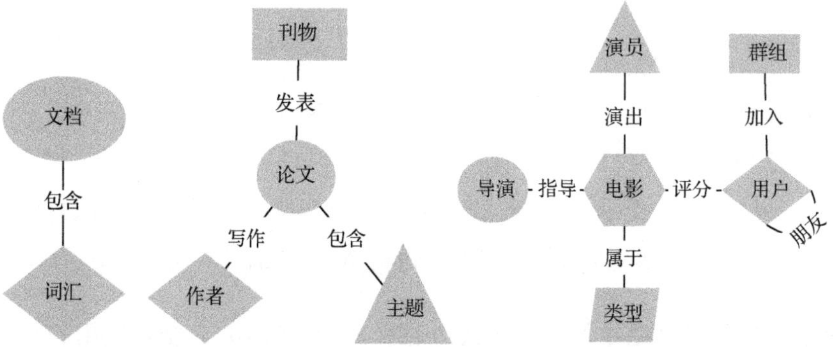

（a）二元网络　　（b）星形网络　　（c）多中心网络

图 2.1　异构信息网络常见的网络模式

1. 二元网络（Bipartite Network）

二元网络是一种典型的异构信息网络，广泛地应用于描述两种类型对象之间的交互关系，例如电子商务中的“用户—商品”购买关系网络、文本检索中的“文档—词汇”关系网络。图 2.1（a）就是一个“文档—词汇”二元网络的网络模式。

2. 星形网络（Star-schema Network）

星形网络是一种比较常见的网络模式。例如在数据库表格中，一个目标对象和它的属性对象可以自然地构建为异构信息网络，其中目标对象作为中心节点与其他属性对象相连接就构成了一个星形网络。图 2.1（b）所示为计算机科学领域的著名科学文献发表网络 DBLP（DataBase system and Logic Programming）。DBLP 网络是一个开放资源，包含了绝大部分计算机科学领域的文献发表信息，其网络模式是一个典型的星形网络。DBLP 网络中包含了四种类型的对象：“论文”“作者”“刊物”“主题”，其中，“论文”是中心节点，其他都是属性对象。DBLP 网络中的连接关系只存在于“论文”与其他对象之间，如图 2.1（b）所示，“论文”与

“作者”之间存在“写作”关系，“论文”与“刊物”之间存在“发表”关系，以及“论文”与“主题”之间存在“包含”关系。

3. 多中心网络（Multiple-hub Network）

多中心网络明显比星形网络模式要复杂得多，其网络中存在多个中心节点，且中心节点之间也存在连接关系。多中心的网络模式主要存在于生物信息网络和互联网数据中。图 2.1（c）给出的豆瓣电影网络的网络模式就是一个多中心网络，其包含了两个中心节点：“电影”和“用户”。多中心网络中的连接关系除了存在于中心节点与属性对象之间，如“导演”与“电影”之间存在“指导”关系、“演员”与“电影”之间存在“演出”关系、“电影”与“类型”之间存在“属于”关系、“用户”与“群组”之间存在“加入”关系，中心节点与中心节点之间也存在连接关系，如“用户”与“电影”之间存在“评分”关系，“用户”与“用户”之间存在“朋友”关系。

除了以上几种常见网络模式的异构信息网络，在现实的异构信息网络中还存在着许多更加复杂的网络模式。例如，在某些应用中，很多用户可能出现在多个社交网络中，即存在很多用户会在不同的社交网络中都有账号的情况，这些用户就将不同的社交网络联系在一起，形成了一个更加复杂的异构信息网络。此处的面向基因共表达网络的异构信息网络，可以是符合以上任意一种网络模式的异构信息网络，也可以是其他符合更一般的网络模式的异构信息网络。

2.2　张量代数的基本概念

一个张量就是一个多维数组，是矩阵在高维空间的扩展。张量的阶也就是它的维度数，也称为模。我们遵循一般文献中的惯例，使用小写字母 a,b,c 表示标量，加粗的小写字母 $\boldsymbol{a},\boldsymbol{b},\boldsymbol{c}$ 表示向量，矩阵使用粗体的大写字母 $\boldsymbol{A},\boldsymbol{B},\boldsymbol{C}$ 表示，张量用花体大写字母 $\mathcal{X},\mathcal{Y},\mathcal{Z}$ 表示。$\boldsymbol{a}_{r:}$ 表示矩阵 $\boldsymbol{A}$ 的第 r 行，$\boldsymbol{a}_{:r}$ 表示矩阵 $\boldsymbol{A}$ 的第 r 列。矩阵或者张量的元素用带下标的小写字母表示，即 N 阶张量的第 $(i_1,i_2,\cdots,i_N)$ 个元素表示为 $x_{i_1,i_2,\cdots,i_N}$。

本节将直接介绍本书用到的张量代数的一些基本定义及性质。

2.2.1 Hadamard 积、Kronecker 积和 Khatri-Rao 积

定义 2.3　Hadamard 积。两个相同维度张量的 Hadamard 积就是将两个张量相同位置上的元素相乘，又称为元素积。$\mathcal{X},\mathcal{Y}\in\mathbb{R}^{I_1\times I_2\times\cdots\times I_N}$ 的 Hadamard 积记为 $\mathcal{X}*\mathcal{Y}\in\mathbb{R}^{I_1\times I_2\times\cdots\times I_N}$，它的元素定义如下：

$$(\mathcal{X}*\mathcal{Y})_{i_1,i_2,\cdots,i_N}=x_{i_1,i_2,\cdots,i_N}y_{i_1,i_2,\cdots,i_N}$$

在这里需要特别说明的是，与两个矩阵的 Hadamard 积相对应的是两个矩阵的元素商，也称为 Hadamard 商。与 Hadamard 积的定义类似，两个相同规模矩阵 $\boldsymbol{A},\boldsymbol{B}\in\mathbb{R}^{I\times J}$ 的元素商记为$\dfrac{\boldsymbol{A}}{\boldsymbol{B}}$，是对应位置上的元素相除，其元素定义如下：

$$\left(\frac{\boldsymbol{A}}{\boldsymbol{B}}\right)_{i,j}=\frac{a_{i,j}}{b_{i,j}}$$

定义 2.4　Kronecker 积。两个矩阵 $\boldsymbol{A}\in\mathbb{R}^{I\times J}$ 和 $\boldsymbol{B}\in\mathbb{R}^{K\times L}$ 的 Kronecker 积记为 $\boldsymbol{A}\otimes\boldsymbol{B}$，是一个 $(IK)\times(JL)$ 的矩阵：

$$\boldsymbol{A}\otimes\boldsymbol{B}=\begin{bmatrix} a_{1,1}\boldsymbol{B} & a_{1,2}\boldsymbol{B} & \cdots & a_{1,J}\boldsymbol{B} \\ a_{2,1}\boldsymbol{B} & a_{2,2}\boldsymbol{B} & \cdots & a_{2,J}\boldsymbol{B} \\ \vdots & \vdots & \vdots & \vdots \\ a_{I,1}\boldsymbol{B} & a_{I,2}\boldsymbol{B} & \cdots & a_{I,J}\boldsymbol{B} \end{bmatrix}$$

矩阵的 Kronecker 积具有以下性质：令 $\boldsymbol{A}\in\mathbb{R}^{I\times J}$，$\boldsymbol{B}\in\mathbb{R}^{K\times L}$，$\boldsymbol{C}\in\mathbb{R}^{J\times M}$，$\boldsymbol{D}\in\mathbb{R}^{L\times N}$，则

（1）$(\boldsymbol{A}\otimes\boldsymbol{B})(\boldsymbol{C}\otimes\boldsymbol{D})=\boldsymbol{AC}\otimes\boldsymbol{BD}$；

（2）$(\boldsymbol{A}\otimes\boldsymbol{B})^{\dagger}=\boldsymbol{A}^{\dagger}\otimes\boldsymbol{B}^{\dagger}$；

（3）$(\boldsymbol{A}\otimes\boldsymbol{B})^{\top}=\boldsymbol{A}^{\top}\otimes\boldsymbol{B}^{\top}$。

其中，矩阵的上标“†”表示矩阵的 Moore-Penrose 伪逆，也称为矩阵的广义逆矩阵，而矩阵的上标“⊤”表示矩阵的转置。

定义 2.5　Khatri-Rao 积。两个矩阵 $\boldsymbol{A}=[\boldsymbol{a}_{:1},\boldsymbol{a}_{:2},\cdots,\boldsymbol{a}_{:K}]\in\mathbb{R}^{I\times K}$ 和 $\boldsymbol{B}=[\boldsymbol{b}_{:1},\boldsymbol{b}_{:2},\cdots,\boldsymbol{b}_{:K}]$

$\in \mathbb{R}^{J\times K}$ 的 Khatri-Rao 积记为 $\boldsymbol{A}\odot\boldsymbol{B}$，是将两个矩阵对应列向量做 Kronecker 积，其结果是一个 $(IJ)\times K$ 的矩阵：

$$\boldsymbol{A}\odot\boldsymbol{B}=[\boldsymbol{a}_{:1}\otimes\boldsymbol{b}_{:1},\boldsymbol{a}_{:2}\otimes\boldsymbol{b}_{:2},\cdots,\boldsymbol{a}_{:K}\otimes\boldsymbol{b}_{:K}]$$

并且有两个向量 $\boldsymbol{a}$ 和 $\boldsymbol{b}$ 的 Khatri-Rao 积等于它们的 Kronecker 积，即 $\boldsymbol{a}\odot\boldsymbol{b}=\boldsymbol{a}\otimes\boldsymbol{b}$。

矩阵的 Khatri-Rao 积具有以下性质：令 $\boldsymbol{A}\in\mathbb{R}^{I\times L}$，$\boldsymbol{B}\in\mathbb{R}^{J\times L}$，$\boldsymbol{C}\in\mathbb{R}^{K\times L}$，则

（1）$\boldsymbol{A}\odot\boldsymbol{B}\odot\boldsymbol{C}=(\boldsymbol{A}\odot\boldsymbol{B})\odot\boldsymbol{C}=\boldsymbol{A}\odot(\boldsymbol{B}\odot\boldsymbol{C})$；

（2）$\boldsymbol{A}\odot\boldsymbol{B}\neq\boldsymbol{B}\odot\boldsymbol{A}$；

（3）$(\boldsymbol{A}\odot\boldsymbol{B})^{\top}(\boldsymbol{A}\odot\boldsymbol{B})=(\boldsymbol{A}^{\top}\boldsymbol{A})*(\boldsymbol{B}^{\top}\boldsymbol{B})$；

（4）$(\boldsymbol{A}\odot\boldsymbol{B})^{\dagger}=((\boldsymbol{A}^{\top}\boldsymbol{A})*(\boldsymbol{B}^{\top}\boldsymbol{B}))^{-1}(\boldsymbol{A}\odot\boldsymbol{B})^{\top}$。

2.2.2　张量的矩阵化、张量与矩阵的 n 模乘

定义 2.6　矩阵化（Matricization）。矩阵化是将一个 N 阶张量中的所有元素都沿着某个指定阶按照一定的顺序排列为一个矩阵的操作，又称为张量的矩阵展开。

例如，一个张量 $\mathcal{X}\in\mathbb{R}^{I_1\times I_2\times\cdots\times I_N}$ 沿着第 n 阶的矩阵化记为 $\mathcal{X}_{(n)}\in\mathbb{R}^{I_n\times(I_1\times\cdots\times I_{n-1}\times I_{n+1}\times\cdots\times I_N)}$，张量 $\mathcal{X}$ 中的元素 $x_{i_1,i_2,\cdots,i_N}$ 对应于矩阵化 $\mathcal{X}_{(n)}$ 中的 $x_{i_n,j}$，其中

$$j=1+\sum_{l=1,l\neq n}^{N}\left((i_l-1)\prod_{k=1,k\neq n}^{l-1}I_k\right)$$

张量矩阵化的一个特殊情况就是张量向量化，即将一个张量转化为一个向量。张量 $\mathcal{X}\in\mathbb{R}^{I_1\times I_2\times\cdots\times I_N}$ 的向量化记为 $\vec{\mathcal{X}}\equiv\mathcal{X}_{(\Phi)}\in\mathbb{R}^{\prod_{n=1}^{N}I_n}$。

定义 2.7　张量与矩阵的 n 模乘。一个张量 $\mathcal{X}\in\mathbb{R}^{I_1\times I_2\times\cdots\times I_N}$ 与一个矩阵 $\boldsymbol{U}\in\mathbb{R}^{J\times I_n}$ 的 n 模乘积记为 $\mathcal{X}\times_n\boldsymbol{U}$，规模为 $I_1\times\cdots\times I_{n-1}\times J\times I_{n+1}\times\cdots\times I_N$。其元素记为

$$(\mathcal{X}\times_n \boldsymbol{U})_{i_1,\cdots,i_{n-1},j,i_{n+1},\cdots,i_N}=\sum_{i_n=1}^{I_n} x_{i_1,i_2,\cdots,i_N}\boldsymbol{u}_{j,i_n}\text{。}$$

一个张量$\mathcal{X}\in\mathbb{R}^{I_1\times I_2\times\cdots\times I_N}$和一个矩阵$\boldsymbol{U}\in\mathbb{R}^{J\times I_n}$的$n$模乘，相当于首先将$\mathcal{X}$沿着第$n$阶矩阵化，然后再做$\mathcal{X}_{(n)}$和$\boldsymbol{U}$的矩阵乘法运算，最后将结果再还原为一个张量。

张量的矩阵化和张量与矩阵的n模乘具有以下性质：

令$\mathcal{Y}\in\mathbb{R}^{J_1\times J_2\times\cdots\times J_N}$是一个$N$阶的张量，则

（1）给定矩阵$\boldsymbol{A}\in\mathbb{R}^{I_m\times J_m}$和$\boldsymbol{B}\in\mathbb{R}^{I_n\times J_n}$，$m\neq n$，有

$$\mathcal{Y}\times_m \boldsymbol{A}\times_n \boldsymbol{B}=(\mathcal{Y}\times_m \boldsymbol{A})\times_n \boldsymbol{B}=(\mathcal{Y}\times_n \boldsymbol{B})\times_m \boldsymbol{A}$$

（2）给定矩阵$\boldsymbol{A}\in\mathbb{R}^{I\times J_n}$和$\boldsymbol{B}\in\mathbb{R}^{K\times I}$，有

$$\mathcal{Y}\times_n \boldsymbol{A}\times_n \boldsymbol{B}=\mathcal{Y}\times_n(\boldsymbol{BA})$$

（3）如果矩阵$\boldsymbol{A}\in\mathbb{R}^{I\times J_n}$，那么

$$\mathcal{X}=\mathcal{Y}\times_n \boldsymbol{A}\Leftrightarrow \mathcal{X}_{(n)}=\boldsymbol{A}\mathcal{Y}_{(n)}$$

（4）如果矩阵$\boldsymbol{A}\in\mathbb{R}^{I\times J_n}$是列满秩的，那么

$$\mathcal{X}=\mathcal{Y}\times_n \boldsymbol{A}\Rightarrow \mathcal{Y}=\mathcal{X}\times_n \boldsymbol{A}^{\dagger}$$

（5）如果矩阵$\boldsymbol{A}\in\mathbb{R}^{I\times J_n}$是正交的，那么

$$\mathcal{X}=\mathcal{Y}\times_n \boldsymbol{A}\Rightarrow \mathcal{Y}=\mathcal{X}\times_n \boldsymbol{A}^{\top}$$

（6）令$\boldsymbol{A}^{(n)}\in\mathbb{R}^{I_n\times J_n}$，$n=1,2,\cdots,N$，有

$$\mathcal{X}=\mathcal{Y}\times_1 \boldsymbol{A}^{(1)}\times_2 \boldsymbol{A}^{(2)}\cdots\times_N \boldsymbol{A}^{(N)}\Leftrightarrow$$

$$\mathcal{X}_{(n)}=\boldsymbol{A}^{(n)}\mathcal{Y}_{(n)}(\boldsymbol{A}^{(N)}\otimes\cdots\otimes \boldsymbol{A}^{(n+1)}\otimes \boldsymbol{A}^{(n-1)}\otimes\cdots\otimes \boldsymbol{A}^{(1)})^{\top}$$

（7）令矩阵$\boldsymbol{A},\boldsymbol{B}\in\mathbb{R}^{I\times J}$，有

$$\vec{\boldsymbol{A}}^{\top}\vec{\boldsymbol{B}}=\mathrm{Tr}(\boldsymbol{A}^{\top}\boldsymbol{B})$$

（8）令矩阵 $\boldsymbol{A}\in\mathbb{R}^{I\times J}$， $\boldsymbol{B}\in\mathbb{R}^{J\times K}$， $\boldsymbol{C}\in\mathbb{R}^{K\times L}$，有

$$\boldsymbol{A}\vec{\boldsymbol{B}}\boldsymbol{C}=(\boldsymbol{C}^{\top}\otimes\boldsymbol{A})\vec{\boldsymbol{B}}$$

2.2.3　内积、外积和 Frobenius 范数

定义 2.8　内积。两个相同维度的张量 $\mathcal{X},\mathcal{Y}\in\mathbb{R}^{I_1\times I_2\times\cdots\times I_N}$ 的内积记为 $\langle\mathcal{X},\mathcal{Y}\rangle$。内积的结果就是 Hadamard 积中所有元素的和，即

$$\langle\mathcal{X},\mathcal{Y}\rangle=\sum_{i_1=1}^{I_1}\sum_{i_2=1}^{I_2}\cdots\sum_{i_N=1}^{I_N}(\mathcal{X}*\mathcal{Y})_{i_1,i_2,\cdots,i_N}$$

定义 2.9　向量的外积。将两个向量做外积可以得到一个矩阵，记为 $\boldsymbol{X}=\boldsymbol{a}\circ\boldsymbol{b}$。令 $N\boldsymbol{a}^{(n)}\in\mathbb{R}^{I_n}$， $n=1,2,\cdots,N$，则这 N 个向量做外积得到一个 N 阶的张量 $\mathcal{X}\in\mathbb{R}^{I_1\times I_2\times\cdots\times I_N}$，即

$$\mathcal{X}=\boldsymbol{a}^{(1)}\circ\boldsymbol{a}^{(2)}\circ\cdots\circ\boldsymbol{a}^{(N)}$$

其元素定义为

$$x_{i_1,i_2,\cdots,i_N}=a_{i_1}^{(1)}a_{i_2}^{(1)}\cdots a_{i_N}^{(N)}$$

定义 2.10　Frobenius 范数。一个张量 $\mathcal{X}\in\mathbb{R}^{I_1\times I_2\times\cdots\times I_N}$ 的 Frobenius 范数定义为 $\|\mathcal{X}\|_F=\sqrt{\langle\mathcal{X},\mathcal{X}\rangle}$。

张量的内积、向量的外积和张量的 Frobenius 范数之间存在以下性质：

（1）令 $\mathcal{X},\mathcal{Y}\in\mathbb{R}^{I_1\times I_2\times\cdots\times I_N}$，有

$$\langle\mathcal{X},\mathcal{Y}\rangle=\vec{\mathcal{X}}^{\top}\vec{\mathcal{Y}}=\mathrm{Tr}(\mathcal{X}_{(n)}\mathcal{Y}_{(n)}^{\top})$$

（2）令 $\mathcal{X},\mathcal{Y}\in\mathbb{R}^{I_1\times I_2\times\cdots\times I_N}$，有

$$\|\mathcal{X}-\mathcal{Y}\|_F^2=\|\mathcal{X}\|_F^2-2\langle\mathcal{X},\mathcal{Y}\rangle+\|\mathcal{Y}\|_F^2$$

（3）令 $\mathcal{X},\mathcal{Y}\in\mathbb{R}^{I_1\times I_2\times\cdots\times I_N}$，且 $\mathcal{X}=\boldsymbol{a}^{(1)}\circ\boldsymbol{a}^{(2)}\circ\cdots\circ\boldsymbol{a}^{(N)}$， $\mathcal{Y}=\boldsymbol{b}^{(1)}\circ\boldsymbol{b}^{(2)}\circ\cdots\circ\boldsymbol{b}^{(N)}$，有

$$\langle\mathcal{X},\mathcal{Y}\rangle=\prod_{n=1}^{N}\langle\boldsymbol{a}^{(n)},\boldsymbol{b}^{(n)}\rangle$$

（4）令张量 $\mathcal{X} \in \mathbb{R}^{I_1 \times \cdots \times I_{n-1} \times J \times I_{n+1} \times \cdots \times I_N}$，$\mathcal{Y} \in \mathbb{R}^{I_1 \times \cdots \times I_{n-1} \times K \times I_{n+1} \times \cdots \times I_N}$，矩阵 $\boldsymbol{A} \in \mathbb{R}^{J \times K}$，有

$$\langle \mathcal{X}, \mathcal{Y} \times_n \boldsymbol{A} \rangle = \langle \mathcal{X} \times_n \boldsymbol{A}^{\top}, \mathcal{Y} \rangle$$

（5）令张量 $\mathcal{X} \in \mathbb{R}^{I_1 \times I_2 \times \cdots \times I_N}$，矩阵 $\boldsymbol{A} \in \mathbb{R}^{J \times I_n}$ 是一个标准正交矩阵，有

$$\| \mathcal{X} \|_F = \| \mathcal{X} \times_n \boldsymbol{A} \|_F$$

2.2.4　张量分解

运用张量代数对张量进行分解是对高阶数据降维的一种有效手段，通过张量分解还能够挖掘出高阶数据中隐含的语义信息和结构特征。张量分解也是数据挖掘领域的一个新兴工具。张量分解中两个最著名的分解模型就是 TUCKER 分解模型和 CP 分解模型。

TUCKER 分解是将一个给定的 N 阶张量 $\mathcal{X} \in \mathbb{R}^{I_1 \times I_2 \times \cdots \times I_N}$ 分解为一个指定维度（$J_1 \times J_2 \times \cdots \times J_n$，$J_n \leqslant I_n$）的核张量 $\mathcal{G}$ 与一系列特征矩阵 $\boldsymbol{A}^{(n)}$（$\boldsymbol{A}^{(n)} \in \mathbb{R}^{I_n \times J_n}$，$n = 1, 2, \cdots, N$）的 n 模乘形式，即

$$\mathcal{X} \approx \mathcal{G} \times_1 \boldsymbol{A}^{(1)} \times_2 \boldsymbol{A}^{(2)} \cdots \times_N \boldsymbol{A}^{(N)}$$

令

$$[\![\mathcal{G}; \boldsymbol{A}^{(1)}, \boldsymbol{A}^{(2)}, \cdots, \boldsymbol{A}^{(N)}]\!] \equiv \mathcal{G} \times_1 \boldsymbol{A}^{(1)} \times_2 \boldsymbol{A}^{(2)} \cdots \times_N \boldsymbol{A}^{(N)}$$

则张量的 TUCKER 分解可以表示为

$$\mathcal{X} \approx [\![\mathcal{G}; \boldsymbol{A}^{(1)}, \boldsymbol{A}^{(2)}, \cdots, \boldsymbol{A}^{(N)}]\!]$$

图 2.2 所示为一个三阶张量的 TUCKER 分解示意图。张量的 TUCKER 分解用一个小规模的核张量与一系列的特征矩阵进行 n 模乘来逼近一个大规模的张量。在经典的 TUCKER 分解中，一般都假设特征矩阵 $\{\boldsymbol{A}^{(n)}\}_{n=1}^{N}$ 是正交的。一般情况下，张量的 TUCKER 分解并不是唯一的，例如，令矩阵 $\boldsymbol{B} \in \mathbb{R}^{J_1 \times J_1}$ 是一个正交矩阵，那么 $\mathcal{X} = [\![\mathcal{G}; \boldsymbol{A}^{(1)}, \boldsymbol{A}^{(2)}, \cdots, \boldsymbol{A}^{(N)}]\!] = [\![\mathcal{G} \times_1 \boldsymbol{B}; \boldsymbol{A}^{(1)} \boldsymbol{B}, \boldsymbol{A}^{(2)}, \cdots, \boldsymbol{A}^{(N)}]\!]$。

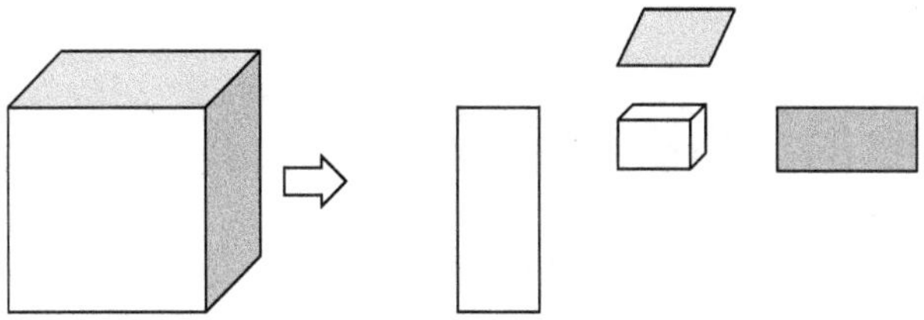

图 2.2　三阶张量的 TUCKER 分解示意图

张量分解中另一种应用广泛的模型就是 CP 分解。CP 分解是将一个张量表示为多个秩一张量（Rank-one Tensor）的和。如果一个 N 阶张量 $\mathcal{X} \in \mathbb{R}^{I_1 \times I_2 \times \cdots \times I_N}$ 可以用 N 个向量的外积表示，即 $\mathcal{X} = \boldsymbol{a}^{(1)} \circ \boldsymbol{a}^{(2)} \circ \cdots \circ \boldsymbol{a}^{(N)}$，其中 $\boldsymbol{a}^{(n)} \in \mathbb{R}^{I_n}$，$n = 1,2,\cdots,N$，那么张量 $\mathcal{X}$ 就称为秩一张量（Rank-one Tensor），三阶秩一张量示意图如图 2.3 所示。而 CP 分解是将一个张量 $\mathcal{X}$ 表示为 R 个秩一张量的和，即 $\mathcal{X} = \sum_{r=1}^{R} \boldsymbol{a}_r^{(1)} \circ \boldsymbol{a}_r^{(2)} \circ \ldots \circ \boldsymbol{a}_r^{(N)}$，其中 R 是一个正整数，并且 $\boldsymbol{a}_r^{(n)} \in \mathbb{R}^{I_n}; r = 1,2,\cdots,R; n = 1,2,\cdots,N$。张量的秩定义为使 CP 分解成立的最小的 R，记为 $\operatorname{rank}(\mathcal{X}) = \min R$。实际上，要确定一个张量的秩是非常困难的。

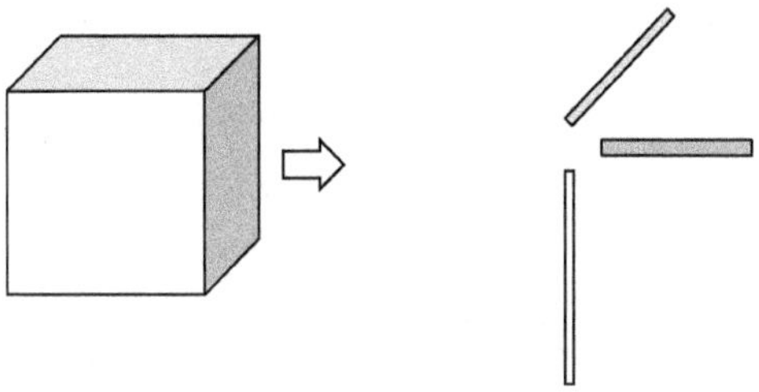

图 2.3　三阶秩一张量示意图

令特征矩阵 $\boldsymbol{A}^{(n)} = [\boldsymbol{a}_1^{(n)}, \boldsymbol{a}_2^{(n)}, \cdots, \boldsymbol{a}_R^{(n)}] \in \mathbb{R}^{I_n \times R}$，其中 $n = 1,2,\cdots,N$。记

$$[\![\boldsymbol{A}^{(1)}, \boldsymbol{A}^{(2)}, \cdots, \boldsymbol{A}^{(N)}]\!] \equiv \sum_{r=1}^{R} \boldsymbol{a}_r^{(1)} \circ \boldsymbol{a}_r^{(2)} \circ \ldots \circ \boldsymbol{a}_r^{(N)}$$

从而，张量的 CP 分解可以表示为

$$\mathcal{X} \approx [\![\boldsymbol{A}^{(1)}, \boldsymbol{A}^{(2)}, \cdots, \boldsymbol{A}^{(N)}]\!]$$

实际上，从 TUCKER 分解和 CP 分解的形式上可以看出，CP 分解是 TUCKER 分解的一种特殊形式。令 TUCKER 分解中的核张量 $\mathcal{G}$ 为一个超对角线全为 1 的超对角张量，TUCKER 分解就变成了 CP 分解。

2.3 基于张量的异构信息网络建模

对异构信息网络建立统一的描述模型，是对异构信息网络进行高效分析，并挖掘其蕴含的内在网络结构和数据对象之间的交互规律的重要前提。目前已有的各种异构信息网络挖掘框架中，基本都对异构信息网络的网络模式做出了较严格的假设条件，较为常见的就是假设异构信息网络符合二元网络或者星形网络模式。然而，现实情况中异构信息网络的网络模式存在多样性，可能是图 2.1 中包含的任意一种网络模式，也可以是其他符合更一般的网络模式的异构信息网络。鉴于现有异构信息网络聚类方法对网络模式的强烈依赖性，本章介绍的基于张量的异构信息网络统一建模方法将不再局限于某一种具体的网络模式，而是突破网络模式的限制，采用网络中最原始的语义关系来描述异构信息网络中的最小单元。

网络模式 $S_G=(\mathcal{V},\mathcal{E})$ 其实就是给定异构信息网络 $G=(V,E)$ 的元模板，也是网络中语义关系的一种抽象。换句话说，$G=(V,E)$ 是 $S_G=(\mathcal{V},\mathcal{E})$ 的一个网络实例。所以，在 $G=(V,E)$ 的所有子网络中，至少有一个子网络（其本身）是符合网络模式 $S_G=(\mathcal{V},\mathcal{E})$ 的，即至少可以找到 $G=(V,E)$ 的一个符合网络模式 $S_G=(\mathcal{V},\mathcal{E})$ 的子网络。

定义 2.11　基因网络。将异构信息网络 $G=(V,E)$ 中的基因网络定义为 $G=(V,E)$ 中符合网络模式 $S_G=(\mathcal{V},\mathcal{E})$ 的最小子网络，记为 $\phi=(V',E')$。基因网络继承了异构信息网络 $G=(V,E)$ 中的连接权重映射函数 τ、对象类型映射函数 φ 和连接类型映射函数 ψ。

值得注意的是，本书定义的基因网络与生物学领域的基因网络并不是同一概念，且无相关性。生物学中的基因网络又称为基因调控网络，是指细胞内或者特定的基因组内相互作用的基因组成的网络。而本书说的基因网络其实就是异构信息网络 $G=(V,E)$ 的所有子网络中网络模式 $S_G=(\mathcal{V},\mathcal{E})$ 的一个最小实例，也是异构信息网络的一个子网络。例如 DBLP 中的一个基因网络［如图 2.1（b）所示，DBLP 网络包含四种类型的对象 $\{A,P,V,T\}$ ］记为 $\phi=(\{v_a^A,v_p^P,v_v^V,v_t^T\},\{\langle v_a^A,v_p^P\rangle,\langle v_p^P,v_v^V\rangle\langle v_p^P,v_t^T\rangle\})$，表示一条语义关系“一个作者 v_a^A 写了一篇关于主题 v_t^T 的论文 v_p^P，发表在刊物 v_v^V

上”。简单起见，我们可以用ϕ中每个对象的下标来标记该基因网络，即ϕ可以标记为$\phi_{a,p,v,t}$。

令$\mathcal{X}$为一个N阶张量，规模为$I_1 \times I_2 \times \cdots \times I_N$，$\mathcal{X}$的每一阶都表示网络$G$中的一种对象类型。任意元素$x_{i_1,i_2,\cdots,i_N} \geqslant 0$，$i_n = 1,2,\cdots,I_n$，表示异构信息网络中对应的基因网络$\phi_{i_1,i_2,\cdots,i_N}$的权重值，其中基因网络$\phi_{i_1,i_2,\cdots,i_N}$的权重值可以由该基因网络中包含的所有连接的权重值加权求得，即

$$x_{i_1,i_2,\cdots,i_N} = \begin{cases} \underset{e_{i_a,i_b}^{(a,b)} \in E'}{\boxtimes} \omega_{i_a,i_b}^{(a,b)} & \text{如果存在}\phi_{i_1,i_2,\cdots,i_N} \\ 0 & \text{其他} \end{cases} \tag{2.2}$$

其中，“$\boxtimes$”是一种针对$\phi_{i_1,i_2,\cdots,i_N}$中所有连接的权重值的加权复合操作。针对公式（2.1）中所定义的连接权重映射函数，即非加权网络，可以直接将“$\boxtimes$”定义为

$$\underset{e_{i_a,i_b}^{(a,b)} \in E'}{\boxtimes} \omega_{i_a,i_b}^{(a,b)} = 1 \tag{2.3}$$

从而，异构信息网络$G = (V, E)$可以用张量$\mathcal{X}$的形式表示。

为了便于理解，图 2.4 给出了一个用张量对包含三种不同类型对象的异构信息网络建模的例子。图 2.4（a）是一个包含三种不同类型对象的网络模式，该网络中包含三种类型的对象，分别用圆点、方框和三角形表示。图 2.4（b）的左边符合该网络模式的一个给定的异构信息网络，图 2.4（b）右边的立方体表示一个三阶张量。每个对象中间的数字都是该对象的标识符，张量中的每一个元素（右边立方体中的圆点）都表示异构信息网络中的一个基因网络（左边异构信息网络中虚线圈内的子网络）。如何在异构信息网络中寻找基因网络的问题属于图论中经典的子图匹配问题，有很多成熟且应用广泛的算法，在本书中不做讨论。

对于图 2.1（a）中的二元网络而言，其张量模型$\mathcal{X} \in \mathbb{R}^{I_1 \times I_2}$是一个二阶张量，即退化为一个矩阵，与传统基于邻接矩阵表示的方法一致，其中$\mathcal{X}$的每一阶分别表示“文档”和“词汇”，而$\mathcal{X}$中的元素表示某一篇“文档”包含了某个“词汇”。对于图 2.1（b）中的星形网络模式而言，其张量模型$\mathcal{X} \in \mathbb{R}^{I_1 \times I_2 \times I_3 \times I_4}$是一个四阶张量，张量的每一阶分别代表网络中的一种对象类型：论文、作者、刊物和主题。而张量中的每一个元素则表示网络中的一个基因网络。

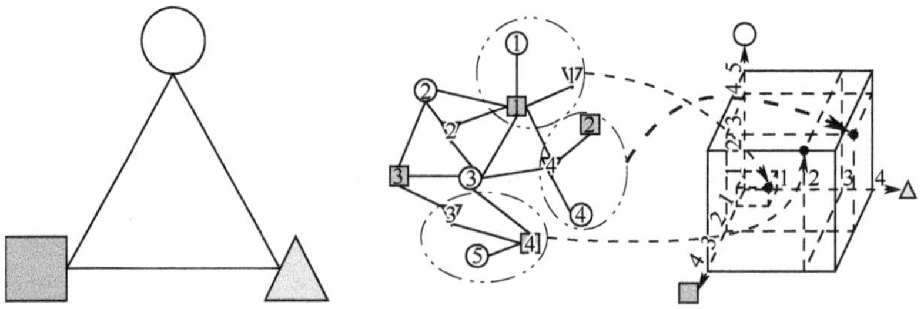

（a）网络模式　　（b）张量建模

图 2.4　异构信息网络的张量建模

这里需要特别说明的是对于网络模式中存在自环的情况，即网络中同一种类型对象内部存在交互关系的情况，例如图 2.1（c）所示的多中心网络中“用户”与“用户”之间存在“朋友”关系。在这种情况下，我们需要对异构信息网络的网络模式稍做调整，对存在自环的对象类型做一个副本，并使得原来成环的连接关系只存在于该对象类型和副本之间。以图 2.1（c）中的“用户”与“用户”之间存在的“朋友”关系为例，在网络模式中增加一种新的对象类型，即“用户副本”，然后将网络中的“朋友”关系视为“用户”与“用户副本”之间的连接，调整后的多中心网络模式如图 2.5 所示。调整过后，网络中的对象类型变为 $N+1$ 种，从而构造的张量模型也增加了一阶 $\mathcal{X} \in \mathbb{R}^{I_1\times I_2\times I_3\times I_4\times I_5\times I_6\times I_7}$ 。其他网络中存在自环的情况将类似处理。

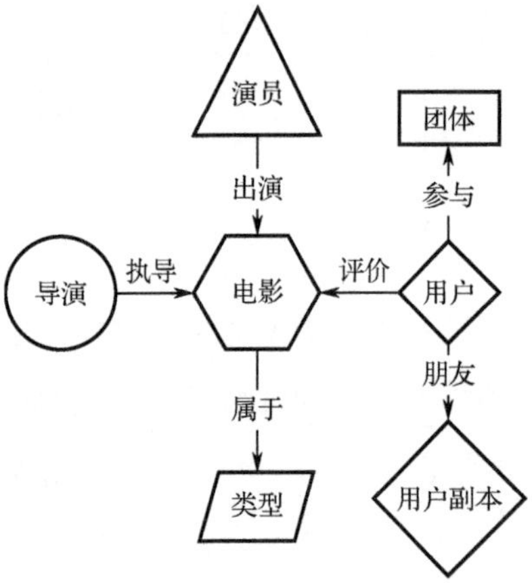

图 2.5　调整后的多中心网络模式

实际的异构信息网络一般都是异常稀疏的，这会导致异构信息网络的张量模型中的基因网络分布异常稀疏，即张量中的绝大部分元素都为零。例如，在 DBLP（2015 年 8 月版本）网络中有 3 067 295 篇论文、1 603 605 位作者，只有 8 128 282 个作者与论文的关系。也就是说，如果构造作者和论文的邻接矩阵，那么该矩阵的稠密度只有 0.000 17%。另一个例子是亚马逊网站上的用户评论信息，从 1995 年 6 月到 2013 年 3 月，亚马逊的评论信息中有 6 643 669 个用户对 2 441 053 件商品做出了 34 686 770 条评论。也就是说，亚马逊网站上的用户评论信息网络的稠密度只有 0.000 21%，因此，异构信息网络的张量模型 $\mathcal{X}$ 一般也是非常稀疏的。假设张量$\mathcal{X}$中有J个非零元素，即$J=\mathrm{nnz}(\mathcal{X})$，则向量$\boldsymbol{z}\in\mathbb{R}^J$和矩阵$\boldsymbol{M}\in\mathbb{R}^{J\times N}$可以用来分别表示张量$\mathcal{X}$中对应非零元素的值和坐标。这里第$j$个非零元素的值为$z_j$，其坐标由矩阵$\boldsymbol{M}$的第$j$行给出，即$\boldsymbol{m}_{j:}$。令$x_{i_1,i_2,\cdots,i_N}$为张量$\mathcal{X}$中的第$j$个非零元素，则$\boldsymbol{m}_{j:}=[m_{j_1},m_{j_2},\cdots,m_{j_N}]=[i_1,i_2,\cdots,i_N]$，且$z_j=x_{i_1,i_2,\cdots,i_N}$。换句话说，$m_{j_n}=i_n$表示张量$\mathcal{X}$中的第$j$个非零元素的第$n$个坐标分量为$i_n$，非零元素的值为$z_j$。这种稀疏表达方式已经被 MATLAB 中的张量代数计算工具 MATLAB Tensor Toolbox 所支持。

书中接下来的讨论中所涉及的异构信息网络默认为非加权网络，即网络中的连接权重函数$\tau:E\rightarrow\mathbb{R}^+$的定义采用公式（2.1）的形式。对于非加权异构信息网络的张量模型$\mathcal{X}$的定义公式（2.1）中的操作符“$\boxtimes$”采用公式（2.3）的定义形式，即$\mathcal{X}$中的所有非零元素的值均为1，从而在$\mathcal{X}$的稀疏形式中，向量$\boldsymbol{z}\in\mathbb{R}^J$是一个全1向量。当然，本文所提的基于张量分解的异构信息网络聚类方法可以方便地推广到加权异构信息网络中。在接下来的章节中，会证明连接权重映射函数$\tau:E\rightarrow\mathbb{R}^+$和操作符“$\boxtimes$”的定义并不影响模型的聚类结果，即向量$\boldsymbol{z}$的值对基于张量分解的异构信息网络聚类框架没有影响，详见第 3 章的定理 3.1。

2.4　本章小结

本章首先介绍了异构信息网络的基本概念，并阐明了异构信息网络与社交网络中一些相关概念的区别与联系，对异构信息网络做了准确的定位。同时，本章还介绍了本书用到的最主要的数学工具张量代数的一些基本概念和张量分解的思想，提出了异构信息网络的张量表示模型。将异构信息网络中的语义关系用基因网络来表示，然后将基因网络建模为张量中的元素，张量的每一阶都表示异构信息网络中的一种类型的对象，利用张量的高阶特性描述异构信息网络中基因网络的分布，从而使得异构信息网络的建模不再受制于网络模式；并借助张量的坐标形式来表示稀疏张量，从而压缩异构信息网络的张量模型的存储空间，提高存储效率。

第 3 章　LncRNA–mRNA 基因共表达异构信息网络构建

3.1　引言

长链非编码 RNA 数量众多且广泛参与了基因表达调控，从而在恶性肿瘤等多种人类疾病发病过程中起着重要作用。但是目前还有大量 LncRNA 的功能不清楚。为了进一步筛选和研究在鼻咽癌发生和发展过程中具有重要功能的新 LncRNA，我们通过分析挖掘基因芯片数据，构建 LncRNA 的表达谱，从中得到了 1 276 个在鼻咽癌中差异表达的 LncRNA。但目前对 LncRNA 的研究尚且处于起步阶段，大部分 LncRNA 的功能未知，而大部分 mRNA 的生物学功能是明确的，为捕捉与这些 mRNA 有相似表达趋势的 LncRNA，需要考虑 LncRNA 与 mRNA 之间的复杂关系，因此，需要构建 LncRNA-mRNA 基因共表达网络。同时，由于 LncRNA-mRNA 基因共表达网络中存在 LncRNA 和 mRNA 这两种不同类型的对象，它们之间也存在不同类型的调控关系，将网络中所有对象都视为同一类型的同构信息网络无法满足研究需求。异构信息网络作为一种半结构化的表示形式，是对现实系统中不同类型节点及其关系进行建模的有效途径。与同构网络相比，异构信息网络能够融合更多的节点及其相互作用。LncRNA 与不同 mRNA 之间的共表达关系，异构信息网络可以对其进行完整刻画。通过找到与 mRNA 有相似表达的 LncRNA，可以通过有功能线索的 mRNA 来提示 LncRNA 可能具有的相关功能。

3.2　基因共表达网络建模基础

3.2.1　基因共表达网络的相关概念

定义 3.1　基因调控网络（**Gene Regulatory Network，GRN**）：它反映了基因

之间复杂的相互作用和调控关系，而这个调控网络包括 DNA、蛋白质、RNA 和其他一些小分子。使用 RNA 聚合酶，DNA 可以被转录成 mRNA，mRNA 可能会（或可能不会）被翻译成蛋白质，在某些情况下，RNA 也可能会被逆转录成 DNA。在基因调控网络中，有两种调控类型，即促进（增加靶基因的表达值）和抑制（降低靶基因的表达值）。

定义 3.2 基因共表达网络（Gene Coexpression Network，GCN）：具有交互作用并参与同一生物过程的基因组成的网络。在基因共表达网络中，节点代表不同的基因，边代表对应边节点的基因表达相似度值高于预设阈值。如果两个基因之间存在连接，则可视为它们具有直接或间接的相互作用，并且很可能参与了相同的生物学过程。如果多个蛋白质必须处于同一生物通路或需要形成蛋白质复合物才能发挥作用，这就需要一些蛋白质的协同作用。这些蛋白质的表达相似性明显高于随机基因集的相似性，因此可以利用大量基因在不同条件下的差异表达数据构建基因共表达网络。皮尔逊相关系数（Pearson Correlation Coefficient，PCC）通常用来衡量基因表达的相关性，其范围一般在−1～1 之间。如果两个基因之间相关系数的绝对值越高，说明它们的相似性越高。根据阈值，一些不太相关的边被删除，用于剩余的边来创建基因共表达网络。

3.2.2 异构信息网络的相关概念

定义 3.3 异构信息网络（Heterogeneous Information Network，HIN）：具有对象类型映射 $\phi:V\to A$ 和连接类型映射功能 $\psi:E\to R$ 的有向图。每个对象 $v\in V$ 都属于对象类型集合中特定类型 A 的对象，每个连接 $e\in E$ 都属于连接类型集合 R 中特定类型 $\psi(e)\in R$ 的连接。如果两个属于同一个连接类型，那么这两个连接具有相同的起始对象和结束对象。

为了更好地理解网络中的节点类型和连接类型，理解网络的元级别（如模式级别）是必要的。因此提出了网络模式的概念来描述网络的元结构。

定义 3.4 网络模式（Network Schema）：网络模式是网络 $G=(V,E)$ 的元模板，记为 $T_G=(A,R)$，包含对象类型的映射函数 $\phi:V\to A$ 和连接关系类型映射函数 $\psi:E\to R$。

网络模式指定对象集合和对象关系的类型约束。这些约束导致异构信息网络是半结构化的，并指导了网络语义的研究。遵循网络模式的一个网络 G 被称为这个网络模式的一个网络实例。如图 3.1 所示，mRNA-TF-miRNA 基因调控网络是一个局部调控网络，也是一个典型的异构信息网络，它包含三种类型的节点以及这三类节点之间的关系。图 3.2 即为遵循图 3.1 的一个基因调空网络实例，在 mRNA-TF-miRNA 基因调控网络中，菱形节点表示 TF（转录因子），圆形节点表示 mRNA，三角形节点表示 miRNA，节点间的关系类型有促进和抑制。对于一个连接着对象类型 S 和对象类型 T 的连接类型 R，即 $S \xrightarrow{R} T$，S 和 T 可以分别表示为 $R.S$ 和 $R.T$。其逆关系 R^{-1} 自然有 $S \xrightarrow{R^{-1}} T$ 成立。通常，R 和 R^{-1} 是不相等的，除非 R 是对称的。不同于传统的同构信息网络，异构信息网络中的两个节点可以通过不同的路径连接，并且这些路径有不同的物理意义。这些路径可以属于元路径，元路径定义如下。

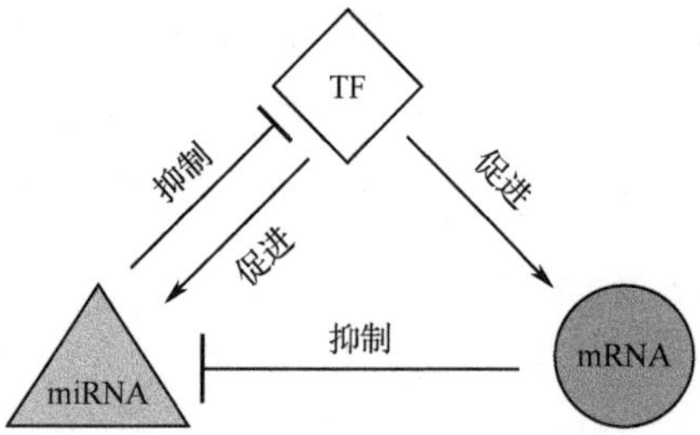

图 3.1　网络模式

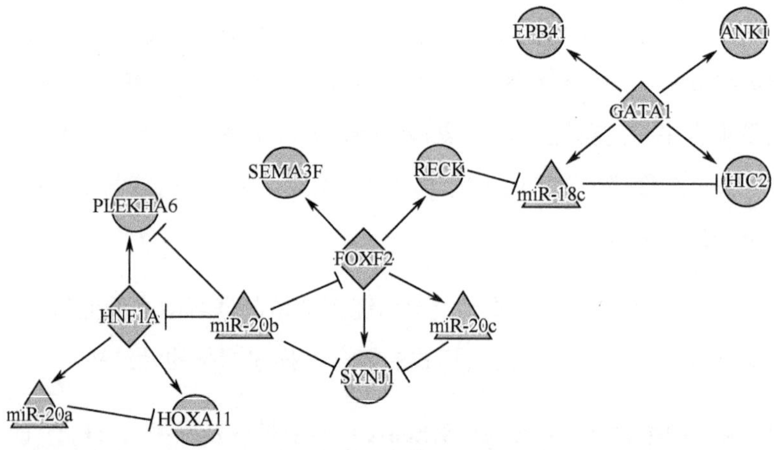

图 3.2　基因调控网络实例

定义 3.5　元路径（Meta Path）：一个元路径是定义在模式 $T_G=(A,R)$上的，并且表示为如下形式：$A_1\xrightarrow{R_1}A_2\xrightarrow{R_2}\cdots\xrightarrow{R_l}A_{l+1}$，定义了节点 $A_1,A_2,\cdots,A_{l+1}$ 间的复合关系 $R=R_1\circ R_2\circ\cdots\circ R_l$，这里的"∘"表示关系间的复合运算符。

为了简单起见，如果同一对节点类型之间没有多个关系类型，我们也可以使用节点类型来表示元路径：$P=(A_1A_2\cdots A_{l+1})$。例如，在图 3.1 中，DNA 转录成能够翻译或不翻译为蛋白质的 mRNA，这样的关系可以用长度为 1 的元路径 DNA $\xrightarrow{转录}$ RNA 表示。我们说节点 a_1 和 a_{l+1} 在网络 G 中具体的路径 $p=(a_1a_2\cdots a_{l+1})$ 是相关的元路径 P 的路径实例，可以表示为 $p\in P$。如果由 P 定义的关系 R 是对称的（即 P 等价于 P^{-1}），则 P 为对称路径。当且仅当 A_l 和 B_l 相同，则元路径 $P_1=(A_1A_2\cdots A_l)$ 和 $P_2=(B_1B_2\cdots B_k)$ 是可连接的，连接的元路径写为 $P=(P_1,P_2)$，等价于$(A_1A_2\cdots A_lB_1B_2B_3\cdots B_k)$。

元路径作为一种独特且有效的语义捕获工具，丰富的语义是一个重要的特征。基于不同的元路径，具有不同的路径语义的节点会有不同的连接关系，这会对相似度度量、聚类、分类等许多数据挖掘任务产生影响。网络模式 $T_G=(A,R)$实际上是给定异构信息网络 $G=(V,E)$的元模板，也是网络中语义关系的抽象。换言之，$G=(V,E)$是 $T_G=(A,R)$的一个网络实例。因此，在 $G=(V,E)$的所有子网之间，至少有一个子网（自身）对应网络模式 $T_G=(A,R)$，即至少可以找到一个子网 $G=(V,E)$与网络模式 $T_G=(A,R)$匹配。

定义 3.6　单元网络（Unit Network）：给定异构信息网络 $G=(V,E)$中符合网络模式 $T_G=(A,R)$的最小子网络，记为 $\phi=(V,E)$。单元网络继承了异构信息网络 $G=(V,E)$中的对象类型映射函数 $\phi:V\rightarrow A$ 和连接类型映射函数 $\psi:E\rightarrow R$。

单元网络其实就是异构信息网络 $G=(V,E)$的所有子网络中网络模式 $T_G=(A,R)$的一个最小实例，也是异构信息网络的一个子网络。我们将 LncRNA-mRNA 基因共表达网络包含四种类型的对象 LncRNA、mRNA-1、mRNA-2、mRNA-3 简记为 L、m-1、m-2、m-3。其中的一个单元网络记为 $\phi=(v_l^{\mathrm{L}},v_{\mathrm{m1}}^{\mathrm{m-1}},v_{\mathrm{m2}}^{\mathrm{m-2}},v_{\mathrm{m3}}^{\mathrm{m-3}},\langle v_l^{\mathrm{L}},v_{\mathrm{m1}}^{\mathrm{m-1}}\rangle,\langle v_l^{\mathrm{L}},v_{\mathrm{m2}}^{\mathrm{m-2}}\rangle,\langle v_l^{\mathrm{L}},v_{\mathrm{m3}}^{\mathrm{m-3}}\rangle)$，表示语义关系"mRNA $v_{\mathrm{m1}}^{\mathrm{m-1}}$，$v_{\mathrm{m2}}^{\mathrm{m-2}}$，$v_{\mathrm{m3}}^{\mathrm{m-3}}$ 与 LncRNA v_l^L 存在共表达关系"。为简单起见，可以用 ϕ 中每个对象的下标来标记该单元网络，即 ϕ 可以标记为 $\phi_{\mathrm{L,m1,m2,m3}}$。

3.3 数据采集

3.3.1 临床样本采集

我们选取了 10 例鼻咽癌活检组织及 6 例非癌对照组织（鼻咽上皮，来自鼻咽慢性炎症患者）样品，基于上述样品的基因构建 LncRNA 和 mRNA 表达谱。这 10 例鼻咽癌组织均来自初诊患者，未经放疗和化疗。组织标本取得后立即放入液氮中保存备用。（试验中涉及的组织标本，均取得病人知情同意并获得中南大学伦理委员会授权。）

3.3.2 组织 RNA 的提取、cDNA 合成与标记

鼻咽癌或鼻咽上皮组织每份取 50～100mg，分别在液氮中研磨粉碎，采用 Trizol 试剂根据公司提供的标准流程抽提总 RNA。使用 NanoDrop ND-2000（Thermo Scientific）对样品总 RNA 进行定量，并使用 Agilent Bioanalyzer 2100（Agilent Technologies）检查 RNA 的完整性。RNA 质控鉴定后，使用 Agilent 试剂盒将 RNA 逆转录成双链 cDNA，进一步合成 Cyanine-3-CTP（Cy3）标记的 cRNA。

3.3.3 芯片选择、杂交及图像采集

采用 Agilent 公司 4×180K LncRNA Array，可同时检测 NCBI RefSeq、UCSC、ENSEMBL 等多个数据库中已登记的全部 LncRNA 及全部蛋白编码基因的 mRNA。芯片的探针设计为 60 mer 的长寡核苷酸。将标记的 cRNA 与芯片杂交，洗脱后用 Agilent Scanner G2505C（Agilent Technologies）扫描原始图像，并用 Feature Extraction 软件（10.7.1.1 版，Agilent Technologies）对原始图像进行处理，提取原始图像数据。利用 Genespring 软件（Version 13.1，Agilent Technologies）对数据进行归一化处理，以获得每个样本中的 LncRNA 和 mRNA 表达谱，用于后续数据分析。

这 16 例鼻咽癌和非癌对照组织的 mRNA、LncRNA 基因芯片原始数据已经上传到 GEO 数据库中，Accession Number：GSE61218。

3.4　LncRNA-mRNA 基因共表达网络

3.4.1　基于表达谱的 mRNA 聚类

10 例鼻咽癌组织和 6 例正常对照鼻咽上皮组织经基因芯片检测，均成功地获得了 LncRNA 和 mRNA 表达谱。截取 LncRNA、mRNA 对应的基因芯片原始数据。

由于 mRNA 数量较大，而且具有相同功能的 mRNA 表达更相似，因此我们首先对 mRNA 进行聚类，将不同集群中的 mRNA 看作不同类型的节点。将每个基因的表达作为其特征向量，也就是说，每个基因都被表示为一个维度为 16 的向量。针对这些特征向量，应用基于特征的聚类算法 K-means，从而得到不同类型的 mRNA 集群。聚类算法 K-means 是一种简单有效的聚类算法，其主要步骤为：

（1）确定聚类簇数，然后随机选定 K 个样本作为初始的簇中心。

（2）计算每一个样本与各个簇中心的相似度，并将样本归到最相似的簇中。

（3）对各个簇中的样本求平均，作为新的簇中心。

（4）重复步骤（2）和步骤（3），直到满足收敛条件。

由于聚类簇数对聚类效果影响较大，因此根据先验知识，集群的数量 K 取 3，随机选取三个样本作为初始的簇中心，选取的基因为第 1 712、704、558 个基因，mRNA 聚类初始簇中心的基因芯片结果如表 3.1 所示。当新旧簇中心差距很小时，迭代停止，迭代次数为 24 次，得到新的簇中心，如表 3.2 所示。mRNA 聚类结果如表 3.3 所示。

表 3.1　mRNA 聚类初始簇中心的基因芯片结果

正常对照（Normal,N）样本中的表达值						鼻咽癌（Tumor,T）样本中的表达值									
N1	N2	N3	N4	N5	N6	T1	T2	T3	T4	T5	T6	T7	T8	T9	T10
6.91	7.40	8.47	8.62	8.55	7.13	7.43	7.87	7.67	7.70	7.12	7.53	7.38	7.28	7.29	6.13
7.79	8.17	7.38	7.97	8.24	8.20	8.91	9.21	9.08	8.54	8.22	8.47	8.38	8.30	8.74	9.14
7.51	7.68	7.14	7.25	7.74	8.04	8.50	8.66	9.33	8.86	8.78	8.21	8.21	7.67	9.55	8.36

表 3.2　经迭代后得到的 mRNA 聚类簇中心结果

正常对照（Normal,N）样本中的表达值						鼻咽癌（Tumor,T）样本中的表达值									
N1	N2	N3	N4	N5	N6	T1	T2	T3	T4	T5	T6	T7	T8	T9	T10
6.74	7.20	6.79	6.91	7.28	7.34	7.24	7.43	7.53	7.20	6.98	6.92	6.88	7.07	7.31	7.23
10.48	10.63	10.38	10.12	10.63	10.99	10.87	11.22	11.39	11.10	10.80	10.98	11.01	10.95	11.10	10.97
8.11	8.30	7.92	7.97	8.36	8.54	8.63	8.94	9.22	8.87	8.54	8.67	8.65	8.65	8.75	8.75

表 3.3　mRNA 聚类结果

基 因 名 称	所 属 集 群
ZNF587 mRNA	1
AJUBA mRNA	1
ATIC mRNA	1
TOP2A mRNA	1
ZWINT mRNA	1
PA2G4 mRNA	2
GBP5 mRNA	2
SNRPD1 mRNA	2
MR1 mRNA	2
UQCRFS1 mRNA	2
HIST1H3C mRNA	3
TIMMDC1 mRNA	3
GAPDH mRNA	3
IFI30 mRNA	3
ATP5B mRNA	3

3.4.2　鼻咽癌中差异表达 LncRNA 和 mRNA 的筛选

将 LncRNA 和 mRNA 表达谱原始数据过滤及 SAM 分析后，结果如表 3.4 和表 3.5 所示。

表 3.4　鼻咽癌中差异表达 LncRNA 基因芯片原始结果

正常对照（Normal,N）样本中的表达值						鼻咽癌（Tumor,T）样本中的表达值									
N1	N2	N3	N4	N5	N6	T1	T2	T3	T4	T5	T6	T7	T8	T9	T10
6.73	7.84	7.38	7.39	7.87	7.62	9.73	9.85	10.69	10.20	8.57	9.56	9.08	9.49	9.35	9.39

续表

正常对照（Normal,N）样本中的表达值						鼻咽癌（Tumor,T）样本中的表达值									
N1	N2	N3	N4	N5	N6	T1	T2	T3	T4	T5	T6	T7	T8	T9	T10
10.19	10.00	10.11	9.45	10.23	10.56	10.89	11.35	11.65	11.65	11.40	11.30	11.01	11.29	11.25	11.07
6.34	6.53	6.20	6.07	6.22	6.64	7.30	8.44	9.09	8.15	8.14	8.09	8.11	7.87	7.71	7.27
9.46	9.16	9.27	8.73	9.42	9.84	10.19	10.34	11.13	10.79	11.05	10.80	11.10	10.21	10.60	10.34
8.86	8.58	8.06	8.04	8.51	8.80	9.39	10.00	10.09	9.63	9.51	9.80	9.47	9.83	9.12	9.61
12.71	12.29	12.49	11.61	12.66	13.10	13.51	13.88	14.47	14.17	14.31	13.92	14.32	13.43	13.95	13.58
4.39	3.12	5.77	3.06	4.97	5.56	9.12	9.79	9.48	10.78	8.90	5.45	9.83	9.08	11.10	7.68
6.83	7.27	7.10	7.10	7.40	7.37	8.21	9.68	9.68	8.79	8.23	8.37	8.64	8.29	9.08	8.52
6.74	7.03	6.44	6.59	6.90	7.23	7.58	8.34	8.16	8.06	7.91	7.58	7.56	8.70	8.25	8.01
5.87	5.83	5.87	5.53	6.07	6.10	7.36	8.17	7.85	8.23	6.87	7.87	7.55	8.64	6.40	7.62
8.32	9.06	8.43	8.58	8.97	9.24	9.50	9.83	10.51	9.79	9.89	9.57	9.88	9.73	9.95	9.87
11.20	11.61	11.53	10.83	11.44	12.09	12.38	12.80	13.63	13.11	12.43	12.99	13.20	12.31	12.57	12.74
5.25	4.95	6.03	4.35	5.54	6.16	6.51	7.43	7.98	7.98	6.93	8.35	6.56	7.06	7.75	7.08
12.94	13.16	13.26	12.36	13.07	13.66	14.03	14.47	15.31	14.76	14.08	14.73	14.85	13.82	14.22	14.38
8.79	8.43	8.35	7.93	8.62	8.75	9.08	9.27	9.60	9.46	9.44	9.75	9.06	9.49	9.18	9.32
9.55	9.49	9.31	8.73	9.41	9.73	10.04	10.55	10.12	10.29	10.19	10.05	10.83	10.35	10.27	10.19
5.39	5.33	4.82	5.18	4.75	5.04	8.26	9.36	7.30	6.03	6.40	7.67	8.29	7.56	6.66	6.92
9.31	9.56	9.50	9.54	10.12	9.85	10.13	11.58	11.88	11.61	11.36	10.95	11.20	10.75	11.64	10.35
10.43	10.76	10.70	10.04	10.42	11.16	11.33	11.73	12.49	12.09	11.37	12.10	12.31	11.39	11.51	11.97
8.69	8.18	8.32	7.72	8.09	8.74	8.81	9.64	9.94	9.70	9.29	9.21	9.15	9.27	9.73	9.20
7.09	6.93	7.40	6.28	6.90	7.46	7.74	8.16	9.04	8.40	8.21	9.27	8.43	7.85	8.61	8.15
8.89	8.74	8.86	8.12	8.93	9.23	9.93	10.63	11.78	10.68	10.14	10.30	10.31	9.49	10.60	9.89
8.28	8.34	8.16	7.76	8.24	8.42	8.62	10.05	9.69	9.69	9.26	9.35	10.34	9.14	9.82	9.02
9.40	9.10	9.07	8.59	9.20	9.27	9.84	10.42	9.98	10.15	9.97	9.77	10.69	9.87	9.99	9.69
11.12	11.04	11.39	10.44	11.16	11.58	12.10	12.52	13.36	12.85	11.96	12.72	12.74	11.84	12.14	12.17
5.63	5.68	5.39	5.38	6.01	6.46	6.25	8.14	8.29	8.61	7.06	7.75	7.77	7.11	8.10	6.80
7.31	6.36	5.65	5.33	6.38	6.67	8.40	7.12	9.39	9.05	8.79	8.26	9.21	8.16	7.07	8.65
10.07	9.63	9.56	9.09	9.63	9.74	10.32	10.97	10.41	10.62	10.43	10.32	10.97	10.24	10.52	10.24

表 3.5　鼻咽癌中差异表达 mRNA 基因芯片原始结果

正常对照（Normal,N）样本中的表达值						鼻咽癌（Tumor,T）样本中的表达值									
N1	N2	N3	N4	N5	N6	T1	T2	T3	T4	T5	T6	T7	T8	T9	T10
6.54	6.80	6.28	6.20	6.63	6.68	8.12	10.10	9.75	8.81	8.94	9.18	9.11	9.45	9.31	9.51
5.29	4.52	4.70	4.81	5.00	5.04	6.81	7.65	7.77	7.10	6.29	7.33	7.26	6.89	6.87	7.01
5.25	6.85	7.73	7.58	7.69	7.27	11.07	11.46	11.64	11.01	10.27	11.72	12.90	12.18	9.76	11.00
9.13	8.41	8.21	7.52	8.24	8.80	10.07	10.35	11.06	11.10	10.47	11.17	10.73	10.41	10.50	10.01
5.39	5.75	5.67	5.00	5.70	5.39	7.14	7.84	8.91	7.64	7.03	8.02	8.33	7.79	7.44	7.22
5.36	5.61	5.58	5.43	6.19	5.81	7.08	7.14	8.40	7.32	7.53	7.30	7.48	7.73	7.12	7.03
5.64	5.67	5.64	4.70	5.58	6.95	7.32	7.95	8.87	8.09	8.42	8.62	7.98	8.55	8.61	7.83
7.74	8.02	7.33	8.25	7.74	8.22	9.44	9.35	9.65	9.14	8.90	9.80	9.45	9.73	9.06	9.30
4.12	5.60	5.88	6.37	6.53	5.91	9.42	9.74	8.95	8.27	8.03	9.38	11.08	9.66	8.56	9.19
10.47	10.46	11.04	9.40	10.25	11.25	11.70	12.41	12.29	12.50	12.28	12.40	12.02	12.36	12.15	12.46
7.06	6.93	6.86	6.13	6.91	7.43	7.77	9.29	9.50	9.19	8.61	8.73	8.79	8.84	9.13	8.27
8.10	7.76	7.69	7.72	8.38	8.08	9.78	8.94	8.93	8.95	9.09	9.72	9.10	9.50	9.24	9.57
6.70	6.87	6.36	6.54	7.19	7.13	8.93	8.44	9.48	7.91	8.57	8.29	8.37	8.60	7.92	8.96
8.26	8.85	8.11	8.32	8.40	8.85	9.68	9.25	9.86	9.46	9.35	9.89	9.35	9.76	9.90	9.86
9.32	9.49	10.18	10.26	10.36	10.00	12.32	11.76	11.20	11.51	11.30	11.81	11.60	11.21	11.15	12.20
8.29	8.38	8.33	7.41	8.03	8.72	9.14	10.13	10.79	9.95	9.56	10.17	9.96	9.88	9.88	9.64
4.64	5.70	5.39	4.91	5.64	5.64	6.70	8.27	7.91	7.64	7.43	7.57	6.55	6.99	7.89	6.83
5.98	6.21	6.13	5.73	6.13	6.25	7.23	7.67	7.73	7.21	6.75	7.61	7.25	6.88	7.49	7.01
5.21	5.17	5.52	4.00	5.21	6.15	6.81	8.44	8.48	8.74	7.74	7.97	8.29	6.71	8.95	7.55
9.32	8.40	8.03	7.52	8.53	8.69	9.95	10.71	11.85	10.47	10.76	10.61	10.23	10.30	10.25	10.20
5.73	6.09	5.73	5.21	6.29	6.19	7.68	8.29	8.36	7.40	7.40	7.85	7.47	7.49	6.98	7.01
3.91	4.70	5.09	3.32	4.17	6.09	6.34	7.80	8.68	8.25	7.17	7.13	7.19	7.43	7.07	7.25
5.58	5.25	5.61	4.39	5.58	6.85	6.99	8.19	8.23	7.85	7.29	7.55	8.01	7.38	7.98	7.55
6.00	6.15	5.46	5.52	6.46	6.34	7.38	7.24	8.40	7.94	7.89	7.68	8.02	7.83	6.94	7.25
3.81	6.11	5.61	4.86	5.88	5.36	7.25	8.23	7.89	7.27	7.07	8.17	7.98	8.58	6.97	7.64
9.57	9.27	9.13	8.77	9.22	9.58	10.08	10.80	11.70	10.53	11.16	11.62	10.74	10.96	10.72	10.62
6.09	5.46	5.00	5.04	5.46	5.58	7.25	7.22	6.77	6.09	7.24	7.51	7.76	7.55	6.78	7.47
5.95	5.67	5.88	5.39	5.55	6.32	6.75	7.67	8.29	7.91	7.60	7.59	6.89	6.95	8.01	7.25

数据是以在两组样本中的差异表达倍数变化（FC）≥1.5、假阳性率（FDR）值≤0.05 为标准获得的，共发现差异表达分子 3 734 个，其中 LncRNA 1 276 个（其

中 405 个 LncRNA 在鼻咽癌中表达上调，871 个表达下调）和 mRNA 2 458 个（1 677 个上调，781 个下调）。图 3.3 是这些差异表达 RNA 分子的热图，N 表示对照鼻咽上皮，T 表示鼻咽癌。其中 A 为差异表达的全部 RNA，B 为差异表达的 mRNA，C 为差异表达的 LncRNA。

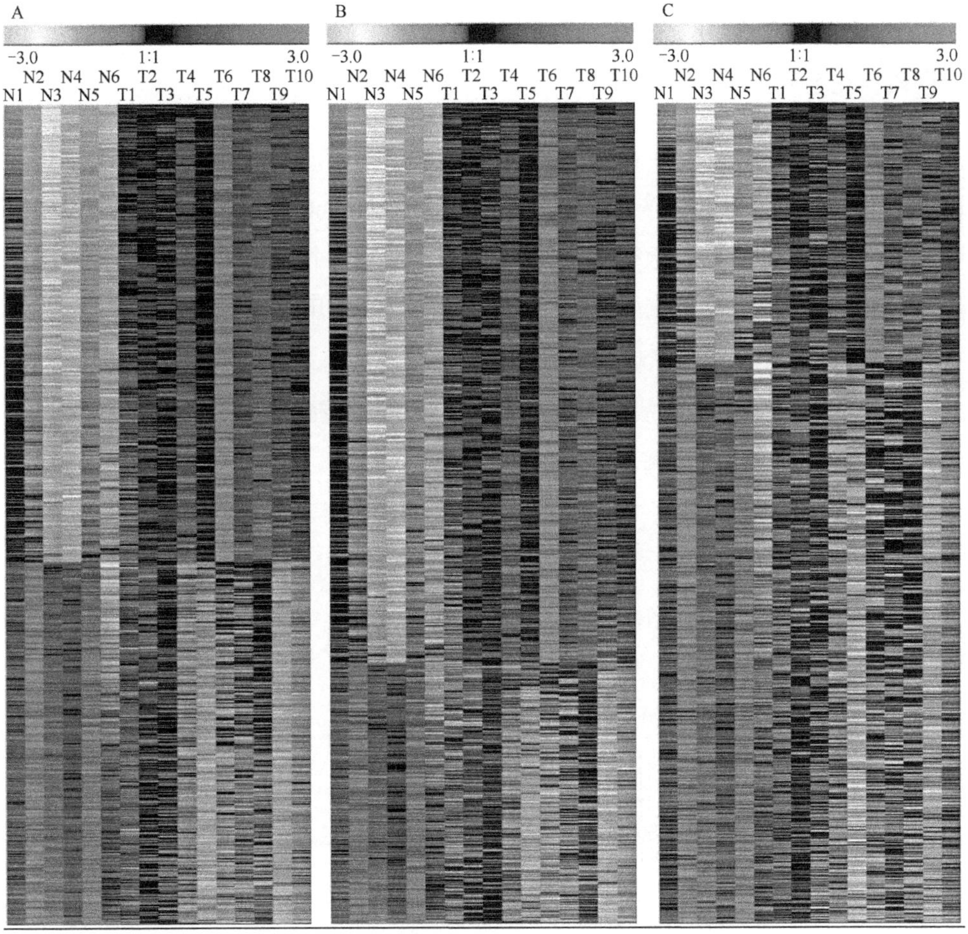

图 3.3　差异表达 RNA 分子的热图

3.4.3　差异表达的 LncRNA 和 mRNA 的染色体定位富集

鼻咽癌发病过程中存在基因组不稳定现象，常表现为染色体片段的丢失（loss）或扩增（amplification）。某些染色体片段的丢失或扩增，会导致该染色体区域内的基因同时表达下调或者上调，因此鼻咽癌中差异表达的 LncRNA 和 mRNA 可能存在染色体定位的富集现象。

我们利用 GSEA（Gene Set Enrichment Analysis）软件提供的染色体位置 Gene Set（c1: Positional Gene Set）对差异表达基因进行了 GSEA 分析，果然发现在 11 个染色体区段有显著富集，其中 9 个染色体区段的基因显著上调，最显著的包括染色体 12q24、22p11 和 3q21 等区段，提示这几个染色体区段在鼻咽癌中可能存在扩增；而 3p21 和 11p15 这 2 个染色体区段中的基因显著下调，提示这几个染色体区段存在丢失。

图 3.4 为染色体 12q24 区段的 GSEA 分析结果。在 GSEA 分析中，对于该基因集下的每个基因给出了详细的统计信息。Ranking metric scores 代表该基因排序量的值，比如差异表达倍数变化 FC 值。图 3.4 分为 3 个部分，上面部分是基因富集分数 ES 值，即 Enrichment score。中间部分是 Hits，用线条标记。下面部分是所有基因的 Rank 值分布图，默认情况下，使用 Signal 2 Noise 算法，它对应于 Ranked list metric（Signal 2 Noise）。从图中可以看出，该组基因在癌组中高表达，且该组基因顶部富集，整体显著上调。

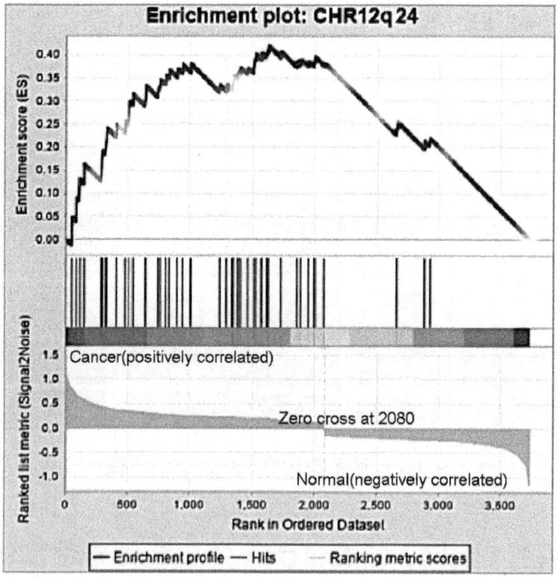

图 3.4　染色体 12q24 区域的 GSEA 分析结果

图 3.5 揭示了在染色体 12q24 区域中 mRNA 所有表达量的分布。在图中，每一列代表一个样本，每一行代表一种 mRNA，基因表达量从左到右由低到高。该图表明在染色体 12q24 区域上的 mRNA 在鼻咽癌中的表达整体显著上调。

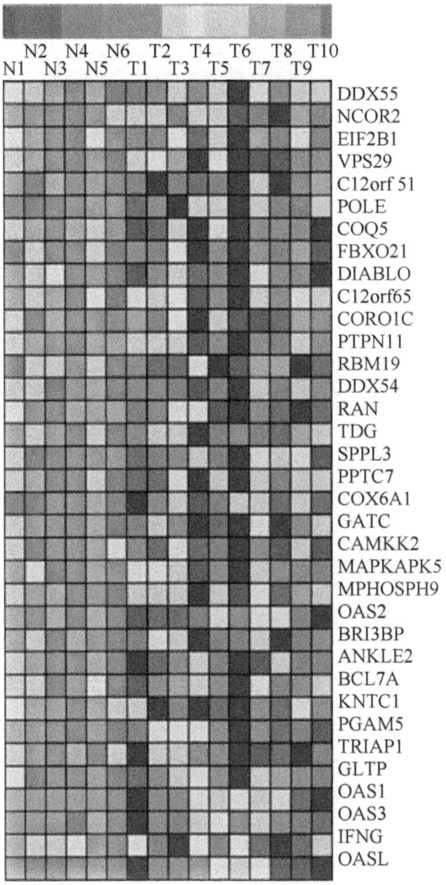

图 3.5　染色体 12q24 区域中 mRNA 所有表达量的分布

差异表达 LncRNA 列表及其原始结果如表 3-6 所示；差异表达 mRNA 列表及其原始结果如表 3-7 所示。

表 3.6　差异表达 LncRNA 列表及其原始结果

基因芯片上探针编号	基 因 名 称	倍数变化值	*q* 值
oebiotech_20449	uc010wks.1	4.535	0.000
A_24_P358328	TPI1P2	2.263	0.000
oebiotech_22631	NR_045796	3.391	0.000
A_24_P169574	TUBBP5	1.663	0.039
A_19_P00803360	LOC730101	2.064	0.039
oebiotech_25611	TCONS_l2_00001825	2.312	0.039

续表

基因芯片上探针编号	基 因 名 称	倍数变化值	*q* 值
oebiotech_19162	uc002ilp.1	1.715	0.064
A_21_P0000475	SNORA70B	1.836	0.064
oebiotech_21410	NR_027624	1.919	0.064
oebiotech_21643	NR_033196	0.729	0.089
A_21_P0000496	SNORD1A	1.319	0.089
oebiotech_21138	NR_024598	0.635	0.089
oebiotech_20887	LOC728554	1.063	0.136
oebiotech_26020	TCONS_12_00007244	0.597	0.136
oebiotech_21615	NR_030765	0.641	0.136
oebiotech_22566	NR_045418	0.813	0.149
oebiotech_19179	uc002jsd.1	1.067	0.149
oebiotech_25043	TCONS_00025103	0.737	0.149
A_21_P0000295	NR_002912	0.726	0.229
A_21_P0000493	SCARNA14	1.097	0.229
A_21_P0000353	SCARNA23	0.711	0.229
oebiotech_21751	NR_033675	0.917	0.310
A_21_P0000597	CTSLP8	0.908	0.310

表 3.7　差异表达 mRNA 列表及其原始结果

基因芯片上探针编号	基 因 名 称	倍数变化值	*q* 值
A_23_P202837	CCND1	6.869	0.000
A_23_P57667	PLXNA1	4.727	0.000
A_24_P303091	CXCL10	19.646	0.000
A_24_P188071	TUBA1C	4.511	0.000
A_24_P379233	GJB3	5.064	0.000
A_24_P247732	SLC5A6	3.437	0.000
A_23_P99292	RAD51AP1	5.379	0.000
A_23_P142750	EIF2AK2	2.810	0.000
A_24_P9321	HIST1H3I	3.213	0.000
A_23_P487	UCK2	3.879	0.000
A_23_P69383	PARP9	2.531	0.000
A_23_P47885	LRIG3	3.465	0.000
A_24_P941912	DTX3L	2.239	0.000
A_24_P274270	STAT1	3.192	0.000
A_23_P28886	PCNA	3.311	0.000
A_23_P151150	FOXM1	4.308	0.000

续表

基因芯片上探针编号	基 因 名 称	倍数变化值	*q* 值
A_23_P68087	ATIC	2.360	0.000
A_23_P74349	NUF2	6.936	0.000
A_23_P19673	SGK1	4.339	0.000
A_33_P3210343	ETV6	3.361	0.000
A_23_P259586	TTK	6.688	0.000
A_23_P50108	NDC80	4.059	0.000
A_23_P50000	FAM57A	3.207	0.000
A_23_P83579	ARNT2	5.122	0.000
A_23_P24997	CDK4	3.221	0.000
A_23_P54055	AJUBA	3.352	0.000
A_23_P388146	ZNF587	3.348	0.000
A_23_P120860	NIPSNAP1	3.130	0.000
A_23_P35293	GJB5	6.540	0.000

染色体 12q24 区域 LncRNA 和 mRNA 共同表达分布如图 3.6 所示。在该热图中，同样，每一列代表一个样本（其中 N 表示正常对照鼻咽上皮样本，T 表示鼻咽癌样本），每一行代表一种基因（mRNA 或 LncRNA），其中右侧标注星号的为 LncRNA，其余的为 mRNA。右边深色区域表示基因表达水平上调，左边浅色区域表示基因表达水平下调。在该图中可以明显看出，在鼻咽癌中，染色体 12q24 区域 LncRNA 和 mRNA 共表达显著上调。

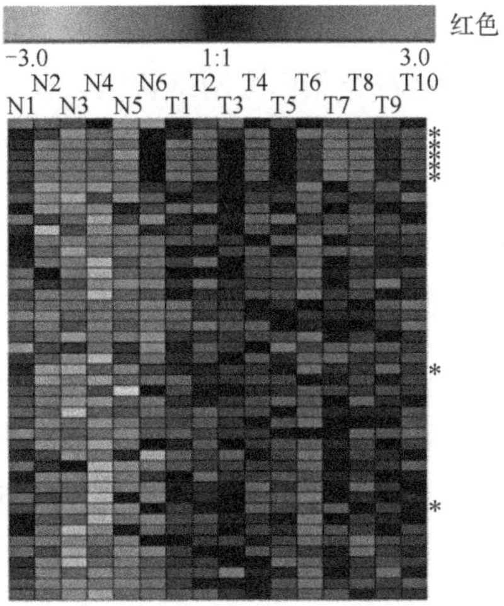

图 3.6　染色体 12q24 区域 LncRNA 和 mRNA 共同表达分布

3.4.4 LncRNA-mRNA 基因共表达网络构建

下面将进一步基于 WGCNA（Weighted Gene Co-expression Network Analysis，加权基因共表达网络分析）软件计算在鼻咽癌和对照非鼻咽癌上皮组织中与 LncRNA 具有相似表达趋势的 mRNA，以构建 LncRNA-mRNA 基因共表达网络。

定义 3.7　度（Degree）：在图论中，一个点的度指图中与该点相连的边数。特别对于有向图而言，指向该节点的边数称为入度，反之则称为出度，有向图中节点度的大小等于该节点出入度之和。

定义 3.8　无标度网络（Scale-free Network）：假设在网络中任取一个节点，该节点度数为 d 的概率为 $P(d)$，且 $P(d)$与 d 的概率分布满足幂律分布：

$$P(d) \propto d^{-t}$$

WGCNA 是一种结合生命科学和计算机科学领域知识的方法，其对基因芯片数据进行分析，从中挖掘基因共表达模块信息。当前研究表明，WGCNA 基于以下两个假设：①具有相似表达模式的基因可以被共调控、功能相关或在同一通路中；②基因共表达网络符合无标度网络的特征。事实上，无标度网络更符合我们的认知：很少有基因在体内执行更多的功能，而大多数外围基因执行外围功能。对应到基因共表达网络中，即大部分基因节点涉及的调控关系较少，少部分基因节点涉及的调控关系较多，这符合无标度网络特征。在受到外因伤害时，无标度网络下的基因会有更强的抵抗力，只要中心基因不受影响，伤害可以忽略不计。这也是符合生物进化论中“适者生存”理论的。

在该方法中，基因共表达模块被定义为一组具有相似表达谱的基因，这意味着如果某些基因在生理过程或不同组织中总是有相似的表达变化，那么有理由认为这些基因功能相关，并将它们定义为基因共表达的模块。与传统的聚类算法不同，WGCNA 算法的聚类准则具有生物学上的意义，因此该方法得到的结果具有更高的可靠性。

基于 WGCNA 方法，我们首先将发现的 3 734 个对应的 16 维特征向量组成

16×3 734 矩阵作为 WGCNA 的输入数据，其中矩阵中的元素表示第 i 个样本在第 j 个基因上的表达值，然后执行如下步骤：

（1）计算任意两个基因之间的皮尔逊相关系数。

首先对输入数据构成的 16×3 734 矩阵的列向量 $\{\boldsymbol{x}_j\}_{j=1}^{3734}$ 进行如公式（3.1）所示的标准化

$$\textbf{scale}(\boldsymbol{x}_j)=\frac{\boldsymbol{x}_j-\text{mean}(\boldsymbol{x}_j)}{\sqrt{\text{var}(\boldsymbol{x}_j)}} \tag{3.1}$$

其中，$\boldsymbol{x}_j$ 为原列向量，$\textbf{scale}(\boldsymbol{x}_j)$为标准化后的列向量，$\text{mean}(\boldsymbol{x}_j)$函数和 $\text{var}(\boldsymbol{x}_j)$ 函数定义如下：

$$\text{mean}(\boldsymbol{x}_j)=\frac{\sum_{k=1}^{16}\boldsymbol{x}_{kj}}{16}$$

$$\text{var}(\boldsymbol{x}_j)=\frac{\sum_{k=1}^{16}(\boldsymbol{x}_{kj}-\text{mean}(\boldsymbol{x}_j))^2}{16-1}$$

用公式（3.2）计算两个标准化后的列向量的 Pearson（皮尔逊）相关系数

$$\text{cor}(\boldsymbol{x}_i,\boldsymbol{x}_j)=\frac{\langle\textbf{scale}(\boldsymbol{x}_i),\textbf{scale}(\boldsymbol{x}_j)\rangle}{\|\textbf{scale}(\boldsymbol{x}_i)\|\|\textbf{scale}(\boldsymbol{x}_j)\|} \tag{3.2}$$

可以看出这是线性代数中向量内积的计算方法，根据向量的夹角余弦值判断向量的线性相关性，利用 WGCNA 方法根据数据（基因表达值）本身的特点对向量进行了标准化。

令 $s_{ij}=\text{cor}(\boldsymbol{x}_i,\boldsymbol{x}_j)$，得到基因相关系数矩阵 $\boldsymbol{S}=(s_{ij})\in R^{3\,734\times3\,734}$。

（2）对基因相关系数矩阵加权优化（软阈值法）。

由度与无标度网络的定义可知，如果网络完全符合无标度网络的特征，则其概率密度函数取对数后的 $\log P(d)$与 $\log d$ 线性相关。基于这个原理，我们对各个节点的度数 d 及该度数在所有节点度数中的占比进行皮尔逊相关性分析，得到关于

无标度网络的适应系数。这个系数可以评定构建的网络接近无标度网络的程度，越接近 1，则越像无标度网络。基于以上理论，就产生了给基因的相关系数加上一个指数 β 的想法。当 $\beta>1$ 时，不同的相关系数之间的差距会越来越大。例如基因 A 和基因 C 的相关系数为 0.3，基因 A 和基因 B 的相关系数为 0.6，当给它们加上 $\beta=2$ 的次方时，相关系数变为 0.09 和 0.36，放大了其相关系数差异的显著程度。这个 β 可以根据前文提到的无标度网络适应系数进行选择。例如，我们要构建无标度网络适应系数大于 0.9 的网络，就计算各个 β 值加权后网络的无标度网络适应系数，超过 0.9 的最小 β 是最优选择。WGCNA 软件已将此功能实现并可视化，可供手动选择 β 的值。令 $\beta=6$，对原有的相关系数矩阵加权，得到加权基因相关系数矩阵 $\boldsymbol{A}=(a_{ij}) \in R_{3\,734\times3\,734}$，其中 $a_{ij}=|s_{ij}|^{\beta}$。

（3）计算任意两个基因之间的拓扑重叠系数。

如果直接以上一步得到的两两基因间的加权相关系数进行模块识别和划分，则准确性较差，且对数据的利用度也不高，因此引入拓扑重叠系数，即如果基因 i 和基因 j 之间可以通过若干个中间关联的基因 u 而形成联系，则这个联系的强弱也会在一定程度上被考虑进划分模块的依据中。在 WGCNA 中，拓扑重叠系数的计算方法如公式（3.3）。

$$\mathrm{TOM}_{ij}=\frac{\sum_{\substack{u=1\\u\neq i,j}}^{3734}(a_{iu}\cdot a_{uj})-a_{ij}}{\min\left\{\sum_{\substack{u=1\\u\neq i}}^{3734}a_{iu},\sum_{\substack{u=1\\u\neq j}}^{3734}a_{uj}\right\}+1-a_{ij}} \tag{3.3}$$

（4）对基因进行层次聚类，划分模块。

我们利用 WGCNA 软件计算了 3 734 个差异表达分子之间的拓扑重叠，并据此将基因按照表达模式进行分类，构建分层聚类树，表达模式相似的基因，代表不同的基因模块，最终构建了差异表达 LncRNA 与 mRNA 的相关性系数矩阵（共 1 276 个 LncRNA 和 2 458 个 mRNA，一起组成一个 3 734×3 734 的矩阵），并对该矩阵以热图的形式进行可视化，如图 3.7 所示。在图 3.7 中，行和列均表示单个基因，即 mRNA 或 LncRNA。

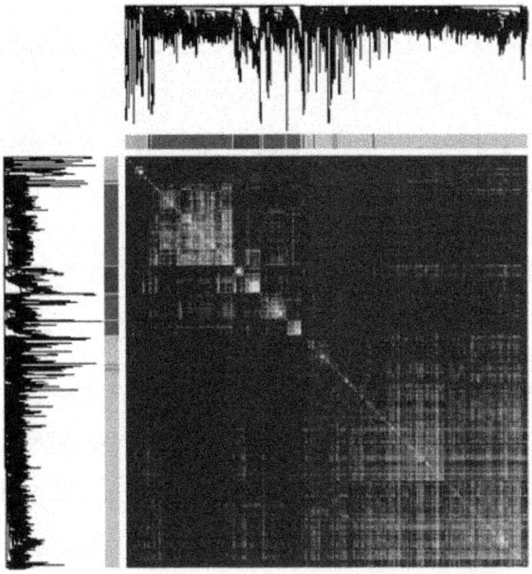

图 3.7　差异表达 LncRNA 与 mRNA 的拓扑重叠热图

以分子之间拓扑重叠系数高于 0.09 为阈值，筛选出高度相关的共表达关系，构建了一个 LncRNA-mRNA 基因共表达网络，在 Cytoscape 软件中将 LncRNA-mRNA 基因共表达网络进行可视化输出，如图 3.8 所示。

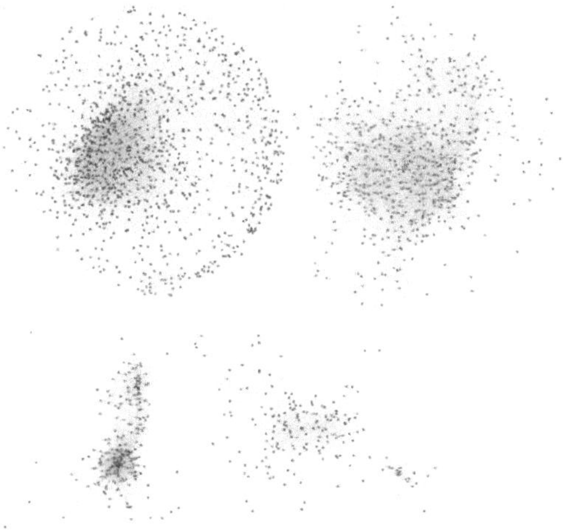

图 3.8　LncRNA-mRNA 基因共表达网络可视化输出

网络中共包括 2 196 个节点，其中，915 个 LncRNA、708 个 mRNA-1、522 个 mRNA-2、51 个 mRNA-3，以及 35 290 个连线，连线表示基因之间存在相关性。

3.5 LncRNA 和 mRNA 基因共表达模块发现

3.5.1 共同 miRNA 结合位点鉴定鼻咽癌中竞争性内源 RNA 基因共表达模块

我们利用 WGCNA 算法计算出了转录组层面鼻咽癌中差异表达 LncRNA 与 mRNA 基因共表达关系的全貌，并绘制了一张完整的共表达网络图，但是这个网络中不同 LncRNA-mRNA 模块的生物学意义我们还是不清楚。在转录组中，还有一类非常重要的调控基因表达的 RNA 分子——miRNA。它们通过结合到细胞内其他 RNA 分子上，诱导靶 RNA 降解，影响它们的表达。同时细胞内的 LncRNA 和 mRNA 之间，则可能由于包含相同的 miRNA 结合位点，从而相互竞争 miRNA，调控对方的表达。尽管我们所用的基因芯片上并没有针对 miRNA 探针，但我们可以通过 GSEA 进行 miRNA 靶基因富集分析，发现具有相同 miRNA 识别位点的 RNA，从而构建竞争性内源 LncRNA 和 mRNA 的基因共表达模块。

通过 GSEA 分析，我们发现 miR-142-3p、miR506、miR-17 family（包含 miR-17-5p、miR-20a、miR-106a、miR-106b、miR-20b 和 miR-519d）等 miRNA 的靶基因集得到了最为显著的富集。下面以 miR-142-3p 为例展示鼻咽癌中可能竞争 miR-142-3p 的 LncRNA-miRNA 调控网络模块。

GSEA 预测发现 miR-142-3p 靶基因在鼻咽癌差异表达 RNA 中存在显著富集，如图 3.9 所示。

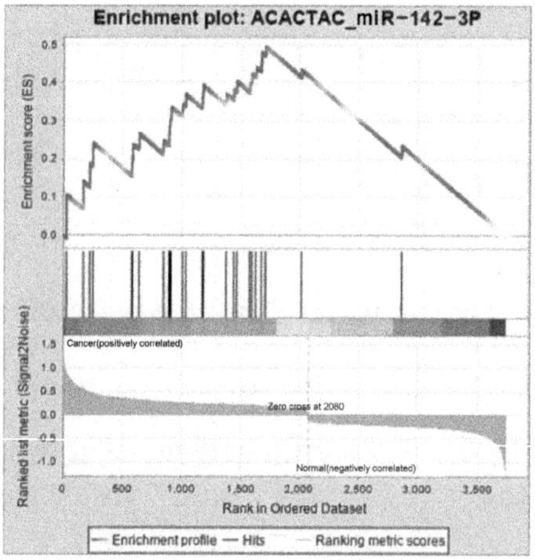

图 3.9　miR-142-3p 的 GSEA 分析

图 3.10 为鼻咽癌中可能受 miR-142-3p 靶向调控的 LncRNA 和 mRNA 表达谱。

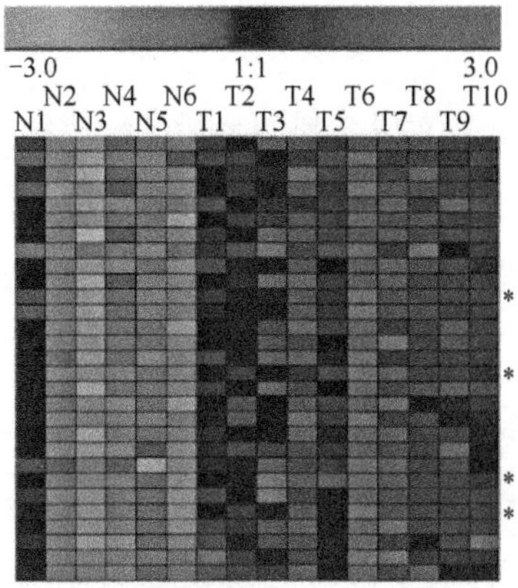

注：右侧有星号标记的为 LncRNA；N：对照鼻咽上皮；T：鼻咽癌。

图 3.10 鼻咽癌中可能受 miR-142-3p 靶向调控的 LncRNA 和 mRNA 表达谱

图 3.11 揭示了结合 GSEA 和 WGCNA 分析构建的鼻咽癌中竞争 miR-142-3p 的 LncRNA-mRNA 调控模块。

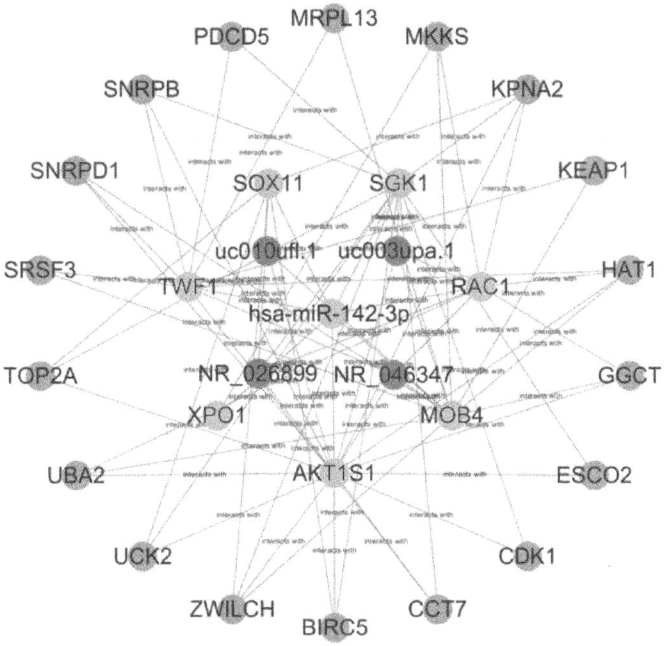

图 3.11 鼻咽癌中竞争 miR-142-3p 的 LncRNA-mRNA 调控模块

3.5.2　基于信号通路的 LncRNA-mRNA 基因共表达模块

除了通过共同的染色体定位和共同的 miRNA 结合位点对 LncRNA-mRNA 基因共表达网络进行解析，我们还可以通过对 mRNA 参与的信号通路进行富集分析，以解析 LncRNA-mRNA 基因共表达模块。再次利用 GSEA 提供的包含了全部 KEGG 信号通路的基因集，对表达差异的 mRNA 进行信号通路富集分析，富集最显著的信号通路包括 p53 信号通路（KEGG p53 Signal Pathway）、细胞周期调控通路（KEGG Cell Cycle）、肿瘤相关通路（KEGG Pathway in Cancer）等。

我们将这些相关通路的 mRNA 及它们在 WGCNA 分析中存在共表达的 LncRNA 一起，构建了基于信号通路的 LncRNA-mRNA 基因共表达模块。下面以 p53 信号通路为例，对 LncRNA-mRNA 基因共表达模块进行展示。

GSEA 对鼻咽癌中表达差异的 mRNA 进行信号通路分析，发现 p53 信号通路得到显著富集，如图 3.12 所示。

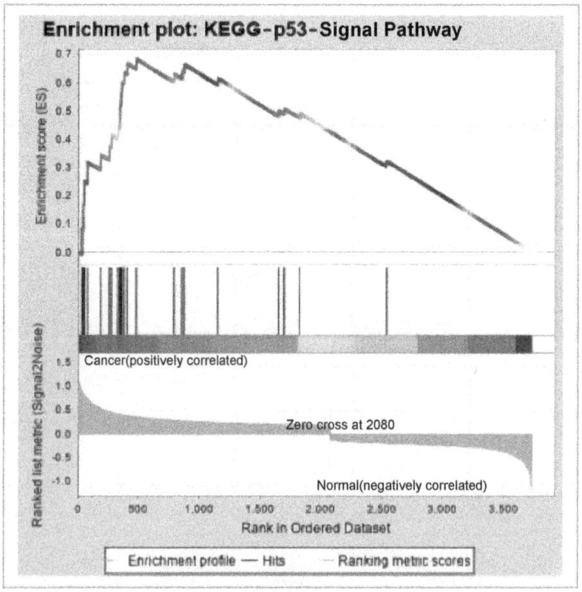

图 3.12　表达差异的 mRNA 信号通路分析

p53 信号通路中多个基因在鼻咽癌中表达显著上调，如图 3.13 所示。

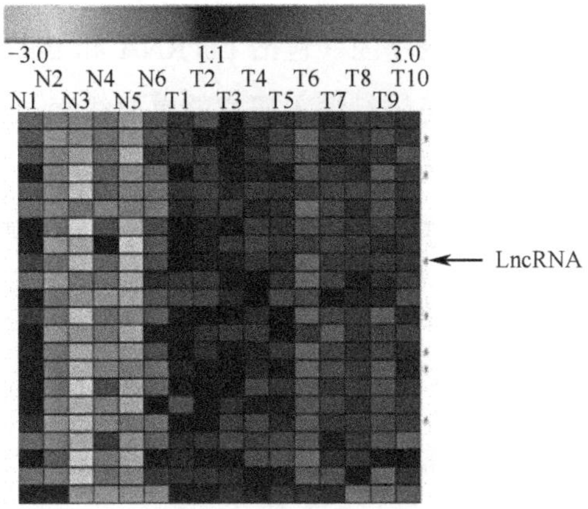

注：右侧有星号标记的为 LncRNA；N：对照鼻咽上皮；T：鼻咽癌。

图 3.13　基因在鼻咽癌中表达

图 3.14 是结合 GSEA 和 WGCNA 分析绘制的 p53 信号通路相关 LncRNA-mRNA 基因共表达模块。

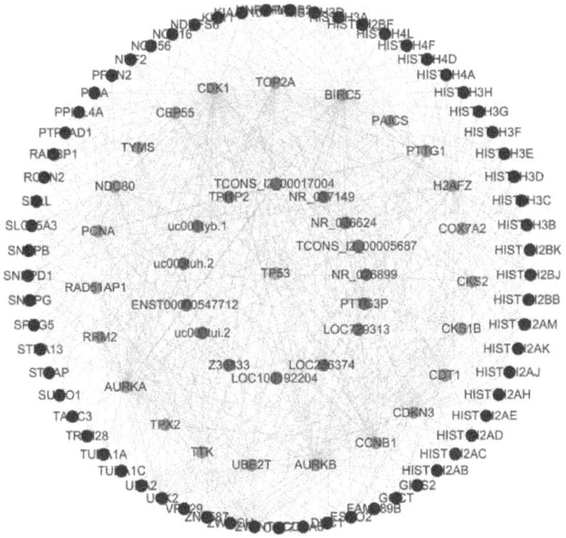

图 3.14　p53 信号通路相关 LncRNA-mRNA 基因共表达模块

3.5.3　IPA 整合分析获得核心转录调控因子驱动的 LncRNA-mRNA 基因共表达模块

转录调控因子在细胞癌变过程中往往可以驱动一群基因的转录，从而在肿瘤发生和发展过程中起着重要作用。因此在我们构建的这个复杂的鼻咽癌 LncRNA-mRNA

基因共表达网络中，是否有一些基因（包括 LncRNA 和 mRNA）受到某个或某一些转录因子的共同调控，这也是进行深入研究的重要线索。利用 IPA 这个分析平台，对所有表达差异的 LncRNA 和 mRNA 进行了整合分析，发现 beta-estradiol、MYC、p53、E2F4 和 ERBB2 等转录调控因子是鼻咽癌中重要的调控因子。

本节整合 IPA 和 WGCNA 的分析结果，构建了这些核心转录调控因子驱动的 LncRNA-mRNA 基因共表达模块，并以 MYC 为例进行展示。

基于 IPA 分析获得的鼻咽癌中 MYC 与其他转录因子之间的调控模型如图 3.15 所示。

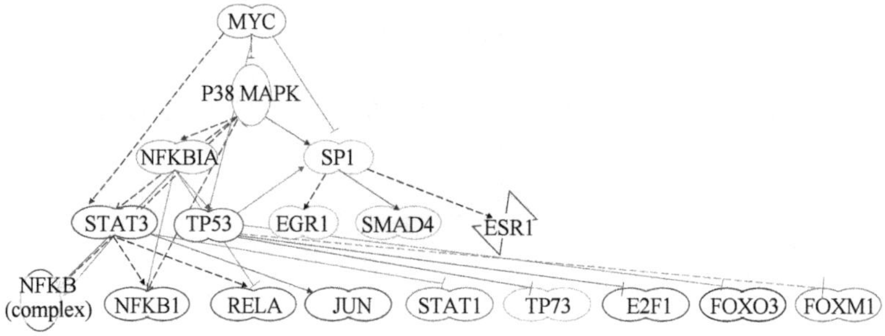

图 3.15　基于 IPA 分析获得的鼻咽癌中 MYC 与其他转录因子之间的调控模型

MYC 潜在的 mRNA 和 LncRNA 在鼻咽癌中的表达情况如图 3.16 所示。

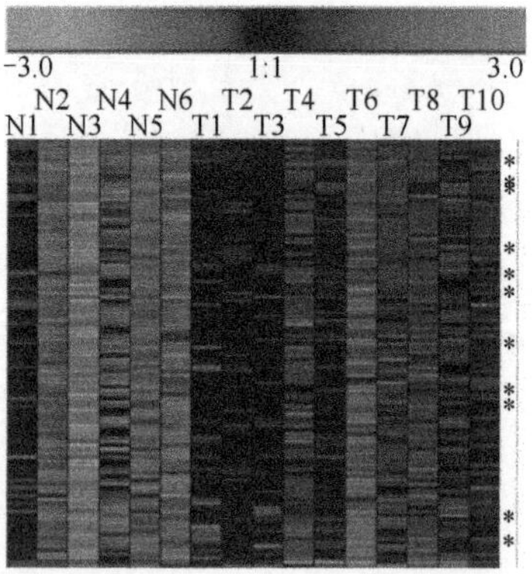

注：右侧有星号标记的为 LncRNA；N：对照鼻咽上皮；T：鼻咽癌。

图 3.16　MYC 潜在的下游 mRNA 和 LncRNA 在鼻咽癌中的表达情况

基于 IPA 和 WGCNA 的结果构建的鼻咽癌中 MYC 驱动的 LncRNA-mRNA 基因共表达网络模块如图 3.17 所示。

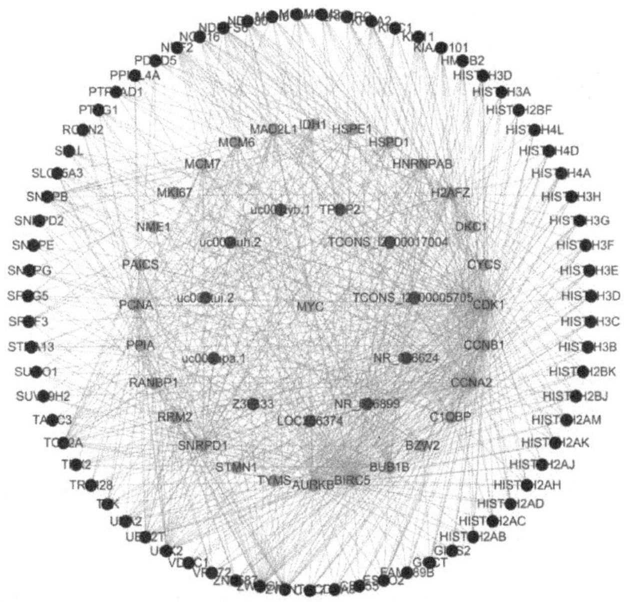

图 3.17　基于 IPA 和 WGCNA 的结果构建的鼻咽癌中 MYC 驱动的 LncRNA-mRNA 基因共表达网络模块

3.6　LncRNA 和 mRNA 基因共表达分析与讨论

基因组不稳定性是恶性肿瘤的基本生物学特征之一。鼻咽癌基因组中点突变的频率在所有实体肿瘤中是最低的，而 DNA 的副本数变异（Copy Number Variation，CNV）则在鼻咽癌基因组中广泛分布。正常情况下，常染色体上的基因都有两个副本，除了基因组印记区域（Genomic Imprinting Region），大部分基因的两个副本都可能被转录，如果某个染色体区段在癌变过程中发生了丢失或者扩增，该染色体区段上的基因就可能会由于基因剂量（Gene Dosage）的改变而相应地表达下调或者上调。我们通过 GSEA 对差异表达的 RNA 进行染色体位置富集，发现 12q24、22p11 和 3q21 等 9 个染色体区段的基因显著上调，提示这几个染色体区段可能存在扩增，这些染色体区段中可能存在癌基因（包括癌基因性质的 LncRNA，Oncogenic LncRNA），而在 3p21 和 11p15 这两个染色体区段中的基因则显著下调，这两个染色体区段中的抑癌基因（包括 LncRNA）表达下调也可能是鼻咽癌癌变的始动因素之一。这一发现与以往鼻咽癌基因组不稳定性研究相符。

LncRNA 在体内发挥生物学功能的最重要的途径之一是以竞争性内源 RNA 形式通过吸附 miRNA 间接调控其他 mRNA 的表达。ceRNA 假说最初由美国哈佛大学医学院的 Pandolfi 教授于 2011 年首次提出：即细胞内的 RNA 分子之间基于共同的 miRNA 反应元件（miRNA Response Element，MRE，即 miRNA 结合位点），相互竞争地结合细胞内游离的 miRNA 分子，彼此调控，这些彼此调控的 RNA 既可以是 mRNA，也可以是 LncRNA，从而形成了一个庞大而复杂的 ceRNA 调控网络。尽管我们所采用的基因芯片上的探针为 60 mer，不适合检测长度为 20nt 左右的 miRNA，但在 GSEA 的分子信号数据库（Molecular Signatures Database，MSigDB）中有一个 miRNA 靶基因的基因集（c3.mir.v6.2.symbols.gmt），已经将具有某个 miRNA 结合位点的基因做成了一个个基因集，我们利用 GSEA 成功地富集到了一系列 miRNA 的靶基因集，并结合 WGCNA 分析结果，绘制了竞争性内源 LncRNA 和 mRNA 基因共表达模块。这些模块为进一步研究鼻咽癌中驱动 LncRNA 提供了重要线索，例如 miR-142-3p 就是一个重要的抑瘤性 miRNA。我们通过 GSEA 和 WGCNA 分析，发现一群 mRNA 和 LncRNA 可能具有共同的 miR-142-3p 结合位点，且在鼻咽癌中具有相似的表达趋势，这些新的 LncRNA 有可能通过竞争 miR-142-3p 调控一些重要的 mRNA，如 BIRC5、CDK1、TOP2A 等在鼻咽癌发生和发展中具有重要的作用，以此为基础进一步深入研究，有望获得新的发现。

我们还对鼻咽癌中的差异表达基因进行了信号通路富集分析，不出所料，p53 信号通路、细胞周期通路、肿瘤相关通路等得到了最明显的富集。肿瘤相关通路（Pathways in Cancer）是由多条肿瘤发生和发展相关信号通路整合而来的一个庞大的信号通路，其中就包含了 p53 通路和细胞周期通路等。恶性肿瘤的本质是细胞周期调控异常，而 p53 基因是最重要的抑瘤基因之一，该基因编码的 p53 蛋白广泛参与了恶性肿瘤的发生和发展，这几条信号通路被显著富集。这一方面证明我们的基因芯片结果可靠，同时，也提示经 GSEA 和 WGCNA 分析聚集到这几个信号通路模块中的 LncRNA 分子可能参与了这些重要信号通路的调控，是鼻咽癌发病过程中驱动 LncRNA 的重要候选者，值得引起我们的重视。同样，我们通过 IPA 分析还发现了鼻咽癌转录组背后潜在的核心转录调控因子，这些因子中 MYC、p53 和 E2F4 都是非常重要的核转录因子，它们调控了很多参与细胞周期、凋亡、代谢等细胞表型的重要基因的表达，例如 MYC 下游还有 MAPK、NF-κB、STAT3 等一系列重要蛋白，这些蛋白下游又有一系列 LncRNA 和 mRNA，构成了复杂的 LncRNA-mRNA 基因共表达网络模块，这些模块中的 LncRNA 同样可能具有非常重要的生物学功能。非常有意思的是，通过 IPA 分析我们发现鼻咽癌转录组后面还有两个核心调控因子 β 雌二醇（β-estradiol）和 ERBB2。β 雌二醇是雌激素（Estrogen）的一种，通过激活雌激素受体（Estrogen Receptor，ER）调控一系列下游基因的表达来发挥生物学功能。而 ERBB2 编码的蛋白就是非常著名的癌蛋白 HER-2。众所周知，β 雌二醇和 HER-2 都是乳腺癌发病的主要驱动因素，ER 和 HER-2 的表达还是临床上乳腺癌病理分型的主要依据，但它们在鼻咽癌中的作用和机制还少有研究。不过最近有报道表明，除了乳腺癌，雌激素受体在胃癌等肿瘤中是一个抑瘤基因，或者说是一个保护性因素。联想到男性雌激素水平较低，这也可能是男性鼻咽癌发病率显著高于女性的原因之一。因此，IPA 分析得到的 β-雌二醇和 HER-2 所驱动的下游调控网络模块，特别是其中的 LncRNA，在鼻咽癌发病中的作用和机制将是一个非常有意义且全新的研究领域。

3.7　本章小结

现实中大部分 LncRNA 的功能未知，而大部分 mRNA 的生物学功能是明确的，所以为了刻画 LncRNA 与 mRNA 之间存在的关系，本章首先引入了基因调控网络和基因共表达网络的基本概念。而一般的基因共表达网络属于同构信息网络，没有充分考虑网络中不同类型对象和不同类型调控关系的语义，故在此基础上引入异构信息网络相关概念，并应用到了基因共表达关系的表示中，将基因共表达网络中的语义关系用单元网络来表示，为构建符合现实需求的 LncRNA 与 mRNA 基因共表达网络奠定了理论基础。

首先，对收集到的 10 例鼻咽癌和 6 例非癌对照真实样本数据基于表达谱进行初步聚类，将数量较大的 mRNA 聚成三个簇，每个簇中的 mRNA 彼此功能相似。其次，为了筛选出与鼻咽癌有显著相关关系的 RNA，即差异表达的 LncRNA 和 mRNA，通过差异表达筛选，得到 3 734 个差异表达的全部 RNA 分子，并用 GSEA 软件对这些 RNA 分子进行分析，发现了显著的染色体定位富集。最后，基于无标度网络的假设，使用 WGCNA 软件对这 3 734 个 RNA 分子进行分析，以拓扑重叠系数为指标筛选高度相关的共表达关系，将筛选后得到的 2 196 个 RNA 分子作为节点构建了 LncRNA 与 mRNA 基因共表达网络，并进行可视化。

为了更明确 LncRNA 与 mRNA 基因共表达网络中共表达模块的生物学意义，我们分别进行了基于竞争性内源 RNA 的共表达模块分析、基于信号通路的基因共表达模块分析以及核心转录调控因子驱动的共表达模块分析，并展开了讨论。

第4章　基于遗传算法的基因共表达网络社团结构发现

4.1　引言

许多现实世界的系统可以用网络的形式来描述，例如社交网络、生物网络和专家合作网络。各个领域的科学家对复杂网络的特性进行了广泛的研究。复杂网络除了具有小世界、无标度的特性，还具有社团结构的特性，即社团内的节点密集互连，社团之间的节点稀疏互连，如图4.1所示。

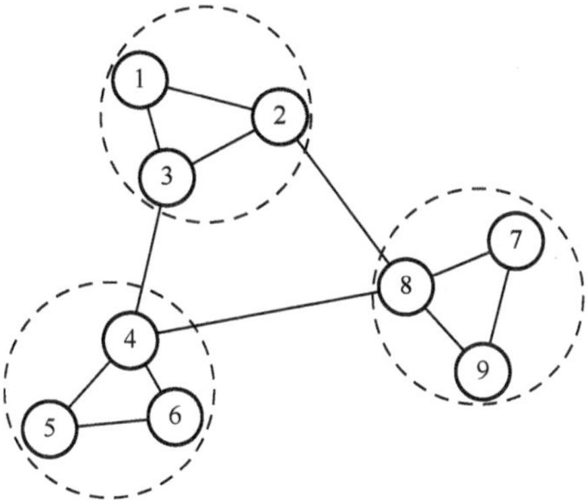

图4.1　社团结构图示例

社团结构广泛存在于现实世界中，在现实世界中具有不同的实际意义。例如在人际关系网络中，有相同职业、年龄、地域环境的人群往往容易形成社团；在微博等社交平台上，有相同兴趣爱好的人往往自发地形成如超话之类的兴趣小组；在科研论文合作者网络中，研究方向一致的作者往往也自发形成一个社团；在生物新陈代谢网络中，具有相同功能模块的基因也构成一个社团。相应地，在鼻咽癌相关的 LncRNA-mRNA 基因共表达网络中，具有基因调控关系的 LncRNA 和 mRNA 往往也会形成社团。

社团结构检测对于网络拓扑发现、功能分析和行为预测具有重要的理论和应用价值，因此许多科学家从不同的领域和角度提出了许多不同的社团检测算法。根据求解策略可分为启发式算法和基于优化的算法。启发式算法根据预先设定的规则确定社团结构，例如 GN（边界数）算法通过重复计算边界数并删除最大边界数的边来发现社团结构。基于优化的算法通过不断优化目标函数（通常使用模块度函数 Q）来确定社团的结构，这些元启发式算法包括模拟退火算法、种群智能算法、遗传算法与演化算法等。由于启发式算法通常需要一些现实中不可预测的网络先验信息，因此很难掌握社区划分的准确性。另外，最大化社区模块化的问题是一个 NP 难问题，现有模型中的算法很难通过穷举寻找最优解。由于遗传算法具有较强的全局寻优能力，因此将遗传算法应用于社团得到了广泛的研究，并且也获得了较好的效果。

遗传算法主要包含初始种群的生成，染色体的选择、交叉、变异等步骤。本章提出一种基于遗传算法的社团检测算法（CDGA）。该算法根据网络的连边情况生成初始种群，采用轮盘赌选择、均匀交叉和变异算子，将模块度函数 Q 作为适应度函数，不断优化，提高社团划分的精准度。此外，基于鼻咽癌样本和正常组织样本得到的基因数据集进行相关实验，并与常见的社团检测算法进行对比，验证算法的性能。通过有效准确的基于遗传算法的社团探测算法，对基因共表达网络中的社团结构进行研究，有利于进一步发现基因共表达网络中的潜在规律。

4.2　理论基础

4.2.1　复杂网络与社团划分

传统的对复杂网络的研究起源于 1736 年欧拉的哥尼斯堡七桥问题；此后，1960 年，数学家 Erdos 和 Renyi 建立了随机图理论，提出了 Erdos-Renyi 随机网络模型；1998 年，在对万维网进行研究时，学者们发现实际网络的度分布很不均匀，不符合预期的随机网络的特点，为解释网络中出现的新特性，Barabasi 和 Albert 提出了无标度网络模型（BA 模型）；2002 年，Girvan 和 Newman 指出网络中普遍存在着聚类特性，将每一个类称为“社团”，随后针对网络中出现的社团结构特征出现了很多复杂网络社团结构探测和对具有社团结构的网络建模方面的相关研究。

在对复杂网络进行研究的过程中，通常将复杂网络视为由节点集 $V=\{1, 2, 3, \cdots, n\}$和连边集 $E=\{(1, 2), (1, 3), (2, 3), \cdots, (m, n)\}$组成的图 G 进行进一步的分析，$G=(V, E)$。用邻接矩阵 $\boldsymbol{A}=(A_{ij})_{n\times n}$ 表示网络中的连边关系，在无权值网络中，当节点 i 和节点 j 之间存在连边时，A_{ij} 的值为 1，不存在连边时，A_{ij} 的值为 0。在权值网络中，当节点 i 和节点 j 中存在连边时，A_{ij} 表示权值大小，不存在连边时，A_{ij} 的值为 0。

社团结构的探测与分析一直是复杂网络的重要研究方向之一，相继出现了很多相应的算法，以求准确快速地对网络进行社团划分，例如用于图形分割的试探优化法 Kernighan-Lin（K-L）算法、基于 Laplace 矩阵特征值的谱平分法、基于贪心算法的局部模块度优化算法 Louvain 算法等。

4.2.2　社团划分评价指标

各种算法针对网络社团结构探测的结果是否准确，是否符合真实网络的社团结构特点，也是复杂网络的重要研究方向之一。

对于已知社团划分情况的网络，可将算法划分结果与实际结果进行比对，以判断算法的有效性。而在真实世界中，网络中的社团划分情况往往是未知的，因此算法划分出的社团结构是否合理难以直接进行判断。模块度作为定量的尺度成为用来衡量社团划分质量的普遍方法。

模块度函数 Q 定义如下：

$$Q=\frac{1}{2m}\sum_{ij}\left(A_{ij}-\frac{k_i k_j}{2m}\right)\times\delta(r(i),\ r(j)) \tag{4.1}$$

其中，$m=\frac{\sum_i\sum_j A_{ij}}{2}$，$k_i=\sum_j A_{ij}$。

将 $\boldsymbol{A}=(A_{ij})_{n\times n}$ 表示为网络 G 的邻接对称矩阵。若节点 i 和 j 之间有边，则 $A_{ij}=$

1，m 表示网络边数，k_i 代表节点 i 的度，$r(i)$代表节点 i 所属的社团。如果节点 i 和 j 同属一个社团，那么 $\delta(r(i),r(j))=1$，否则 $\delta(r(i),r(j))=0$。Q 的值一般在 0.3～0.7 之间，上限为 1，越接近 1，社团结构越明显。由于大多数研究采用 Q 函数作为社团划分质量的评价方法，因此本章选择模块度函数 Q 作为目标函数。

4.3 CDGA 算法描述

基于遗传算法的社团划分算法具体如算法 4.1 所示。首先根据网络中的连边情况，初始化种群，作为以模块度函数 Q 为目标函数优化问题的可行解，按照轮盘赌选择方法选择父染色体，随后按一定的交叉率、变异率，产生种群内的新个体，通过合并网络节点中连通图并不断计算适应度值的方式得到最终的社团划分。

算法 4.1　CDGA 算法描述。

输入：网络 G；迭代次数 T；父种群规模 popsize。

输出：社团划分结果 S 与对应的模块度函数 Q。

```
根据基因共表达网络中的连边生成初始种群 P；
for gen←1 to T do
        生成子种群 P(new)；
        for i←1 to λ do
        //λ 是子种群的大小；
                根据轮盘赌选择方法选择两条父染色体；
                在父染色体上进行均匀交叉选择，生成种群个体 chromo；
                //交叉率为 α；
                对 chromo 进行基本位置变异运算，更新 chromo；
                //变异率为 β；
                基于 chromo 查找相关子集 subsets；
                P(new) = P(new) ∪ chromo；
        end for
        P(new) = P(new) ∪ P，按照模块度函数降序排序；
        从 P 中选择前 popsize 条染色体作为下一代父本种群 P；
```

16：**end for**

17：从 P 中选择 Q_{max} 对应的染色体作为最优社团划分，得到最终的社团划分结果

4.3.1　初始化种群

本书采用基于基因座的邻接表示（Locus-based Adjacency Representation）进行编码，该编码方式能清晰地反映出节点之间的有效连接，使得算法的应用更简明易懂。具体表现为每个个体的基因由 n 个基因座组成，每个基因座的值 j 由集合 $\{0,1,2,\cdots,n-1\}$ 中的值表示，根据节点的邻接关系确定基因座的具体数值，进而获得相应的染色体，然后通过生成预期大小的染色体数量来初始化种群。

4.3.2　CDGA 算法中的遗传算子

4.3.2.1　轮盘赌选择算子

从父代染色体和新生成的染色体中，按各染色体适应度的高低，选择留存到下一代的 popsize 数目的染色体。计算各染色体的选择率 $p(c_i)$，以及累计选择概率 $q(c_i)$ 的公式如下。

$$
\begin{aligned}
p(c_i) &= \frac{Q(c_i)}{\sum_{j=1}^{N} Q(c_j)} \\
q(c_i) &= \sum_{j=1}^{i} p(c_j)
\end{aligned}
\tag{4.2}
$$

生成[0,1]区间内的随机数 prob，若满足 prob $< q(c_j)$，则个体 j 被选择。

轮盘赌选择模型不仅可以让适应度高的个体有更多的概率存活下来，而且也给了适应度低的个体一定的机会，具有良好的选择性和后代多样性。

4.3.2.2 均匀交叉算子

交叉算子在遗传算法中起着重要作用。CDGA 算法中选择均匀交叉算子作为交叉算子。

当满足交叉条件时，首先根据轮盘赌选择方法选择适应度强的两个亲本 chromo1 和 chromo2，然后随机生成一个长度为 n 的向量 $\boldsymbol{v}$，向量中的元素的值域为{0,1}，然后根据向量 $\boldsymbol{v}$ 从亲本 chromo1 中选择值为 1 的基因，从 chromo2 中选择 $\boldsymbol{v}$ 中值为 0 的基因，组成一个新的个体 chromo3。

4.3.2.3 基本位变异算子

变异的目的是增加种群的多样性，以免出现更好的个体，造成基因垄断，从而陷入局部最优。CDGA 算法中选择了基本位变异算子，即将某个基因位点的基因改变为另一个基因。当满足突变条件时，随机选择一个变异遗传位点，从相邻节点中选择该遗传位点的新值。

4.3.2.4 子集检测

首先，初始化社团，即根据染色体中基因座节点与基因座值之间形成的边对形成的节点对来初始化社团。然后，通过查找节点之间的可连接图来合并这些社区，直到遍历所有社区而不重复。

4.4 社团划分实验结果与分析

4.4.1 小规模测试网络实验

通过人工构建小规模网络进行测试，并对算法进行进一步说明。

通过多次实验，多次变换参数，将不同参数下遗传算法的时间和结果进行对比，最终将算法的相关参数设置成如表 4.1 所示。

表 4.1　测试网络相关参数设置

参　数	描　述	数　值
popsize	父种群规模	10
T	迭代次数	2
α	交叉率	0.8
β	变异率	0.2

（1）构建的网络节点集为[0,1,2,3,4,5,6,7,8,9,10]，边集为[(0,1),(0,4),(1,2),(2,3),(1,3),(3,0),(0,2),(4,5),(5,6),(6,7),(10,8),(10,9),(8,9),(8,7),(9,7),(7,10)]，生成如图 4.2 所示的网络 G_0。

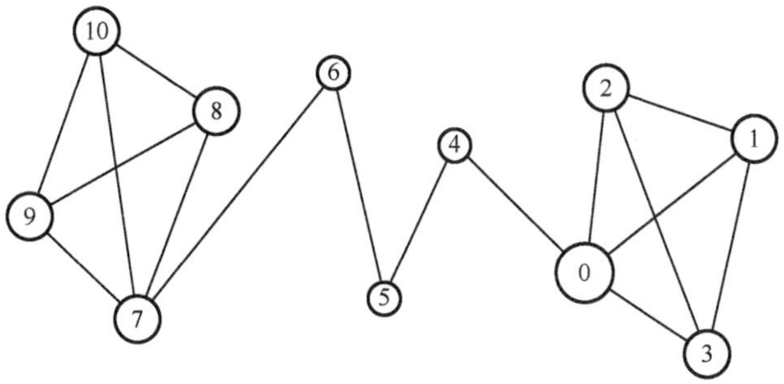

图 4.2　网络 G_0

（2）初始化种群 P。

根据 LAR 编码，在连边子集为{(0,3),(1,2),(2,3),(0,3),(0,4),(5,6),(6,7),(7,10),(8,10),(8,9),(7,10)}的情况下，生成的染色体可能是[3,2,3,0,0,6,7,10,10,8,7]。

按照 LAR 编码，初始化种群并得到种群 P。

P = {[3, 2, 3, 0, 0, 6, 7, 10, 10, 8, 7],

[3, 2, 0, 1, 5, 4, 5, 6, 9, 10, 7],

[3, 0, 1, 1, 5, 4, 7, 6, 10, 8, 7],

[4, 0, 0, 2, 5, 6, 7, 8, 7, 8, 9],

[1, 2, 0, 1, 0, 4, 5, 9, 7, 10, 9],

[4, 3, 0, 1, 0, 4, 7, 8, 7, 8, 9],

[2, 2, 3, 1, 5, 6, 7, 9, 10, 8, 9],

[4, 2, 1, 1, 5, 6, 7, 8, 10, 8, 7],

[4, 3, 3, 0, 5, 4, 5, 10, 9, 7, 9],

[4, 0, 1, 2, 0, 4, 5, 10, 10, 7, 9]}

（3）轮盘赌选择后均匀交叉。

使用轮盘赌选择算子选择两个父染色体。例如，选择 chromo1=[1,2,0,1,5,4,7,10,10,7,9]和 chromo2=[2,3,1,0,5,4,5,8,7,7,8]，并生成随机二元向量 $\boldsymbol{v}$=[0,0,1,1,0,1,0,0,1,1]，在父染色体上应用均匀交叉算子，则可以得到新的染色体 chromo=[2,3,0,1,5,4,5,8,7,7,9]。均匀交叉过程如图 4.3 所示。

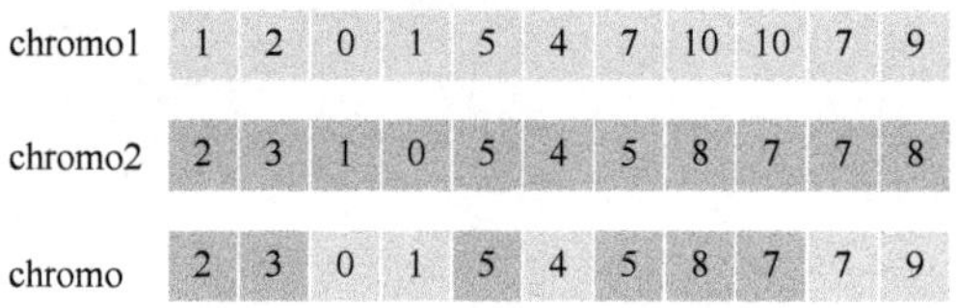

图 4.3　均匀交叉过程

（4）基本位变异。

首先生成一个随机数来确定突变基因座，mutation_position=3。然后根据邻接矩阵得到变异节点的邻居节点，邻居节点为{0,1,2}。之后，随机选择一个邻居节点的值替换变异节点的值，染色体 chromo 更新为[2,3,0,0,5,4,5,8,7,7,9]，如图 4.4 所示。

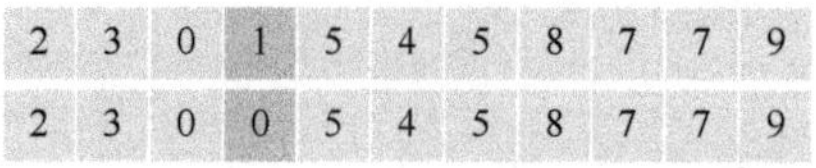

图 4.4　基本位变异

（5）检测社团子集并计算相应的模块度函数 Q。

基于染色体 chromo=[2,3,0,0,5,4,5,8,7,7,9]，初始社团划分可以是[{0,2},{1,3},{0,2},{0,3},{4,5},{4,5},{5,6},{8,7},{8,7},{9,7},{9,10}]。然后在当前社团划分中寻找连通图进行社团子集合并，直到社团之间没有可连接的路径。合并过程见表 4.2。

表 4.2　合并过程

合并次数	社　团	Q
1	[{0,2},{1,3},{0,2},{0,3},{4,5},{4,5},{5,6},{8,7},{8,7},{9,7},{9,10}]	0.487 2
2	[{0,2,3},{0,1,3},{4,5,6},{8,9,7},{7,9,10}]	0.516 3
3	[{0,1,2,3},{4,5,6},{7,8,9,10}]	0.578 1

（6）确定最大的模块度及其相应的社团划分结果。

Q_{max}=0.5781，社团划分结果为 S = [{0,1,2,3},{4,5,6},{7,8,9,10}]，将网络社团结构检测结果可视化，如图 4.5 所示。

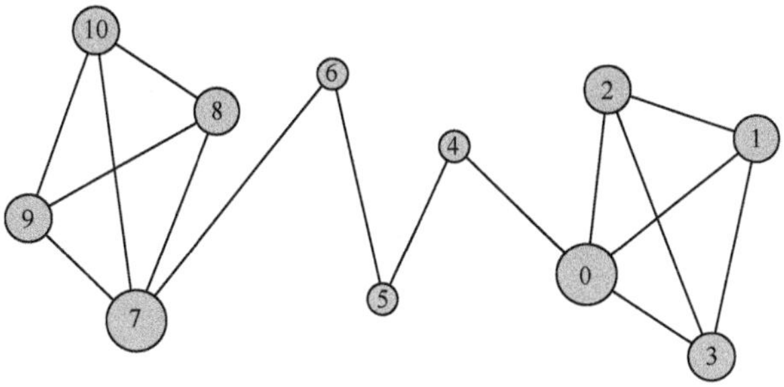

图 4.5　网络社团结构检测结果可视化

4.4.2　真实数据集实验

基于第 2 章中由 WGCNA 算法对鼻咽癌活检组织和非鼻咽癌正常组织的基因数据集分析后得到的基因共表达网络（图 3.8 所示）相关数据（2 196 个节点，35 290 条边）进行实验，基因共表达网络中部分连边示例数据如表 4.3 所示。

表 4.3　基因共表达网络中连边示例数据

起始 RNA	目标 RNA
uc003upa.1	GGCT
NR_026899	UBA2
NR_026899	CCT7
CCT7	SNRPD1
NR_046347	uc010ufl.1
TOP2A	KPNA2
SNRPB	ESCO2
NR_026899	CDK1

基于社团划分评价指标模块度函数 Q 将 CDGA 算法与 GN 算法进行对比，进一步验证 CDGA 算法的性能，根据社团划分结果，对基因共表达网络中基因的调控关系以及潜在规律进行进一步分析。

根据多次实验以及相关的参数设置，在真实数据集上 CDGA 算法应用相关参数设置如表 4.4 所示。

表 4.4　真实数据集上 CDGA 算法应用相关参数设置

参　数	表　述	数　值
popsize	父种群规模	500
T	迭代次数	30
α	交叉率	0.8
β	变异率	0.2

选取基因共表达网络中的局部网络对实验进行进一步说明。在图 3.8 所示生成的基因共表达网络中存在子网络 G'，如图 4.6 所示。节点之间存在连边表示基因之间存在一定的调控关系。将 CDGA 算法应用到该子网络 G'。子网络 G'中的节点为[FAM189B,LOC256374,NR036624,HIST1H3E,NR_026899,uc003upa.1,CCT7,GGCT,NR_046347,uc010ufl.1]，根据节点的索引值将节点数据化，可得到对应的连边信息为[(0,1),(0,2),(0,3),(0,4),(1,2),(1,3),(2,3),(4,5),(4,6),(5,6),(5,7),(6,8),(6,9),(7,8),(8,9)]，参考 4.4.1 节实验过程可得到子网络 G'的社团划分结果。

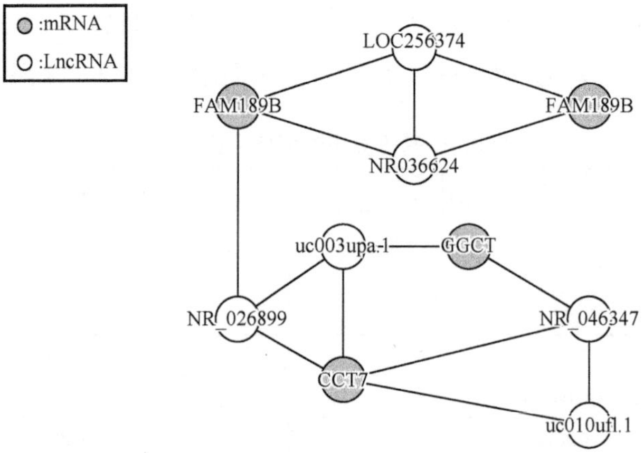

图 4.6　基因共表达子网络 G'

基因共表达子网络 *G'* 社团划分结果如图 4.7 所示。根据社团划分结果，发现通过 CDGA 算法，将原网络划分为两个社团，这两个社团分别对应竞争 miR142-3p 以及 p53 信号通路相关的 LncRNA-mRNA 基因共表达网络。通过社团划分算法，将联系密切的基因划分为一个社团，有利于对鼻咽癌进行后续相关的研究，更好地发现 LncRNA 在鼻咽癌中发挥的作用，以进行进一步的利用，更准确、更符合实际情况的社团划分算法也显得尤为重要。

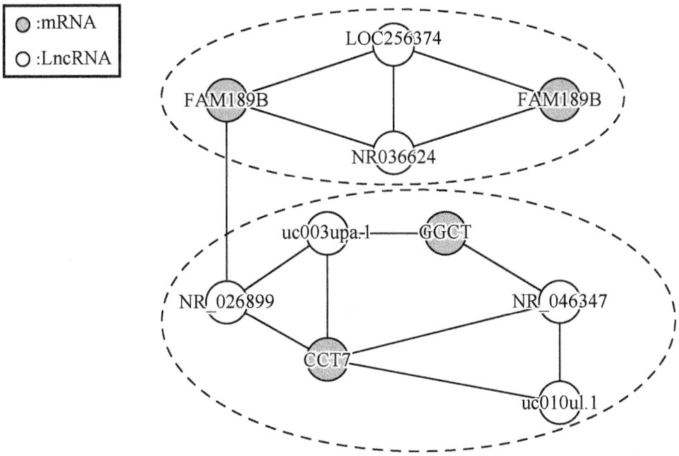

图 4.7　基因共表达子网络 *G'* 社团划分结果

针对图 3.8 中的完整基因共表达网络，分别应用 CDGA 算法与部分一般的社团划分算法（GN 算法、FN 算法、LPA 算法和 FEC 算法），多次实验取均值后得到相应的模块度函数 *Q*，如图 4.8 所示，分别对应的实验次数为 10 次、50 次和 100 次。

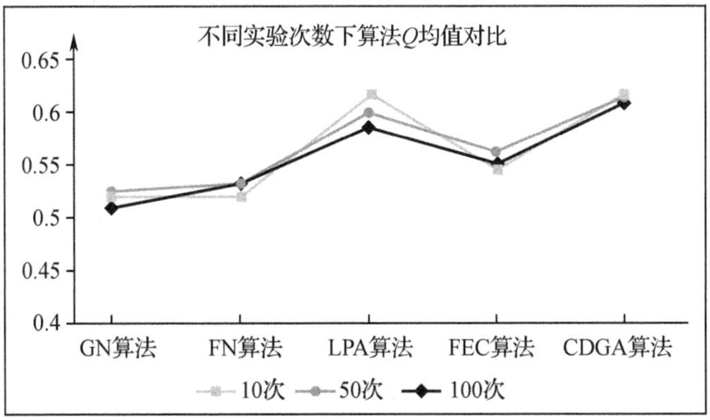

图 4.8　不同数据集下算法模块度对比

可以验证，针对该数据集，CDGA 算法在社团划分质量上与一般算法相比有明显提升，得到的 Q 值更为稳定。且 CDGA 算法所得到的模块度的值符合一般情况，介于 0.3～0.7 之间，且更接近于上限 1，社团结构更为明显。

具有优良效果的社团划分算法，可以得到更明显、更准确的社团结构。通过社团划分，将基因共表达网络中联系更为密切的基因划分到同一个社团，而将联系并不紧密的基因划分到不同的社团，根据已有的与鼻咽癌基因相关的研究，可以更迅速准确地找到同一社团中联系密切的其他基因，有利于进一步挖掘与鼻咽癌密切相关的基因模块。

4.4.3　本章小结

为进一步发现基于鼻咽癌的 LncRNA-mRNA 基因共表达网络中具有相似表达的基因，本章提出了一种基于遗传算法的社团划分算法——CDGA 算法，利用遗传算法对鼻咽癌相应的基因共表达网络进行社团探测。该算法首先根据初始化网络中的连边情况初始化种群，选用模块度函数 Q 作为目标函数，然后通过迭代运行均匀交叉、基本位变异、轮盘赌选择等遗传算子以在种群中产生新的个体，通过计算个体在种群中的适应度值，在符合算法结束条件时确定最优个体，即该基因共表达网络的最佳社团划分结果。

为了验证 CDGA 算法的有效性，在人工建立的小规模网络和鼻咽癌对应的真实世界网络上进行测试，真实网络来源于第 2 章的 WGCNA 算法进行分析之后产生的网络。在得到网络社团划分结果的同时，还将 CDGA 网络社团划分情况与常见社团划分算法进行比较，验证算法的性能。

第 5 章　基于一般网络模式的鼻咽癌基因共表达网络聚类

对异构信息网络的聚类分析可以帮助用户更好地理解异构信息网络中各种复杂的语义信息，发现隐藏的社团结构。聚类分析还能很好地支撑异构信息网络中的关系预测。但是目前很多关于异构信息网络的聚类方法都是基于简单的网络模式或者元路径假设，缺乏对一般网络模式的异构信息网络的适用性。聚类分析是对异构信息网络挖掘的一种最基本的手段，而基于张量的异构信息网络统一建模不再受限于网络模式。本章基于异构信息网络的张量模型，研究了一般网络模式的异构信息网络聚类问题，将一般网络模式的异构信息网络聚类建模为张量分解的优化问题，并设计了一个有效的算法对聚类模型进行求解。本章从理论上证明了张量分解方法对异构信息网络聚类的有效性，并分析了算法的性能瓶颈，提出了算法的初始化方法。

5.1　引言

信息网络无处不在，它通常用作现实系统在信息域的描述。现实系统中的对象被表示为网络中的顶点，而对象之间的关系被表示为顶点与顶点之间的边。聚类分析是一种理解网络中隐含的语义信息和交互结构的有效方法。聚类分析还可以支撑信息网络中的关系预测。遗憾的是，异构信息网络的聚类比同构信息网络的聚类困难许多。在异构信息网络中无法直接度量不同类型对象和关系之间的相似性。大部分现有的方法对符合特定的简单网络模式的异构信息网络聚类能够得到较好的聚类结果。例如，RankClus 能够处理二元网络［如图 2.1（a）所示］，NetClus 对星形网络模式［如图 2.1（b）所示］的异构信息网络具有较好的聚类效果，但是对于一般网络模式的异构信息网络这些现有的方法却无能为力。例如，在图 2.1

（c）中所示的多中心网络就是一个较复杂的一般网络模式，网络中存在两种类型的中心节点，并且中心节点上还存在自环。当然，在实际情况中还有很多更一般的网络模式存在，对于这些一般网络模式的异构信息网络，目前的 RankClus 和 NetClus 就显得无能为力了。目前处理这些一般网络模式的异构信息网络普遍的方法还是将其切割成多个子网络，使得每一个子网络都符合简单网络模式的假设，例如 HeProjI 模型就是通过将一般网络模式的异构信息网络分割为一系列的二元网络或星形网络模式的子网络，然后将基于排序的聚类算法应用于每一个子网络。

此外，基于元路径的异构信息网络聚类方法也被广泛应用于各种场景中，元路径是一条定义在网络模式上的连通路径，它表示两个对象之间的复合语义关系。基于元路径的方法主要是通过度量元路径上两个相同类型对象之间的相似度来对异构信息网络中某一种类型的对象进行聚类的，其强烈依赖于用户知识，需要选取合适的元路径并提供聚类的初始条件，例如 PathSim 和 PathSelClus 算法。实际上，选取合适的元路径作为对象相似度衡量的指标对于普通用户来说非常困难。大部分现有方法的另一个局限是它们每次只能聚类网络中的一种类型的对象。也就是说，必须重复运行多次现有的方法，并且每次运行都需要对模型做出适当调整，才能将网络中所有类型的对象进行聚类。

异构信息网络的张量模型和张量分解工具为一般网络模式的异构信息网络聚类带来了新的可能。首先异构信息网络的张量模型不再受限于网络模式，可以对一般网络模式的异构信息网络进行建模描述，而张量代数和张量分解工具为异构信息网络的聚类提供了一种全新的思路。本章基于异构信息网络的张量模型，研究了一般网络模式的异构信息网络聚类框架，提出了一种基于稀疏张量分解的聚类方法，称为 STFClus（Sparse Tensor Factorization based Clustering）。STFClus 算法可以解决一般网络模式的异构信息网络聚类问题，完善了现有异构信息网络聚类方法中的几点不足：一是 STFClus 算法对异构信息网络的网络模式没有限制；二是不需要在高维空间中定义两个对象之间的距离或者相似性函数；三是通过一次运行就能够对异构信息网络中多种类型的对象进行同时聚类。

5.2 基于张量分解的聚类框架

5.2.1 基于 TUCKER 分解的聚类模型

给定一个异构信息网络 $G=(V,E)$，其张量形式 $\mathcal{X}$ 一般都是大而稀疏的。设网络中有 J 个基因网络，那么 $J=\text{nnz}(\mathcal{X})$ 也是张量 $\mathcal{X}$ 中非零元的数量。则 $\mathcal{X}$ 的稀疏表达形式为 $\boldsymbol{z}\in\mathbb{R}^{J}$ 和 $\boldsymbol{M}\in\mathbb{R}^{J\times N}$。$\boldsymbol{M}$ 中的每一行都可以视为网络中的一条完整语义关系，即基因网络，对应在向量 $\boldsymbol{z}$ 的值是基因网络的权重。由于本书的研究限于非加权网络，即向量 $\boldsymbol{z}$ 为全1向量。

坐标矩阵 $\boldsymbol{M}=[\boldsymbol{m}_{1:}^{\top},\boldsymbol{m}_{2:}^{\top},\cdots,\boldsymbol{m}_{J:}^{\top}]^{\top}$，$\boldsymbol{m}_{j:}=[m_{j_1},m_{j_2},\cdots,m_{j_N}]$，$j=1,2,\cdots,J$，$\boldsymbol{M}$ 的所有行即为输入的基因网络，我们需要将其划分为 K 个簇：$\{C_1,C_2,\cdots,C_K\}$。向量 $\boldsymbol{z}=[z_1,z_2,\cdots,z_J]$ 是输入基因网络的权重向量。簇 C_k 的中心记为 $\boldsymbol{c}_k=[c_{k_1},c_{k_2},\cdots,c_{k_N}]$，$k=1,2,\cdots,K$。令 $y_i\in\{1,2,\cdots,K\}$ 表示对应的簇标签。例如，$y_j=k$ 表示 $\boldsymbol{m}_{j:}$ 属于第 k 个簇，$y_{j_n}=k'$ 表示 $\boldsymbol{m}_{j:}$ 中下标为 m_{j_n} 的对象（即网络 G 中类型为 V_n 的第 j_n 个对象）属于第 k' 个簇。

一般而言，一个基因网络可能同时属于多个簇。同时，基因网络中所包含的不同对象也可能属于多个簇。令 $p_{j_n,k}=P(y_{j_n}=k\mid m_{j_n})$ 表示基因网络 $\boldsymbol{m}_{j:}$ 中的第 n 个对象属于第 k 个簇的概率，$p_{j,k}=P(y_j=k\mid \boldsymbol{m}_{j:})$ 表示基因网络 $\boldsymbol{m}_{j:}$ 属于第 k 个簇的概率。

从传统的聚类方法思想的角度来看，需要将这些输入的基因网络划分到距离最近的簇中去，并使得这些基因网络的簇内相似度之和最大而簇间相似度之和最小。由于向量 $\boldsymbol{z}$ 为全1向量，从而异构信息网络的聚类可以形式化为：

$$
\begin{aligned}
&\min_{p_{j,k}}\sum_{j=1}^{J}\left\|\boldsymbol{m}_{j:}-\sum_{k=1}^{K}p_{j,k}\boldsymbol{c}_k\right\|_F^2\\
&\text{s.t.}\quad\begin{cases}\forall j,\sum_{k=1}^{K}p_{j,k}=1\\ \forall j,\forall k,p_{j,k}\in[0,1]\end{cases}
\end{aligned}\tag{5.1}
$$

聚类的另一种等价表达是将异构信息网络中所有的对象划分到不同的簇中

去，并使得这些对象的簇内相似度之和最大而簇间相似度之和最小。具体操作就是最小化每一个对象与其对应的簇中心之间的差异，也就是将公式（5.1）改写为标量形式有：

$$\min_{p_{j_n,k}} \sum_{j=1}^{J}\sum_{n=1}^{N}\left\| m_{j_n} - \sum_{k=1}^{K} p_{j_n,k} c_{k_n} \right\|_F^2$$
$$\text{s.t.} \begin{cases} \forall n, \forall j, \sum_{k=1}^{K} p_{j_n,k} = 1 \\ \forall n, \forall j, \forall k, p_{j_n,k} \in [0,1] \end{cases} \tag{5.2}$$

实际上，公式（5.1）主要是聚类异构信息网络中的基因网络，而公式（5.2）是将不同类型的对象划分到 K 个簇中。

现在，构造 N 个矩阵，记为 $\boldsymbol{U}^{(n)} \in \mathbb{R}^{I_n \times K}$，$n = 1,2,\cdots,N$。矩阵中的元素 $u_{i,k}^{(n)} \in \boldsymbol{U}^{(n)}$，$i = 1,2,\cdots,I_n$，$n = 1,2,\cdots,N$，$k = 1,2,\cdots,K$，定义为当 $i = j_n$ 时，$u_{i,k}^{(n)} = p_{j_n,k}$，否则 $u_{i,k}^{(n)} = 0$。从而 $u_{i,k}^{(n)}$ 表示类型 v_n 中的第 i 个对象，即 υ_i^n，属于第 k 个簇的概率。因此，令矩阵 $\boldsymbol{U}^{(n)} \in \mathbb{R}^{I_n \times K}$ 作为张量 $\mathcal{X}$ 中对应阶的簇指示矩阵。然后，利用一个小规模的张量 $\mathcal{G} \in \mathbb{R}^{\overbrace{K \times K \times \cdots \times K}^{N}}$ 作为不同阶和簇之间的调节系数。令 G 为核张量，$\boldsymbol{U}^{(n)}(n = 1,2,\cdots,N)$ 为特征矩阵，从而，可以利用 $[\![\mathcal{G}; \boldsymbol{U}^{(1)}, \boldsymbol{U}^{(2)}, \cdots, \boldsymbol{U}^{(N)}]\!]$ 来逼近 $\mathcal{X}$，即 $\mathcal{X} \approx [\![\mathcal{G}; \boldsymbol{U}^{(1)}, \boldsymbol{U}^{(2)}, \cdots, \boldsymbol{U}^{(N)}]\!]$。所以，异构信息网络的聚类可以表示为类似 TUCKER 分解的形式，即将张量表示的异构信息网络分解为一个核张量与一系列特征矩阵进行 n 模乘的形式：

$$\min_{\mathcal{G}, \boldsymbol{U}^{(1)}, \boldsymbol{U}^{(2)}, \cdots, \boldsymbol{U}^{(N)}} \| \mathcal{X} - [\![\mathcal{G}; \boldsymbol{U}^{(1)}, \boldsymbol{U}^{(2)}, \cdots, \boldsymbol{U}^{(N)}]\!] \|_F^2$$
$$\text{s.t.} \begin{cases} \forall n, \sum_{k=1}^{K} u_{ik}^{(n)} = 1 \\ \forall n, \forall i, \forall k, u_{ik}^{(n)} \in [0,1] \\ \forall n, \text{rank}(\boldsymbol{U}^{(n)}) = K \end{cases} \tag{5.3}$$

在公式（5.3）中，$i = 1,2,\cdots,I_n$，$n = 1,2,\cdots,N$，$k = 1,2,\cdots,K$。K 是需要划分的总簇数，且 $K < \min\{I_1, I_2, \cdots, I_N\}$。公式（5.3）中的第一个约束条件保证了每一个对象属于所有簇的概率之和为 1；第二个约束条件要求概率在区间 [0,1] 之内；最后一个约束条件确保了每一个特征矩阵都是列满秩的，即对于每一阶来讲，均不

存在空簇的情况。

事实上，公式（5.3）可以同时得到公式（5.1）和公式（5.2）的结果。也就是说，公式（5.3）同时将异构信息网络中不同类型的对象和基因网络都进行了聚类。特征矩阵 $\boldsymbol{U}^{(1)},\boldsymbol{U}^{(2)},\cdots,\boldsymbol{U}^{(N)}$ 分别是网络中 N 种类型对象的簇指示矩阵。基因网络 $G'_{i_1,i_2,\cdots,i_N}$ 属于第 k 个簇的概率表示为 $g_{k,k,\cdots,k}\prod_{n=1}^{N}u_{i_n,k}^{(n)}$，其中 $g_{k,k,\cdots,k}\in\mathcal{G}$，$u_{i_n,k}^{(n)}\in\boldsymbol{U}^{(n)}$。

图 5.1 给出了一个基于张量 TUCKER 分解的异构信息网络聚类的示意图。左边部分是一个拥有 3 种类型对象的异构信息网络的三阶张量模型，右边是该三阶张量的 TUCKER 分解。张量中的每一个元素都表示异构信息网络中的一个基因网络；TUCKER 分解将张量分解为一个核张量与 3 个特征矩阵的 n 模乘形式，其中每一个特征矩阵都表示异构信息网络中一种类型对象的簇指示矩阵，而核张量是原始张量的各阶与不同簇之间的调节系数。

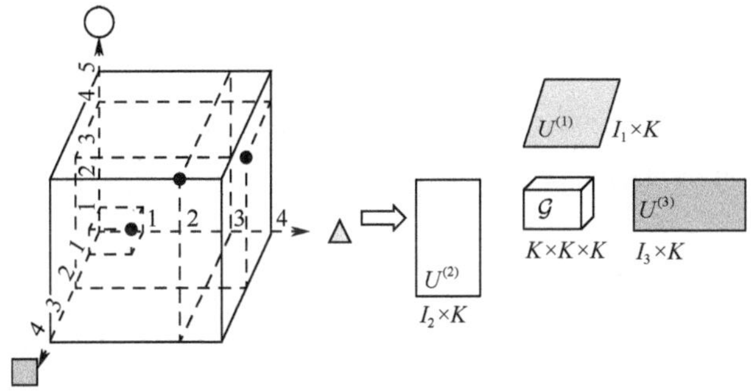

图 5.1　基于张量 TUCKER 分解的异构信息网络聚类的示意图

5.2.2　STFClus 算法

非负矩阵分解（Non-negative Matrix Factorization，NMF）是一种利用交替最小二乘法（Alternating Least Squares，ALS）求解矩阵分解的方法。NMF 算法由于其简单易操作，得到了广泛应用。非负矩阵分解问题可以描述为给定一个非负矩阵 $\boldsymbol{V}$，需要找到两个非负矩阵 $\boldsymbol{W}$ 和 $\boldsymbol{H}$，使得

$$\min_{W,H} \| V - WH \|_F^2 \tag{5.4}$$

利用 NMF 算法，矩阵 $\boldsymbol{W}$ 和 $\boldsymbol{H}$ 的迭代更新规则如下：

$$\boldsymbol{H} \leftarrow \boldsymbol{H} * \frac{\boldsymbol{W}^\top \boldsymbol{V}}{\boldsymbol{W}^\top \boldsymbol{W}\boldsymbol{H}} \tag{5.5}$$

$$\boldsymbol{W} \leftarrow \boldsymbol{W} * \frac{\boldsymbol{V}\boldsymbol{H}^\top}{\boldsymbol{W}\boldsymbol{H}\boldsymbol{H}^\top} \tag{5.6}$$

在 NMF 算法中，每一次迭代更新 $\boldsymbol{W}$ 时，保持 $\boldsymbol{V}$ 与 $\boldsymbol{H}$ 不变，而更新 $\boldsymbol{H}$ 时，保持 $\boldsymbol{V}$ 与 $\boldsymbol{W}$ 不变。$\boldsymbol{W}$ 与 $\boldsymbol{H}$ 的更新交替迭代，直到达到收敛条件，可以求得非负矩阵 $\boldsymbol{V}$ 的分解 $\boldsymbol{W}$ 与 $\boldsymbol{H}$ 。

本章提出的 STFClus 算法是 NMF 算法在高阶张量空间中的一般形式，也是基于 ALS 的思想，包含两个阶段：特征矩阵更新和核张量更新。初始化各个特征矩阵和核张量之后，公式（5.3）中除张量 $\mathcal{X}$ 的第 n 阶所对应的特征矩阵 $\boldsymbol{U}^{(n)}$ 外的其他变量均保持不变；然后利用 NMF 更新方法求得 $\boldsymbol{U}^{(n)}$ 的最优解。在核张量更新阶段，利用之前求得的最优特征矩阵来更新核张量。最后，特征矩阵更新和核张量更新交替执行，直到目标函数不再变化。

5.2.2.1　特征矩阵更新

在特征矩阵更新阶段，求解张量 $\mathcal{X}$ 的第 n 阶所对应的特征矩阵 $\boldsymbol{U}^{(n)}$ 的时候需要保持核张量与其他特征矩阵不变。通过将张量 $\mathcal{X}$ 沿着第 n 阶矩阵化，由张量矩阵化的性质可知，公式（5.3）的目标函数可以写为：

$$\min_{\boldsymbol{U}^{(n)}} \| \mathcal{X}_{(n)} - \boldsymbol{U}^{(n)} [\![\mathcal{G}; \boldsymbol{U}^{(1)}, \cdots, \boldsymbol{U}^{(n-1)}, \boldsymbol{U}^{(n+1)}, \cdots, \boldsymbol{U}^{(N)}]\!]_{(n)} \|_F^2 \tag{5.7}$$

其中，$\mathcal{X}_{(n)} \in \mathbb{R}^{I_n \times (I_1 \times \cdots \times I_{n-1} \times I_{n+1} \times \cdots \times I_N)}$ 。

假设最优解 $\boldsymbol{U}^{(n)}$ 满足公式（5.3）中的所有约束条件，那么公式（5.3）可以写为以下线性方程：

$$\begin{aligned} \mathcal{X}_{(n)} &= \boldsymbol{U}^{(n)} [\![\mathcal{G}; \boldsymbol{U}^{(1)}, \cdots, \boldsymbol{U}^{(n-1)}, \boldsymbol{U}^{(n+1)}, \cdots, \boldsymbol{U}^{(N)}]\!]_{(n)} \\ &= \boldsymbol{U}^{(n)} \mathcal{G}_{(n)} (\boldsymbol{U}^{(N)} \otimes \cdots \otimes \boldsymbol{U}^{(n+1)} \otimes \boldsymbol{U}^{(n-1)} \otimes \cdots \otimes \boldsymbol{U}^{(1)})^\top \end{aligned} \tag{5.8}$$

记张量 $\mathcal{S}=[\![\mathcal{G};\boldsymbol{U}^{(1)},\cdots,\boldsymbol{U}^{(n-1)},\boldsymbol{U}^{(n+1)},\cdots,\boldsymbol{U}^{(N)}]\!]$，则有 $\mathcal{S}\in\mathbb{R}^{I_1\times\cdots\times I_{n-1}\times K\times I_{n+1}\times\cdots\times I_N}$，并且张量 $\mathcal{S}$ 沿着第 n 阶的矩阵化为：

$$\mathcal{S}_{(n)}=\mathcal{G}_{(n)}(\boldsymbol{U}^{(N)}\otimes\cdots\otimes\boldsymbol{U}^{(n+1)}\otimes\boldsymbol{U}^{(n-1)}\otimes\cdots\otimes\boldsymbol{U}^{(1)})^{\top} \tag{5.9}$$

其中，$\mathcal{S}_{(n)}\in\mathbb{R}^{K\times(I_1\times\cdots\times I_{n-1}\times I_{n+1}\times\cdots\times I_N)}$。从而公式（5.8）变成一个非凸的非负矩阵分解问题，形式与 NMF 中的目标函数完全一致，即

$$\mathcal{X}_{(n)}=\boldsymbol{U}^{(n)}\mathcal{S}_{(n)} \tag{5.10}$$

因此，可以利用 NMF 算法的标准更新规则公式（5.6）来迭代更新 $\boldsymbol{U}^{(n)}$：

$$\boldsymbol{U}^{(n)}\leftarrow\boldsymbol{U}^{(n)}*\frac{\mathcal{X}_{(n)}\mathcal{S}_{(n)}^{\top}}{\boldsymbol{U}^{(n)}\mathcal{S}_{(n)}\mathcal{S}_{(n)}^{\top}} \tag{5.11}$$

5.2.2.2　核张量更新

在核张量更新阶段，令所有的特征矩阵保持不变，通过将 $\mathcal{X}$ 向量化，公式（5.3）中的目标函数可以写为：

$$\begin{aligned}&\min_{\mathcal{G}}\|\mathcal{X}-[\![\mathcal{G};\boldsymbol{U}^{(1)},\boldsymbol{U}^{(2)},\cdots,\boldsymbol{U}^{(N)}]\!]\|_F^2\\&=\min_{\vec{\mathcal{G}}}\|\vec{\mathcal{X}}-(\boldsymbol{U}^{(N)}\otimes\cdots\otimes\boldsymbol{U}^{(1)})\vec{\mathcal{G}}\|_F^2\end{aligned} \tag{5.12}$$

假设所有的特征矩阵满足公式（5.3）中的约束条件，那么公式（5.12）中的核张量 $\mathcal{G}$ 可以通过求解以下线性方程得到：

$$\vec{\mathcal{X}}=(\boldsymbol{U}^{(N)}\otimes\cdots\otimes\boldsymbol{U}^{(1)})\vec{\mathcal{G}} \tag{5.13}$$

令

$$\boldsymbol{Q}=\boldsymbol{U}^{(N)}\otimes\cdots\otimes\boldsymbol{U}^{(1)} \tag{5.14}$$

其中，$\boldsymbol{Q}\in\mathbb{R}^{\left(\prod_{n=1}^{N}I_n\right)\times K^N}$。从而公式（5.13）可以转化为一个 NMF 模型：

$$\vec{\mathcal{X}}=\boldsymbol{Q}\vec{\mathcal{G}} \tag{5.15}$$

因此，NMF 更新规则公式（5.5）可以用来更新$\vec{\mathcal{G}}$：

$$\vec{\mathcal{G}} \leftarrow \vec{\mathcal{G}} * \frac{\boldsymbol{Q}^{\top}\vec{\mathcal{X}}}{\boldsymbol{Q}^{\top}\boldsymbol{Q}\vec{\mathcal{G}}} \tag{5.16}$$

其中

$$\begin{aligned}\boldsymbol{Q}^{\top}\vec{\mathcal{X}} &= \overrightarrow{\mathcal{X}(\boldsymbol{Q}^{\top})^{\top}} \\ &= \overrightarrow{\mathcal{X}((\boldsymbol{U}^{(N)})^{\top} \otimes \cdots \otimes (\boldsymbol{U}^{(1)})^{\top})^{\top}} \\ &= \overrightarrow{[\![\mathcal{X};(\boldsymbol{U}^{(1)})^{\top},\cdots,(\boldsymbol{U}^{(N)})^{\top}]\!]}\end{aligned} \tag{5.17}$$

$$\begin{aligned}\boldsymbol{Q}^{\top}\boldsymbol{Q}\vec{\mathcal{G}} &= (\boldsymbol{U}^{(N)} \otimes \cdots \otimes \boldsymbol{U}^{(1)})^{\top}(\boldsymbol{U}^{(N)} \otimes \cdots \otimes \boldsymbol{U}^{(1)})\vec{\mathcal{G}} \\ &= ((\boldsymbol{U}^{(N)})^{\top}\boldsymbol{U}^{(N)} \otimes \cdots \otimes (\boldsymbol{U}^{(1)})^{\top}\boldsymbol{U}^{(1)})\vec{\mathcal{G}} \\ &= \overrightarrow{[\![\mathcal{G};(\boldsymbol{U}^{(1)})^{\top}\boldsymbol{U}^{(1)},\cdots,(\boldsymbol{U}^{(N)})^{\top}\boldsymbol{U}^{(N)}]\!]}\end{aligned} \tag{5.18}$$

因此，将公式（5.17）和公式（5.18）代入公式（5.16），得

$$\begin{aligned}\vec{\mathcal{G}} &\leftarrow \vec{\mathcal{G}} * \frac{\overrightarrow{[\![\mathcal{X};(\boldsymbol{U}^{(1)})^{\top},\cdots,(\boldsymbol{U}^{(N)})^{\top}]\!]}}{\overrightarrow{[\![\mathcal{G};(\boldsymbol{U}^{(1)})^{\top}\boldsymbol{U}^{(1)},\cdots,(\boldsymbol{U}^{(N)})^{\top}\boldsymbol{U}^{(N)}]\!]}} \\ &= \mathcal{G} * \frac{\overrightarrow{[\![\mathcal{X};(\boldsymbol{U}^{(1)})^{\top},\cdots,(\boldsymbol{U}^{(N)})^{\top}]\!]}}{[\![\mathcal{G};(\boldsymbol{U}^{(1)})^{\top}\boldsymbol{U}^{(1)},\cdots,(\boldsymbol{U}^{(N)})^{\top}\boldsymbol{U}^{(N)}]\!]}\end{aligned} \tag{5.19}$$

根据公式（5.19）可以得到核张量$\mathcal{G}$的更新规则如下：

$$\mathcal{G} \leftarrow \mathcal{G} * \frac{[\![\mathcal{X};(\boldsymbol{U}^{(1)})^{\top},\cdots,(\boldsymbol{U}^{(N)})^{\top}]\!]}{[\![\mathcal{G};(\boldsymbol{U}^{(1)})^{\top}\boldsymbol{U}^{(1)},\cdots,(\boldsymbol{U}^{(N)})^{\top}\boldsymbol{U}^{(N)}]\!]} \tag{5.20}$$

注意到由公式（5.11）得到的特征矩阵并不一定都满足公式（5.3）中的第一个和第二个约束条件，在算法结束前需要将特征矩阵的每一行做标准化处理：

$$u_{i,k}^{(n)} \leftarrow \frac{u_{i,k}^{(n)}}{\sum_{k=1}^{K} u_{i,k}^{(n)}} \tag{5.21}$$

5.3　基于 TUCKER 分解的聚类模型分析

5.3.1　基于 TUCKER 分解的聚类模型的可行性分析

定理 5.1　STFClus 优化问题与公式（5.2）的优化问题是等价的。

回顾一下公式（5.2）所定义的聚类问题，公式（5.2）将每一个对象划分到不同的簇中，其中 $p_{j_n,k}$ 是簇指标，表示一个对象属于指定簇的概率。将其写为矩阵形式，即聚类第 n 种类型的对象可以表示为：

$$\min_{\boldsymbol{P}} \| \boldsymbol{M} - \boldsymbol{PC} \|_F^2 \tag{5.22}$$

其中，$\boldsymbol{P}$ 是第 n 种类型对象的簇指标矩阵，而 $\boldsymbol{C}$ 是簇中心。

由于公式（5.7）是将公式（5.3）中的张量 $\mathcal{X}$ 沿着第 n 阶矩阵化得到的，所以公式（5.3）可以写为：

$$\min_{\boldsymbol{U}^{(n)}} \| \mathcal{X}_{(n)} - \boldsymbol{U}^{(n)} \mathcal{S}_{(n)} \|_F^2 \tag{5.23}$$

其中，$\boldsymbol{U}^{(n)}$ 是第 n 种类型对象的簇指标矩阵，$\mathcal{S}_{(n)}$ 是簇中心。

由于 $\mathcal{X}_{(n)}$ 是张量 $\mathcal{X}$ 沿着第 n 阶的矩阵化，$\boldsymbol{M}$ 是张量 $\mathcal{X}$ 的稀疏表达，又令 $\boldsymbol{P} = \boldsymbol{U}^{(n)}$，$\boldsymbol{C} = \mathcal{S}_{(n)}$，从而公式（5.22）与公式（5.23）具有相同的形式，所以 STFClus 优化问题与公式（5.2）的优化问题是等价的。

5.3.2　STFClus 的收敛性分析

非负矩阵分解（Non-negative Matrix Factorization，NMF）是非常著名且常用的模型，Lee 和 Seung 早已经证明了 NMF 算法的收敛性，这里不再赘述，此处直接引用作为本文的定理 5.2。

定理 5.2　函数 $\| \boldsymbol{V} - \boldsymbol{WH} \|_F^2$ 在以下更新规则下是非递增函数：

$$\begin{cases} \boldsymbol{H} \leftarrow \boldsymbol{H} * \dfrac{\boldsymbol{W}^{\top}\boldsymbol{V}}{\boldsymbol{W}^{\top}\boldsymbol{W}\boldsymbol{H}} \\ \boldsymbol{W} \leftarrow \boldsymbol{W} * \dfrac{\boldsymbol{V}\boldsymbol{H}^{\top}}{\boldsymbol{W}\boldsymbol{H}\boldsymbol{H}^{\top}} \end{cases} \tag{5.24}$$

并且当且仅当 $\boldsymbol{W}$ 和 $\boldsymbol{H}$ 是局部最小值时，函数 $\|\boldsymbol{V}-\boldsymbol{W}\boldsymbol{H}\|_F^2$ 的值不变。

将定理 5.2 扩展到高维空间，我们可以证明 STFClus 的收敛性。

引理 5.1　函数 $\|\mathcal{X}-[\![\mathcal{G};\boldsymbol{U}^{(1)},\boldsymbol{U}^{(2)},\cdots,\boldsymbol{U}^{(N)}]\!]\|_F^2$ 在以下更新规则下是非递增函数：

$$\begin{cases} \boldsymbol{U}^{(n)} \leftarrow \boldsymbol{U}^{(n)} * \dfrac{\mathcal{X}_{(n)}\mathcal{S}_{(n)}^{\top}}{\boldsymbol{U}^{(n)}\mathcal{S}_{(n)}\mathcal{S}_{(n)}^{\top}} \\ \vec{\mathcal{G}} \leftarrow \vec{\mathcal{G}} * \dfrac{\boldsymbol{Q}^{\top}\vec{\mathcal{X}}}{\boldsymbol{Q}^{\top}\boldsymbol{Q}\vec{\mathcal{G}}} \end{cases} \tag{5.25}$$

并且当且仅当 $\boldsymbol{U}^{(n)}$ 和 $\mathcal{G}$ 是局部最小值时，函数 $\|\mathcal{X}-[\![\mathcal{G};\boldsymbol{U}^{(1)},\boldsymbol{U}^{(2)},\cdots,\boldsymbol{U}^{(N)}]\!]\|_F^2$ 的值不变。

证明：记 $\boldsymbol{U}_{\text{iter}+1}^{(n)}$ 和 $\boldsymbol{U}_{\text{iter}}^{(n)}$ 分别为相邻两次的迭代结果，即

$$\boldsymbol{U}_{\text{iter}+1}^{(n)} = \boldsymbol{U}_{\text{iter}}^{(n)} * \frac{\mathcal{X}_{(n)}\mathcal{S}_{(n)}^{\top}}{\boldsymbol{U}_{\text{iter}}^{(n)}\mathcal{S}_{(n)}\mathcal{S}_{(n)}^{\top}}$$

其中，$\mathcal{S}_{(n)} = \mathcal{G}_{(n)}(\boldsymbol{U}^{(N)} \otimes \cdots \otimes \boldsymbol{U}^{(n+1)} \otimes \boldsymbol{U}^{(n-1)} \otimes \cdots \otimes \boldsymbol{U}^{(1)})^{\top}$。

由定理 5.3 可知

$$\|\mathcal{X}_{(n)} - \boldsymbol{U}_{\text{iter}+1}^{(n)}\mathcal{S}_{(n)}\|_F^2 \leqslant \|\mathcal{X}_{(n)} - \boldsymbol{U}_{\text{iter}}^{(n)}\mathcal{S}_{(n)}\|_F^2$$

当且仅当 $\boldsymbol{U}_{\text{iter}+1}^{(n)} = \boldsymbol{U}_{\text{iter}}^{(n)}$ 且 $\boldsymbol{U}_{\text{iter}}^{(n)}$ 是局部最小值时等号成立。

将 $\mathcal{S}_{(n)}$ 代入该不等式有

$$\|\mathcal{X}_{(n)} - \boldsymbol{U}_{\text{iter}+1}^{(n)}\mathcal{G}_{(n)}(\boldsymbol{U}^{(N)} \otimes \cdots \otimes \boldsymbol{U}^{(n+1)} \otimes \boldsymbol{U}^{(n-1)} \otimes \cdots \otimes \boldsymbol{U}^{(1)})^{\top}\|_F^2 \leqslant$$
$$\|\mathcal{X}_{(n)} - \boldsymbol{U}_{\text{iter}}^{(n)}\mathcal{G}_{(n)}(\boldsymbol{U}^{(N)} \otimes \cdots \otimes \boldsymbol{U}^{(n+1)} \otimes \boldsymbol{U}^{(n-1)} \otimes \cdots \otimes \boldsymbol{U}^{(1)})^{\top}\|_F^2$$

最后，将结果折叠为张量形式有：

$$\| \mathcal{X} - [\![\mathcal{G}; \boldsymbol{U}^{(1)},\cdots,\boldsymbol{U}^{(n)}_{\text{iter}+1},\cdots,\boldsymbol{U}^{(N)}]\!] \|_F^2 \leqslant$$

$$\| \mathcal{X} - [\![\mathcal{G}; \boldsymbol{U}^{(1)},\cdots,\boldsymbol{U}^{(n)}_{\text{iter}},\cdots,\boldsymbol{U}^{(N)}]\!] \|_F^2$$

当且仅当 $\boldsymbol{U}^{(n)}_{\text{iter}+1} = \boldsymbol{U}^{(n)}_{\text{iter}}$ 且 $\boldsymbol{U}^{(n)}_{\text{iter}}$ 是局部最小值时等号成立。

将 $\boldsymbol{U}^{(n)}$ 和 $\mathcal{G}$ 互换，同理可证核张量的更新规则也保证了函数 $\| \mathcal{X} - [\![\mathcal{G}; \boldsymbol{U}^{(1)},\boldsymbol{U}^{(2)},\cdots,\boldsymbol{U}^{(N)}]\!] \|_F^2$ 是非递增的，并且当且仅当 $\mathcal{G}$ 是局部最小值时，函数 $\| \mathcal{X} - [\![\mathcal{G}; \boldsymbol{U}^{(1)},\boldsymbol{U}^{(2)},\cdots,\boldsymbol{U}^{(N)}]\!] \|_F^2$ 的值不变。

5.3.3 STFClus 的性能分析

STFClus 实施的主要瓶颈在于计算 $\mathcal{S}_{(n)}$，根据公式（5.9），我们需要计算 $N-1$ 个稠密的特征矩阵的 Kronecker 积。Kronecker 积的中间结果可能会出现稠密且大规模的矩阵，可能出现的最大规模的中间结果将会有 $\max\limits_{n}\left(K^{N-1} \prod\limits_{\substack{l\in\{1,2,\cdots,N\}\\ l\neq n}} I_l \right)$ 个元素，即需要巨大的空间消耗。

为了避免计算复杂的 Kronecker 积，可以根据公式（5.9）将公式（5.11）中的 $\mathcal{X}_{(n)}\mathcal{S}_{(n)}^{\top}$ 和 $\mathcal{S}_{(n)}\mathcal{S}_{(n)}^{\top}$ 分别单独计算如下：

$$\begin{aligned}
\mathcal{X}_{(n)}\mathcal{S}_{(n)}^{\top} &= \mathcal{X}_{(n)}(\mathcal{G}_{(n)}(\boldsymbol{U}^{(N)}\otimes\cdots\otimes\boldsymbol{U}^{(n+1)}\otimes\boldsymbol{U}^{(n-1)}\otimes\cdots\otimes\boldsymbol{U}^{(1)})^{\top})^{\top} \\
&= \mathcal{X}_{(n)}((\boldsymbol{U}^{(N)})^{\top}\otimes\cdots\otimes(\boldsymbol{U}^{(n+1)})^{\top}\otimes(\boldsymbol{U}^{(n-1)})^{\top}\otimes\cdots\otimes(\boldsymbol{U}^{(1)})^{\top})^{\top}(\mathcal{G}_{(n)})^{\top} \\
&= [\![\mathcal{X};(\boldsymbol{U}^{(1)})^{\top},\cdots,(\boldsymbol{U}^{(n-1)})^{\top},(\boldsymbol{U}^{(n+1)})^{\top},\cdots,(\boldsymbol{U}^{(N)})^{\top}]\!]_{(n)}(\mathcal{G}_{(n)})^{\top}
\end{aligned} \tag{5.26}$$

$$\begin{aligned}
\mathcal{S}_{(n)}\mathcal{S}_{(n)}^{\top} &= \mathcal{G}_{(n)}(\boldsymbol{U}^{(N)}\otimes\cdots\otimes\boldsymbol{U}^{(n+1)}\boldsymbol{U}^{(n-1)}\otimes\cdots\otimes\boldsymbol{U}^{(1)})^{\top}\ ((\boldsymbol{U}^{(N)})^{\top}\otimes\cdots\otimes(\boldsymbol{U}^{(n+1)})^{\top}\otimes \\
&\quad (\boldsymbol{U}^{(n-1)})^{\top}\otimes\cdots\otimes(\boldsymbol{U}^{(1)})^{\top})^{\top}(\mathcal{G}_{(n)})^{\top} \\
&= \mathcal{G}_{(n)}((\boldsymbol{U}^{(N)})^{\top}\boldsymbol{U}^{(N)}\otimes\cdots\otimes(\boldsymbol{U}^{(n+1)})^{\top}\boldsymbol{U}^{(n+1)}\otimes(\boldsymbol{U}^{(n-1)})^{\top}\boldsymbol{U}^{(n-1)}\otimes\cdots\otimes(\boldsymbol{U}^{(1)})^{\top}\boldsymbol{U}^{(1)})(\mathcal{G}_{(n)})^{\top} \\
&= [\![\mathcal{G};(\boldsymbol{U}^{(1)})^{\top}\boldsymbol{U}^{(1)},\cdots,(\boldsymbol{U}^{(n-1)})^{\top}\boldsymbol{U}^{(n-1)},(\boldsymbol{U}^{(n+1)})^{\top}\boldsymbol{U}^{(n+1)},\cdots,(\boldsymbol{U}^{(N)})^{\top}\boldsymbol{U}^{(N)}]\!]_{(n)}(\mathcal{G}_{(n)})^{\top}
\end{aligned} \tag{5.27}$$

根据公式（5.26）和公式（5.27）可以直接计算公式（5.11）来更新 $\boldsymbol{U}^{(n)}$，而

不需要计算 $\mathcal{S}_{(n)}$ 。也就是说不需要一遍一遍地重复计算一系列特征矩阵的 Kronecker 积。算法 5.1 给出了 STFClus 的伪代码。

5.3.4 STFClus 的初始化方法

基于张量分解的异构信息网络聚类模型是一个非凸优化问题，STFClus 算法只能保证收敛到一个局部最优解，无法找到全局最优解。并且算法的初始化起点，即核张量与特征矩阵的初始值对算法的最终结果会产生较大的影响。针对不同的具体应用，核张量和特征矩阵的初始化方法可能不同。一般而言，输入张量的每一阶都有自己的物理含义，张量中的元素表示不同类型对象之间的语义关系。STFClus 算法是要利用这些关系对不同类型的对象同时进行聚类。每一个特征矩阵都对应于网络中一种类型对象的簇指示矩阵，而核张量是作为不同特征矩阵之间的调节系数。

算法 5.1 STFClus 算法。

输入：异构信息网络的张量模型 $\mathcal{X}$ ；需要聚类的簇数 K ；收敛阈值 ε 。

输出：特征矩阵 $(\boldsymbol{U}^{(n)})_{n=1}^{N}$ 与核张量 $\mathcal{G}$ 。

1. 初始化特征矩阵 $(\boldsymbol{U}^{(n)})_{n=1}^{N}$ 与核张量 $\mathcal{G}$;
2. **repeat**
3. **for** $n \leftarrow$ **1 to** N **do**
4. 根据公式（5.11）、公式（5.26）与公式（5.27）更新 $\boldsymbol{U}^{(n)}$;
5. **end for**
6. 根据公式（5.20）更新 $\mathcal{G}$;
7. **until** $\| \mathcal{X} - [\![\mathcal{G};\boldsymbol{U}^{(1)},\boldsymbol{U}^{(2)},\cdots,\boldsymbol{U}^{(N)}]\!]_F^2 \| \leqslant \varepsilon$
8. 根据公式（5.21）对 $(\boldsymbol{U}^{(n)})_{n=1}^{N}$ 进行标准化处理

作为簇指示矩阵，特征矩阵需要满足公式（5.3）中的所有约束条件。很显然，满足这些约束条件的特征矩阵并不唯一，并且初始化的方法也是多样的。当然，随机方法作为一种最简单的初始化方法被广泛应用于各种场景，但是实践证明随机方法可能导致迭代次数的增加和无法忍受的收敛速度。

因此，提出一种有效可行的初始化方法非常有必要。本章提出了一种切实可行的初始化方法，称为 STFClus_initial。首先对输入张量的每一阶进行单独聚类来作为对应特征矩阵的初始值，然后核张量就可以由这些初始化的特征矩阵唯一确定。

由于 STFClus_initial 在不同类型对象上的原理相似，可以选取一种类型的对象聚类为例。为了不失一般性，以初始化输入张量 $\mathcal{X}$ 的第 n 阶特征矩阵 $\boldsymbol{U}^{(n)}$ 为例，详细介绍 STFClus_initial 的初始化原理。由于张量 $\mathcal{X}$ 的第 n 阶表示异构信息网络中的第 n 种对象类型。STFClus_initial 在张量第 n 阶上的初始化可以表述为：给定异构信息网络的张量模型 $\mathcal{X}$，需要将张量 $\mathcal{X}$ 的第 n 阶划分到 K 个簇中去。

STFClus_initial 中的关键点是如何衡量两个对象之间的相似度的呢？在张量 $\mathcal{X}$ 的稀疏形式 $\boldsymbol{M}=[\boldsymbol{m}_{1:}^{\top},\boldsymbol{m}_{2:}^{\top},\cdots,\boldsymbol{m}_{J:}^{\top}]^{\top}$ 中，每一行 $\boldsymbol{m}_{j:}=[m_{j_1},m_{j_2},\cdots,m_{j_N}]$（$j=1,2,\cdots,J$），对应于张量中的一个非零元素，也表示了网络中对应对象组成的一个基因网络。每一行的第 n 个分量对应于第 n 种对象类型中的一个对象。

根据 $\boldsymbol{M}$，可以定义第 n 种对象类型中的两个不同对象（例如 v_a^n 和 v_b^n）之间的相似度：

$$\mathrm{sim}(v_a^n,v_b^n)=\frac{\mathrm{sam}(\{\boldsymbol{m}_{j:}\mid m_{j_n}=a\},\{\boldsymbol{m}_{j:}\mid m_{j_n}=b\},n)}{(N-1)\max(|\{\boldsymbol{m}_{j:}\mid m_{j_n}=a\}|,|\{\boldsymbol{m}_{j:}\mid m_{j_n}=b\}|)} \tag{5.28}$$

其中，符号“| |”表示一个集合的基数，函数 sam( )表示两个矩阵的对应列（除了第 n 列）中相同元素的总数。对于两个具有相同列数的矩阵 $\boldsymbol{A}\in\mathbb{R}^{r_1\times l},\boldsymbol{B}\in\mathbb{R}^{r_2\times l}$，其中 $n\leqslant l$，函数 sam( )定义如下：

$$\mathrm{sam}(\boldsymbol{A},\boldsymbol{B},n)=\sum_{\substack{i=1\\i\neq n}}^{l}|\{a_{r,i}\mid a_{r,i}\in\boldsymbol{A},r=1,2,\cdots,r_1\}\cap\{b_{r,i}\mid b_{r,i}\in\boldsymbol{B},r=1,2,\cdots,r_2\}|$$

根据公式（5.28）可知，相似度函数有以下 3 个性质：

1．$0\leqslant\mathrm{sim}(v_a^n,v_b^n)\leqslant 1$

2．$\mathrm{sim}(v_a^n,v_a^n)=1$

3．$\mathrm{sim}(v_a^n, v_b^n) = \mathrm{sim}(v_b^n, v_a^n), a \neq b$

记K个簇分别为$\{O_1^n, O_2^n, \cdots, O_K^n\}$，则一个对象和一个簇之间的相似度定义为该对象与这个簇中每一个对象之间的相似度加权和，即

$$\mathrm{sim}(v_i^n, O_k^n) = \sum_{v_j^n \in O_k^n} u_{jk}^{(n)} \mathrm{sim}(v_i^n, v_j^n) \tag{5.29}$$

因此，一个对象属于某一个簇的概率为

$$u_{ik}^{(n)} = \frac{\mathrm{sim}(v_i^n, O_k^n)}{\sum_{k'=1}^{K} \mathrm{sim}(v_i^n, O_{k'}^n)} \tag{5.30}$$

从而，在输入张量$\mathcal{X}$的第n阶上，STFClus_initial 算法可以总结为：

（1）从第n种类型中随机选择K个对象作为初始簇$\{O_1^n, O_2^n, \cdots, O_K^n\}$。为了保证簇之间的差异，必须要求这$K$个对象中任意两个对象之间的相似度不能为 1。

（2）根据公式(5.28)和公式(5.29)计算$\mathrm{sim}(v_i^n, O_k^n)$，$i = 1,2,\cdots,I_n$， $k = 1,2,\cdots,K$。

（3）根据公式（5.30）计算$u_{ik}^{(n)}$， $i = 1,2,\cdots,I_n$， $k = 1,2,\cdots,K$。

（4）重复执行步骤 2 和步骤 3，直到$\boldsymbol{U}^{(n)}$不再变化，或者迭代次数达到预先定义的最大迭代次数 MaxIter。

在实际操作中，多数情况下 STFClus_initial 经过两三次迭代就会收敛。由于 STFClus_initial 算法得到的$\boldsymbol{U}^{(n)}$只是作为 STFClus 的初始输入值，$\boldsymbol{U}^{(n)}$会由 STFClus 继续迭代更新，所以可以直接设定 MaxIter = 2。

得到特征矩阵$\boldsymbol{U}^{(n)}$（$n = 1,2,\cdots,N$）的初始值后，核张量$\mathcal{G}$就能够唯一确定了。根据公式（5.3）中的目标函数，可以得到核张量的计算公式如下：

$$\mathcal{G} = [\![\mathcal{X}; (\boldsymbol{U}^{(1)})^\dagger, (\boldsymbol{U}^{(2)})^\dagger, \cdots, (\boldsymbol{U}^{(N)})^\dagger]\!] \tag{5.31}$$

其中，上标“†”是求矩阵的 Moore-Penrose 伪逆。由于公式（5.3）中的最后一个约束条件保证了$\boldsymbol{U}^{(n)}$是列满秩的，即$\boldsymbol{U}^{(n)}$的列是线性独立的，所以$\boldsymbol{U}^{(n)}$的 Moore-Penrose 伪逆可以由以下公式计算得到：

$$(\boldsymbol{U}^{(n)})^{\dagger} = ((\boldsymbol{U}^{(n)})^{\top}\boldsymbol{U}^{(n)})^{-1}(\boldsymbol{U}^{(n)})^{\top} \tag{5.32}$$

STFClus_initial 的伪代码见算法 5.2。

算法 5.2　STFClus_initial 算法（STFClus 的初始化算法）。

输入： 异构信息网络的稀疏张量模型 $\boldsymbol{M}$；需要聚类的簇数 K。

输出： 特征矩阵 $\{\boldsymbol{U}^{(n)}\}_{n=1}^{N}$ 与核张量 $\mathcal{G}$ 的初始化。

for $n \leftarrow 1$ **to** N **do**
repeat
随机选取 K 个对象作为初始化簇 $\{O_1^n, O_2^n, \cdots, O_K^n\}$；
until 任意 $\text{sim}(\upsilon \in O_{k_1}^n, \upsilon' \in O_{k_2}^n) \neq 1$；
repeat
for $i \leftarrow 1$ **to** I_n **do**
for $k \leftarrow 1$ **to** K **do**
根据公式（5.28）和公式（5.29））计算 $\text{sim}(\upsilon_i^n, O_k^n)$；
end for
根据公式（5.30）计算 $u_{ik}^{(n)}$；
end for
until $\boldsymbol{U}^{(n)}$ 保持不变，或者 $\text{iterNum} > 2$；
end for
根据公式（5.31）和公式（5.32）计算核张量 $\mathcal{G}$

5.3.5　STFClus 的时间复杂度分析

本章提出的基于张量分解的一般网络模式的异构信息网络聚类框架的时间复杂度主要包括两个部分：STFClus_initial 和 STFClus。首先，在 STFClus_initial 中需要计算特征矩阵和核张量的初始值。对于特征矩阵的初始化，需要计算张量中所有非零元素之间的相似度，初始化特征矩阵的时间复杂度为 $O(NJ^2)$，其中，J 是张量中非零元的总数。对于核张量的初始化，根据公式（5.31）和公式（5.32），需要计算每一个特征矩阵的广义逆矩阵，以及张量 $\mathcal{X}$ 与所有特征矩阵之间的 n 模乘。计算所有特征矩阵的广义逆矩阵的时间复杂度为 $O(2K^2I + NK^3)$，其中

$I=\sum_{n=1}^{N} I_n$ 是网络中所有对象的总数。从而，初始化核张量的时间复杂度为 $O(NKJ+2K^2I+NK^3)$。因此 STFClus_initial 的时间复杂度为 $O(NJ^2+NKJ+2K^2I+NK^3)$。

其次，在 STFClus 中需要在每一次迭代中都更新特征矩阵和核张量。根据公式（5.26）和公式（5.27），计算 $\mathcal{X}_{(n)}\mathcal{S}_{(n)}^{\top}$ 需要消耗的时间为 $O((N-1)KJ+K^N I_n)$，计算 $\boldsymbol{U}^{(n)}\mathcal{S}_{(n)}\mathcal{S}_{(n)}^{\top}$ 需要消耗的时间为 $O(K^2I+NK^{N+1})$。所以，每一次迭代中更新所有特征矩阵的时间复杂度为 $O((N^2-N)KJ+(K^N+NK^2+3K)I+N^2K^{N+1})$。根据公式（5.20）更新核张量的时间复杂度为 $O(NKJ+K^2I+NK^{N+1}+2K^N)$，从而 STFClus 的时间复杂度为 $O(N^2KJ+(K^N+(N+1)K^2+3K)I+(N^2+N)K^{N+1}+2K^N)$。

在异构信息网络中，N 是网络中所有对象的类型总数，K 是簇数，$J=\mathrm{nnz}(\mathcal{X})$ 是网络中的基因网络数量，同时也是张量 $\mathcal{X}$ 中非零元素的数量，I 是对象的总数。由于 $N \ll J$，$N \ll I$，$K \ll J$，$K \ll I$，STFClus_initial 的时间复杂度可以写为 $O(a_1J^2+a_2J+a_3I+a_4)$，STFClus 的时间复杂度可以写为 $O(b_1J+b_2I+b_3)$，其中 a_1，a_2，a_3，a_4，b_1，b_2 和 b_3 都是常数。从而，STFClus_initial 的时间复杂度与对象的总数及基因网络总数的平方成正比，而 STFClus 的时间复杂度几乎与对象的总数及基因网络的总数成线性关系。

5.4 实验与结果分析

5.4.1 实验设置

所有的实验均在 MATLAB R2015a 64 位平台上执行，并且用到了 MATLAB Tensor Toolbox Version 2.6。实验中，令最大迭代次数为 1 000。实验结果都是在相应的数据集上运行 10 次得到的平均结果。

为了对比 STFClus 和其他聚类方法在异构信息网络上的聚类结果，采用标准化互信息（Normalized Mutual Information，NMI）和精确度（Accuracy，AC）作为性能评价指标。

NMI 用来度量聚类结果和标准结果之间的相互依存度。给定 I 个对象，K 个簇，聚类结果集和标准结果集，$c(k_r,k_g)$ 表示聚类结果中簇标签为 k_r 、而在标准结果集中簇标签为 k_g 的对象总数，其中 $k_r,k_g=1,2,\cdots,K$ 。联合分布 $p(k_r,k_g)=\dfrac{c(k_r,k_g)}{I}$，每一行的边际分布为 $p_1(k_g)=\sum_{k_r=1}^{K}p(k_r,k_g)$，每一列的边际分布为 $p_2(k_r)=\sum_{k_g=1}^{K}p(k_r,k_g)$。NMI 定义为

$$\text{NMI}=\frac{\sum_{k_r=1}^{K}\sum_{k_g=1}^{K}p(k_r,k_g)\log\left(\dfrac{p(k_r,k_g)}{p_1(k_g)p_2(k_r)}\right)}{\sqrt{\left(\sum_{k_g=1}^{K}p_1(k_g)\log p_1(k_g)\right)\left(\sum_{k_r=1}^{K}p_2(k_r)\log p_2(k_r)\right)}}$$

NMI 的取值范围是 $[0,1]$，NMI 的值越大，表明聚类结果越好。

AC 用来计算聚类结果的精确度，即正确聚类的百分比。AC 定义为：

$$\text{AC}=\frac{\sum_{n=1}^{N}\sum_{i=1}^{I_n}\boldsymbol{\delta}(\text{map}(v_i^n),\text{label}(v_i^n))}{\sum_{n=1}^{N}I_n}$$

其中，$\text{map}(v_i^n)$ 是对象 v_i^n 在聚类结果中的簇标签，$\text{label}(v_i^n)$ 是对象 v_i^n 在标准结果中的簇标签。$\boldsymbol{\delta}()$ 是一个指示函数：

$$\boldsymbol{\delta}()=\begin{cases}1 & \text{map}(v_i^n)=\text{label}(v_i^n)\\0 & \text{map}(v_i^n)\neq\text{label}(v_i^n)\end{cases}$$

由于 NMI 和 AC 都是用来度量某一种类型对象的聚类结果，所以分别采用 NMI 和 AC 的加权平均作为最终聚类结果的评价指标。

$$\overline{\text{NMI}}=\frac{\sum_{n=1}^{N}I_n(\text{NMI})_n}{\sum_{n=1}^{N}I_n}$$

$$\overline{\mathrm{AC}}=\frac{\sum_{n=1}^{N} I_n(\mathrm{AC})_n}{\sum_{n=1}^{N} I_n}$$

5.4.2　模拟数据集上的实验

5.4.2.1　模拟数据集描述

由于模拟数据集上的簇结构是已知的，所以在模拟数据集上可以直观地测试STFClus是否能够有效地对异构信息网络进行聚类。生成模拟数据集时使用的参数如下：

（1）N：异构信息网络中对象类型的数量，也是张量的阶数。

（2）K：需要聚类的簇数。

（3）S：张量的规模$S=I_1\times I_2\times\cdots\times I_N$，其中$I_N$表示网络中第 N 种类型对象的总数。

（4）D：张量的密度，即非零元在张量中所占的百分比，$D=\frac{J}{S}$，其中J是张量中非零元的数量，也是异构信息网络中基因网络的数量。

（5）O：表示簇是否可重叠，1（yes）或者 0（no）。

为了让模拟数据集更贴近真实情况，假设各种类型的对象在基因网络中的分布服从Zipf's 法则。Zipf's 法则又称为齐夫定律，定义为

$$f_n(r;\rho_n,I_n)=\frac{r^{-\rho_n}}{\sum_{i=1}^{I_n} i^{-\rho_n}}$$

其中I_n是第n种类型对象的数量，r是对象的索引，ρ_n是分布参数。

Zipf's 法则表示类型n中的第r个对象出现在基因网络中的频率。利用以上参数可以构造不同的数据集。

实验 A：在模拟数据集上，为了定量评估 D 和 S 为不同值时 STFClus 的性能，固定 $N=4$，$K=2$，$O=1$，并且设定参数 $\rho_1=0.95$，$\rho_2=1.01$，$\rho_3=0.99$，$\rho_4=1.05$。然后，构造了 4 个不同规模的数据集，分别为 $S=2.5\times10^3$，$S=2.5\times10^5$，$S=2.5\times10^6$，$S=2.5\times10^7$。在每一个数据集中又设定密度为 $D=0.5\%$，$D=1\%$，$D=5\%$，$D=10\%$。实验 A 用到的模拟数据集见表 5.1。

表 5.1　实验 A 用到的模拟数据集

项　目	$I_1\times I_2\times\cdots\times I_N$	D
Syn_*a*1	$10\times5\times5\times10=2.5\times10^3$	0.5%,1%,5%,10%
Syn_*a*2	$50\times10\times10\times50=2.5\times10^5$	0.5%,1%,5%,10%
Syn_*a*3	$50\times10\times50\times100=2.5\times10^6$	0.5%,1%,5%,10%
Syn_*a*3	$100\times50\times50\times100=2.5\times10^7$	0.5%,1%,5%,10%

实验 B：在模拟数据集上，为了定量评估 N 和 O 为不同值时 STFClus 的性能，固定 $K=2$，$D=0.5\%$，$S=5\times10^6$，并且设定参数 $\rho_1=0.95$，$\rho_2=1.01$，$\rho_3=0.99$，$\rho_4=1.05$，$\rho_5=0.9$，$\rho_6=1.1$，$\rho_7=0.95$，$\rho_8=1.05$。然后，构造了 4 个相同规模的数据集，在每一个数据集中又分别设定 $N=2$，$N=4$，$N=6$，$N=8$，并且对于每一个 N，分别令 $O=1$ 和 $O=0$，实验 B 用到的模拟数据集见表 5.2。

表 5.2　实验 B 用到的模拟数据集

项　目	N	$I_1\times I_2\times\cdots\times I_N$	O
Syn_*b*1	2	5000×1000	1,0
Syn_*b*2	4	$50\times10\times100\times100$	1,0
Syn_*b*3	6	$50\times10\times10\times10\times10\times10$	1,0
Syn_*b*4	8	$5\times4\times5\times5\times10\times10\times10\times10$	1,0

5.4.2.2　模拟数据集上的实验结果分析

实验 A：为了定量评估 STFClus 在不同 D 和 S 的数据集上的性能，STFClus 在表 5.1 中的数据集上进行了实验测试。表 5.1 中实际上包含了 16 个模拟数据集，分为 4 种不同的网络规模。实验结果如图 5.2 和图 5.3 所示。

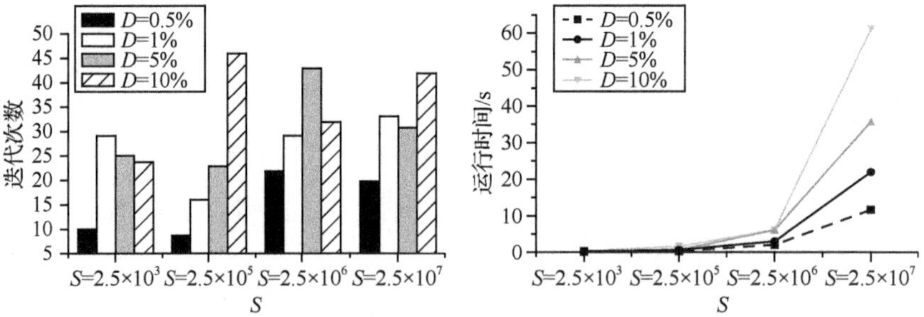

（a）不同D和S时迭代次数的结果　　（b）不同D和S时运行时间的结果

图 5.2　实验 A：在不同 D 和 S 时关于迭代次数和运行时间的对比结果

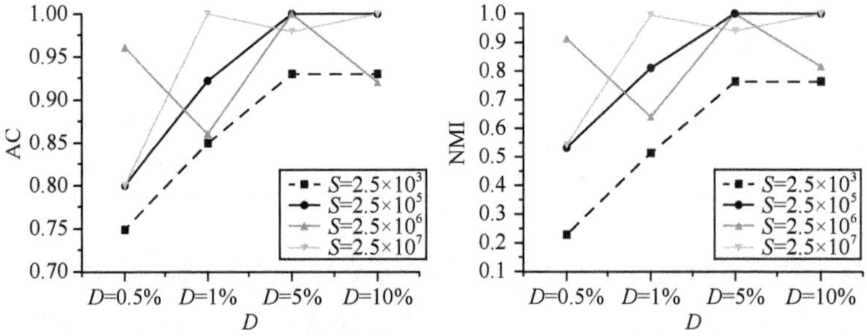

（a）不同D和S上AC的结果　　（b）不同D和S上NMI的结果

图 5.3　实验 A：在不同 D 和 S 时关于 AC 和 NMI 的对比结果

在模拟数据集 Syn_a4 上的实验过程中，由于初始化算法 STFClus_initial 在 $D=5\%$ 和 $D=10\%$ 时的运行时间长到令人无法接受，所以采用了随机方法对 STFClus 算法进行初始化。这一现象也说明了传统的经典聚类方法不适用于大规模的网络。同时，在实验中也发现，当使用随机方法对 STFClus 算法进行初始化时，STFClus 算法零星地出现了当迭代次数达到最大时仍未收敛的情况。当然，这种当迭代次数达到最大时仍未收敛的情况出现的次数非常少，在十次实验中平均只出现了一到两次。在最终的实验结果中，我们剔除了这种当迭代次数达到最大时仍未收敛的情况。

图 5.2 显示了 STFClus 在表 5.1 中的数据集上运行的迭代次数和运行时间。实验结果表明迭代次数和运行时间随着网络规模和密度的增长而增加。图 5.3 显示了 STFClus 在表 5.1 中的数据集上运行的 AC 和 NMI 的结果。实验结果表明随着密度的增加，AC 和 NMI 的结果都增长到接近 1。也就是说，网络中可利用的语义关系（基因网络）越来越多，聚类结果也就会越来越接近于真实情况。当 $D=0.5\%$ 时，AC 和 NMI 的结果在 4 个数据集上都比较低，这是由于网络中可利用的语义

关系（基因网络）太少。一般而言，网络规模和密度越大，迭代次数就会越多，运行时间就会越长，同时也会得到质量越高的聚类结果。

总之，实验 A 中的模拟数据集说明了 STFClus 可以很好地处理大规模稀疏异构信息网络。

实验 B：为了定量评估 STFClus 在不同 N 和 O 的数据集上的性能，STFClus 在表 5.2 中的数据集上进行了实验测试。实际上，表 5.2 中有 8 个模拟数据集，被分为 4 种不同规模的组。实验结果如图 5.4 和图 5.5 所示。

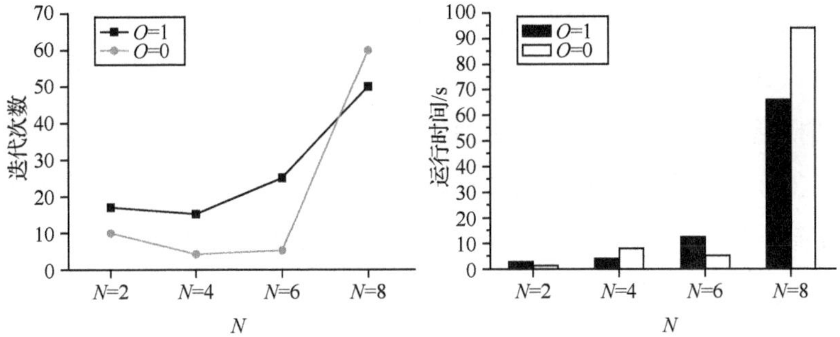

（a）不同N和O上迭代次数的结果　（b）不同N和O上运行时间的结果

图 5.4　实验 B：在不同 N 和 O 时关于迭代次数和运行时间的对比结果

图 5.4 显示了 STFClus 在表 5.2 中的数据集上运行的迭代次数和运行时间。可以发现，随着相同规模网络中的对象类型的增加，迭代次数和运行时间也随之增加。当簇是非重叠的时，迭代次数一般比簇是重叠时的少。在图 5.4 中，当 $N=8$ 时，迭代次数和运行时间都突然增加了。有两个原因可能导致了这一现象：第一，网络中对象类型 N 增加，张量的阶数就越多，也就是说特征矩阵就越多，同时核张量的规模就越大；第二，当网络规模和密度固定时，随着 N 增加，每一种类型的对象数 I_n 就会变少，该现象可以在表 5.2 中见到。网络规模和密度固定不变就意味着张量中的非零元素的数量不变。也就是说，可用的基因网络数量不变。当 N 变大时，每一条完整的语义关系就会变得更复杂，即每一个基因网络中会包含更多的对象，并且每一个对象出现在基因网络中的频率也会增加。

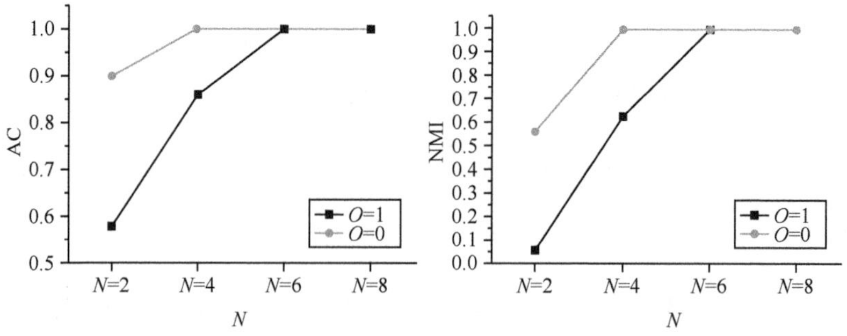

（a）不同N和O的AC结果　　　　（b）不同N和O的NMI结果

图 5.5　实验 B：在不同 N 和 O 时关于 AC 和 NMI 的对比结果

图 5.5 显示了 STFClus 在表 5.2 中的数据集上的 AC 和 NMI 结果。随着对象类型的增加，AC 和 NMI 都增长到 1。这说明当网络规模和密度不变时，聚类结果随着网络中对象类型的增加变得越来越精确。从图 5.5 中还可以看到，当 $N=2$ 和 $N=4$ 时，对于非重叠簇的聚类结果更好，而当 $N=6$ 和 $N=8$ 时，该优势就消失了。也就是说，当 N 比较小时，STFClus 在非重叠簇上的聚类结果较好，然而当 N 变大时，STFClus 在非重叠簇和重叠簇上的聚类结果都是令人满意的。这是因为网络中对象类型越多，基因网络中出现的对象频率就越高。

总之，实验 B 表明了 STFClus 在对象类型较多的网络中表现更佳。当对象类型足够多时，STFClus 可以同时很好地聚类非重叠簇和重叠簇。

5.4.3　真实数据集上的实验

5.4.3.1　真实数据集描述

真实数据集是从 DBLP 数据库中提取的，称为 DBLP-four-areas 数据集，它包含了一些对象的基准簇标签。该数据集是 DBLP 中关于 4 个研究领域的一个子集，被广泛应用于各种文献中。DBLP-four-areas 数据集中的 4 个研究领域分别是数据库（DB）、数据挖掘（DM）、机器学习（ML）和信息检索（IR）。每一个研究领域中都包含了 5 个具有代表性的学术会议、所有在这些学术会议上发表论文的作者和他们发表的论文，以及这些论文的主题。DBLP-four-areas 数据集包括了 14 376 篇论文（其中 100 篇有簇标签）、14 475 位作者（其中 4 057 位有簇标签）、20 个带簇标签的会议，以及 8 920 个主题。主题是没有标签的，因为即使是手动标记这些主题都是非常困难的。在 DBLP 中，许多主题会出现在不同的研究领域中，例如“system”就高频地出现在 DB 和 IR 中，同时也经常出现在 DM 和 ML 中。“system”出现在 DB、DM、ML 和 IR 中的概率分别是 31.65%、23.10%、10.41%和 34.83%。DBLP-four-areas 数据集的稠密度是 $9.019\,35\times10^{-9}$，因此我们构造了一个 4 阶张量：$14\,376\times14\,475\times20\times8\,920$，其中有 334 832 个非零元素，真实数据集 DBLP-four-areas 的详情见表 5.3。张量中的每一个非零元素都表示 DBLP 中的一条具体语义关系，也是基因网络，即一位作者写了一篇关于某个主题的论文发表在某个会议上。

表 5.3　真实数据集 DBLP-four-areas 的详情

对象类型	对象数量	基因网络数量	稠密度
作者	14 475	334 832	$9.019\,35\times10^{-9}$
论文	14 376		
会议	20		
主题	8 920		

5.4.3.2　真实数据集上的实验结果分析

下面对 STFClus 在 DBLP-four-areas 数据集上的聚类结果与目前一些较流行且最优秀的异构信息网络聚类方法进行比较。

（1）NetClus：RankClus 的扩展，可以对符合星形网络模式的异构信息网络进行聚类分析。NetClus 在每次迭代中聚类每种类型对象的时间复杂度为 $O(K|E|+(K^2+K)I)$，其中 K 是簇数，$|E|$ 是网络中的边数，I 是网络中对象的总数。

（2）PathSelClus：一种基于预先定义的元路径的聚类方法，该方法需要用户为每个簇提供种子对象。在 PathSelClus 中，相同类型对象之间的距离由 PathSim 度量。PathSelClus 在每次迭代中聚类每种类型对象的时间复杂度都为 $O((K+1)|P|+KI)$，其中 $|P|$ 是网络中元路径的实例数。而 PathSim 的时间复杂度为 $O(Id)$，其中 d 为对象的平均度数。

（3）FctClus：最近提出的一种异构信息网络聚类方法。与 NetClus 一样，FctClus 只能对符合星形网络模式的异构信息网络进行聚类。FctClus 在每次迭代中聚类每

一种类型对象的时间复杂度为$O(K|E|+NKI)$。

由于这些基准方法只能处理一些特定网络模式的异构信息网络，所以需要为它们构造不同的子网络。对于 NetClus 和 FctClus，使用 DBLP-four-areas 数据集中的 4 种对象类型，并将其按照星形网络模式进行组织，其中，论文（P）是目标类型，作者（A）、会议（C）和主题（T）都是属性类型。对于 PathSelClus，同样使用 4 种对象类型：作者（A）、论文（P）、会议（C）和主题（T），分别选择对称的元路径 P-T-P，A-P-C-P-A 和 C-P-T-P-C 来聚类论文、作者、会议和主题。在 PathSelClus 中，随机给每一个簇一个种子对象作为聚类的初始值。

由于 STFClus 对网络模式没有特殊要求，可以将 DBLP-four-areas 数据集建模为一个 4 阶张量，每一阶对应于网络中一种对象类型。4 阶分别为作者（A）、论文（P）、会议（C）和主题（T），这些对象类型的顺序是无关紧要的。张量中的每一个元素都表示 4 种对象类型之间的一条语义关系。在实验中，使用张量的稀疏表达形式。STFClus 和其他基准方法在 DBLP-four-areas 数据集上的 AC、NMI 和运行时间分别见表 5.4、表 5.5 和表 5.6。从 DBLP-four-areas 数据集上的实验结果看，STFClus 得到了较好的 AC 和 NMI，而 PathSelClus 运行时间最快。

表 5.4　DBLP-four-areas 数据集上的 AC 实验结果

AC	STFClus	NetClus	PathSelClus	FctClus
论文	0.769 9	0.715 4	0.755 1	0.788 7
作者	0.825 4	0.717 7	0.795 1	0.800 8
会议	0.999 8	0.917 2	0.995 0	0.903 1
$\overline{AC}$	0.825 0	0.718 6	0.795 1	0.801 0

表 5.5　DBLP-four-areas 数据集上的 NMI 实验结果

NMI	STFClus	NetClus	PathSelClus	FctClus
论文	0.704 4	0.540 2	0.614 2	0.715 2
作者	0.854 9	0.548 8	0.677 0	0.601 2
会议	0.999 4	0.885 8	0.990 6	0.824 8
$\overline{NMI}$	0.852 0	0.550 3	0.677 0	0.605 0

表 5.6　DBLP-four-areas 数据集上的运行时间实验结果

运行时间	STFClus	NetClus	PathSelClus	FctClus
论文	—	802.6	542.3	808.4
作者	—	743.7	681.1	774.9
会议	—	658.4	629.3	669.8
总时间	2 840.9	2 204.7	1 852.7	2 253.1

尽管 STFClus 的运行时间最长，但是 STFClus 可以同时得到异构信息网络中所有类型对象的聚类结果，而其他方法每次只能得到一种类型对象的聚类结果。这也是为什么表 5.6 中 STFClus 只有一个总时间的原因。

5.5　本章小结

本章基于异构信息网络的张量描述模型，提出了基于稀疏张量分解的一般网络模式的异构信息网络聚类框架，将异构信息网络的聚类问题形式化为一个类似于张量 TUCKER 分解的优化问题，并设计了 STFClus 算法对模型进行求解。本章设计的基于张量分解的聚类框架对异构信息网络的网络模式没有特殊要求，算法只需一次运行即可得到网络中多种类型对象的聚类结果，并且避免了在高维空间中定义对象之间的距离函数和相似性函数，避免了聚类过程中将每一个对象与簇中心进行一一比较。

本章还对聚类模型的可行性及算法的收敛性进行了证明，并分析了算法执行的性能瓶颈，利用张量代数的性质对算法进行加速运算，避免了重复计算大规模的中间结果。同时还设计了一种可行的初始化方法，初始化方法对于稀疏网络具有良好的结果。在模拟数据集和真实数据集上的实验结果表明，STFClus 可以很好地聚类大规模的稀疏异构信息网络，并且在对象类型越多时，效果越好。此外，STFClus 可以同时处理重叠簇和非重叠簇的情况。在真实数据集上，SFTClus 的表现优于现有的基准方法。

然而，STFClus 对特征矩阵和核张量的初始化结果比较敏感。一个好的初始化结果可以大大地提升 STFClus 的性能，而一个不理想的初始化结果可能导致令人无法接受的收敛速度。尽管 STFClus_initial 可以提供一个较好的初始化结果，但是，它的时间消耗在大规模稠密网络中是巨大的。

第6章　稀疏性约束下鼻咽癌基因共表达网络聚类

稀疏性在异构信息网络中十分常见，基于 LncRNA-mRNA 构建的基因共表达网络也不例外。具体而言，基因共表达网络中的基因可能同时属于若干个基因共表达模块，而基因归属的基因共表达模块数目往往远小于基因共表达模块的总数。聚类结果通常由张量分解中的特征矩阵表示，因此该特征矩阵往往也是稀疏的。

在第 2 章，我们通过构建并分析鼻咽癌和对照组织中的 LncRNA 表达谱，获得了一些差异表达的 LncRNA，并构建了 LncRNA-mRNA 基因共表达网络。在第 3 章中，基于构建的基因共表达网络进行了社团划分，以发现联系密切的基因构成的基因共表达模块。但由于基因类型多且交互关系丰富，为更好地刻画基因之间的关系，在第 4 章中利用张量对基因共表达网络进行统一建模，并提出了基于 TUCKER 分解的 LncRNA-mRNA 基因共表达网络聚类模型，该模型能够对一般网络模式的基因共表达网络进行聚类分析。前面提到对于 LncRNA-mRNA 基因共表达网络，除了考虑张量元素的稀疏性外，还要考虑聚类结果的稀疏性。因此，本章提出了一种稀疏性约束下的 LncRNA-mRNA 基因共表达网络聚类框架，使得算法的聚类结果更具有现实意义，即通过 mRNA 的功能将与这些 mRNA 有相似表达趋势的 LncRNA 定义为一些具有潜在生物学意义的功能模块，为筛选其中关键节点 LncRNA 并进一步探讨它们在鼻咽上皮癌变过程中可能的作用机制提供参考。

6.1　引言

异构信息网络的张量建模能够有效地避免聚类模型受到网络模式的限制，同时，基于张量分解的聚类方法也解决了目前异构信息网络聚类过程中遇到的几个突出问题，如高维空间的距离定义、单次运行只能得到一种类型对象的聚类结果等。虽然 STFClus 对异构信息网络的聚类与目前已有的方法相比取得了不小的进步，但是实际情况中 STFClus 还是存在不少问题的。

首先，STFClus 算法的运行结果对特征矩阵和核张量的初始化结果比较敏感，不同的初始化结果可能会导致 STFClus 算法得到不同的结果，并且一个恶劣的初始化输入甚至会导致 STFClus 运行的收敛速度令人无法接受。尽管前面已经提出了一个初始化的方法 STFClus_initial，但是该初始化方法只能在小规模稀疏异构信息网络上取得不错的结果，在大规模网络中由于时间消耗巨大而并不适用。这一点限制了 STFClus 算法针对大规模异构信息网络的在线部署运算。

其次，异构信息网络中的对象之间存在着复杂的语义关系，这些语义关系会导致不同类型的对象在聚类的过程中可能会被划分到多个簇中，即簇是重叠的。这种软聚类也是符合现实情况的，例如交叉学科领域的科学家可能在多个研究领域发表研究成果，那么对科学文献发表网络进行聚类时，部分学者就会同时属于多个簇，但是在实际情况中却不可能有学者同时涉足所有的研究领域。也就是说，在实际情况中虽然很多对象可能同时属于多个簇，但是不可能同时属于所有簇。相对于网络中存在的簇的总数而言，每一个对象可能划分到的簇的数量应该远小于簇的总数，即每一种类型对象的簇划分结果都应该是稀疏的。所以，在基于张量分解的聚类框架中应该对特征矩阵进行稀疏性约束。

最后，实际异构信息网络一般都是异常稀疏的，这会导致异构信息网络张量模型中的基因网络分布异常稀疏，即张量中的绝大部分元素都为零。例如，在 DBLP（2015 年 8 月版本）网络中有 3 067 295 篇论文、1 603 605 位作者，只有 8 128 282 个作者与论文的关系。也就是说，如果我们构造作者和论文的邻接矩阵，那么该矩阵的稠密度只有 0.000 17%。在聚类过程中，如果一个异构信息网络庞大而稀疏的张量模型中的每一个元素都参与聚类过程的运算，那么对任何聚类算法来说都是一个沉重而不必要的负担。所以在实际应用中，应该考虑利用张量的稀疏性来对聚类算法进行加速运算。

因此，本章对前面提出的基于张量分解的异构信息网络聚类框架进行改进，利用张量的 CP 分解对异构信息网络聚类建模，并引入 Tikhonov 正则项来强制约束特征矩阵的稀疏性。本章设计了两种高效的随机张量梯度下降算法来对模型进行求解，同时对模型的可行性和时间复杂度进行分析，并讨论了如何利用张量的稀疏性来对算法进行加速。

6.2 稀疏性约束下的 LncRNA-mRNA 基因共表达网络聚类框架

6.2.1 基于 CP 分解的 LncRNA-mRNA 基因共表达网络聚类模型

STFClus 中采用张量 TUCKER 分解的形式对异构信息网络聚类进行建模，但是 ALS 算法对 TUCKER 分解的收敛速度并不是很理想，并且由于 TUCKER 分解中除对特征矩阵的计算外对核张量的计算消耗也比较大。本章对 TUCKER 分解中的核张量增加约束条件，强制保持其为超对角张量的形式，即用 CP 分解的形式来代替 TUCKER 分解，减少求解参数的数量。

基于异构信息网络 $G=(V,E)$ 的张量模型 $\mathcal{X}$，可以通过 $\mathcal{X}$ 的 CP 分解将网络中多种类型对象划分到不同的簇中去。假设 $G=(V,E)$ 中存在 K 个簇，记矩阵 $\boldsymbol{U}^{(n)}\in\mathbb{R}^{I_n\times K}$，$n=1,2,\cdots,N$ 为第 n 种类型对象的簇指示矩阵。张量 $\mathcal{X}$ 的 CP 分解记为：

$$\min\|\mathcal{X}-[\![\boldsymbol{U}^{(1)},\boldsymbol{U}^{(2)},\cdots,\boldsymbol{U}^{(N)}]\!]\|_F^2 \tag{6.1}$$

其中，特征矩阵 $\boldsymbol{U}^{(n)}$ 的列 $\boldsymbol{u}_k^{(n)}=[u_{k,1}^{(n)},u_{k,2}^{(n)},\cdots,u_{k,I_n}^{(n)}]^\top$ 是第 n 种类型的对象，属于第 k 个簇的概率向量。也就是说，第 k 个簇可以表示为 CP 分解中的第 k 个秩一张量，即 $\mathcal{C}_k=\boldsymbol{u}_k^{(1)}\circ\boldsymbol{u}_k^{(2)}\circ\cdots\circ\boldsymbol{u}_k^{(N)}$。

图 6.1 给出了一个基于张量 CP 分解的异构信息网络聚类示意图。左边部分是一个拥有三种类型对象的异构信息网络的三阶张量模型，右边是该三阶张量的 CP 分解，同时也是原始异构信息网络的一个划分。图中的三种对象类型分别由圆圈、方块以及三角表示。张量中的每一个元素（中间立方体中的黑点）表示异构信息

网络中的一个基因网络；CP 分解中的每一部分（右边部分中的黑色虚线框表示）就是原始异构信息网络的一个簇。

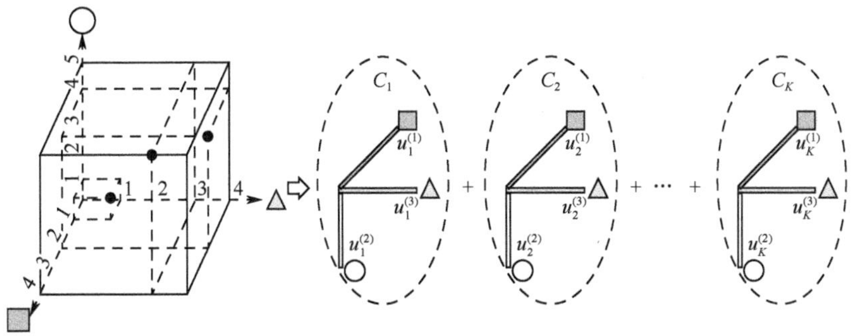

图 6.1　基于张量 CP 分解的异构信息网络聚类示意图

公式（6.1）是一个 NP 难的非凸优化问题，文献[77]已经证明公式（6.1）有一个连续的等价解流形。也就是说，全局最小值被淹没在无数局部最小值中，要找到该全局最小值非常困难。在实际应用中，异构信息网络中的对象可能同时属于多个簇，即簇之间是有重叠的。然而，绝大部分对象可能从属的簇的数量一般来讲是远小于簇的总数的。也就是说，特征矩阵 $\boldsymbol{U}^{(n)}$ 中的大部分元素应该为 0，即 $\boldsymbol{U}^{(n)}$ 是稀疏的。为了解决以上两个挑战，在目标函数中引入了 Tikhonov 正则项来强制约束特征矩阵 $\boldsymbol{U}^{(n)}$ 的稀疏性。从而目标函数变为：

$$\mathcal{L}(\mathcal{X},\boldsymbol{U}^{(1)},\boldsymbol{U}^{(2)},\cdots,\boldsymbol{U}^{(N)})=\frac{1}{2}\|\mathcal{X}-[\![\boldsymbol{U}^{(1)},\boldsymbol{U}^{(2)},\cdots,\boldsymbol{U}^{(N)}]\!]\|_F^2+\frac{\lambda}{2}\sum_{n=1}^{N}\|\boldsymbol{U}^{(n)}\|_F^2 \tag{6.2}$$

其中，$\lambda>0$ 是正则化参数。令

$$f(\mathcal{X},\boldsymbol{U}^{(1)},\boldsymbol{U}^{(2)},\cdots,\boldsymbol{U}^{(N)})=\frac{1}{2}\|\mathcal{X}-[\![\boldsymbol{U}^{(1)},\boldsymbol{U}^{(2)},\cdots,\boldsymbol{U}^{(N)}]\!]\|_F^2 \tag{6.3}$$

为第一部分的损失函数，而

$$g(\boldsymbol{U}^{(1)},\boldsymbol{U}^{(2)},\cdots,\boldsymbol{U}^{(N)})=\frac{\lambda}{2}\sum_{n=1}^{N}\|\boldsymbol{U}^{(n)}\|_F^2 \tag{6.4}$$

为 Tikhonov 正则项，从而

$$\mathcal{L}=f+g$$

$\mathcal{L}$ 中的 Tikhonov 正则项 g 有一个很好的特性，它令该优化问题中的所有特征矩阵的 Frobenius 范数都相等，即

$$\|\boldsymbol{U}^{(1)}\|_F=\|\boldsymbol{U}^{(2)}\|_F=\cdots=\|\boldsymbol{U}^{(N)}\|_F$$

因此，$\mathcal{L}$ 的局部最小值就变得孤立了，并且任何对满意解的替换和缩放都将使得该解逃离局部最优解。同时 Tikhonov 正则项可以通过惩罚特征矩阵中的非零元而保证特征矩阵的稀疏性。

因此，基于张量 CP 分解的异构信息网络聚类问题可以形式化为：

$$\min_{\boldsymbol{U}^{(1)},\boldsymbol{U}^{(2)},\cdots,\boldsymbol{U}^{(N)}} \mathcal{L}(\mathcal{X},\boldsymbol{U}^{(1)},\boldsymbol{U}^{(2)},\cdots,\boldsymbol{U}^{(N)})$$

$$\text{s.t.}\quad\begin{cases}\forall n,\forall i,\sum_{k=1}^{K}u_{i,k}^{(n)}=1\\ \forall n,\forall i,\forall k,u_{i,k}^{(n)}\in[0,1]\\ \forall n,\forall k,\sum_{i=1}^{I_n}u_{i,k}^{(n)}>0\end{cases}\tag{6.5}$$

其中，$i=1,2,\cdots,I_n;n=1,2,\cdots,N;k=1,2,\cdots,K$，并且 $K<\min\{I_1,I_2,\cdots,I_N\}$，是簇的总数。公式（6.5）将张量 $\mathcal{X}$ 划分到 K 个簇中，并同时得到每个簇的结构，即每个簇中各个对象的分布。公式（6.5）中的第一个约束条件保证每一个对象属于所有簇的概率之和为 1；第二个约束条件要求概率的取值范围是[0,1]；第三个约束条件确保了每一个特征矩阵都是列满秩的，即对于每一阶来讲，均不存在空簇的情况。

6.2.2　随机张量梯度下降算法

随机梯度下降算法是机器学习中解决优化问题的一种成熟的工具，主要应用于人工神经网络、支持向量机和逻辑回归等。本节将用随机梯度下降法来求解公式（6.5）中的带稀疏性约束正则项的聚类问题。

首先回顾一下随机梯度下降算法。假设一个优化问题 $\min_x Q(x)$，其中 $Q(x)$ 是一个需要最小化的可微的目标函数，x 是变量，利用随机梯度下降方法求解 x

$$x \leftarrow x - \eta \nabla Q(x) \tag{6.6}$$

其中，η 是一个正数，称为学习参数或者步长。随机梯度下降算法的收敛速度依赖于学习参数的初始值。

尽管随机梯度下降算法可以以线性速度收敛于一个局部最小值，但是该算法在 x 接近于局部最优解的时候收敛效率较低。为了提升在最后阶段的收敛速度，将随机梯度下降算法扩展为二阶随机梯度下降算法，用目标函数的二阶导数的逆来替代学习参数，即

$$x \leftarrow x - \eta(\nabla^2 Q(x))^{-1} \nabla Q(x) \tag{6.7}$$

将随机梯度下降算法和二阶随机梯度下降算法分别扩展到高维张量空间中来解决公式（6.5）中的基于张量分解的聚类问题。本章提出两个算法，分别为随机张量梯度下降算法（Stochastic Tensor Gradient Descent for Clustering，SGDClus）和二阶随机张量梯度下降算法（Second Order Stochastic Tensor Gradient Descent for Clustering，SOSClus）。

6.2.2.1　SGDClus 算法

应用随机张量梯度下降算法来求解公式（6.5）中的聚类问题。根据公式（6.6），每一个特征矩阵 $\boldsymbol{U}^{(n)}$，$n=1,2,\cdots,N$，可以用如下更新规则来求解：

$$\boldsymbol{U}^{(n)} \leftarrow \boldsymbol{U}^{(n)} - \eta \frac{\partial \mathcal{L}}{\partial \boldsymbol{U}^{(n)}} = \boldsymbol{U}^{(n)} - \eta \left(\frac{\partial f}{\partial \boldsymbol{U}^{(n)}} + \frac{\partial g}{\partial \boldsymbol{U}^{(n)}} \right) \tag{6.8}$$

实际上，根据公式（6.4）可以很容易得到 $\frac{\partial g}{\partial \boldsymbol{U}^{(n)}}$，即

$$\frac{\partial g}{\partial \boldsymbol{U}^{(n)}} = \lambda \boldsymbol{U}^{(n)} \tag{6.9}$$

$\frac{\partial f}{\partial \boldsymbol{U}^{(n)}}$ 称为张量的 CP 梯度，简称为张量梯度。为了计算张量梯度 $\frac{\partial f}{\partial \boldsymbol{U}^{(n)}}$，$f(\mathcal{X},\boldsymbol{U}^{(1)},\boldsymbol{U}^{(2)},\cdots,\boldsymbol{U}^{(N)})$ 可以写为张量 $\mathcal{X}$ 沿着第 n 阶矩阵化的形式：

$$f_{(n)} = \frac{1}{2} \| \mathcal{X}_{(n)} - \boldsymbol{U}^{(n)} (\odot^{(/n)} \boldsymbol{U})^{\top} \|_F^2$$

其中，$\odot^{(/n)}\boldsymbol{U}=\boldsymbol{U}^{(N)}\odot\cdots\odot\boldsymbol{U}^{(n+1)}\odot\boldsymbol{U}^{(n-1)}\odot\cdots\odot\boldsymbol{U}^{(1)}$。从而

$$\begin{aligned}\frac{\partial f_{(n)}}{\partial \boldsymbol{U}^{(n)}}&=\frac{\partial \mathrm{Tr}((\mathcal{X}_{(n)}-\boldsymbol{U}^{(n)}(\odot^{(/n)}\boldsymbol{U})^{\top})(\mathcal{X}_{(n)}-\boldsymbol{U}^{(n)}(\odot^{(/n)}\boldsymbol{U})^{\top})^{\top})}{2\partial \boldsymbol{U}^{(n)}}\\&=\frac{\partial \mathrm{Tr}(\mathcal{X}_{(n)}\mathcal{X}_{(n)}^{\top}-2\mathcal{X}_{(n)}(\odot^{(/n)}\boldsymbol{U})(\boldsymbol{U}^{(n)})^{\top}+(\boldsymbol{U}^{(n)}(\odot^{(/n)}\boldsymbol{U})^{\top})(\boldsymbol{U}^{(n)}(\odot^{(/n)}\boldsymbol{U})^{\top})^{\top})}{2\partial \boldsymbol{U}^{(n)}}\\&=-\mathcal{X}_{(n)}(\odot^{(/n)}\boldsymbol{U})+\boldsymbol{U}^{(n)}(\odot^{(/n)}\boldsymbol{U})^{\top}(\odot^{(/n)}\boldsymbol{U})\end{aligned}\tag{6.10}$$

文献[77]给出了另一种计算$\dfrac{\partial f_{(n)}}{\partial \boldsymbol{U}^{(n)}}$的方法，其结果与公式（6.10）一致。与文献保持一致，记

$$\begin{aligned}\boldsymbol{\Gamma}^{(n)}&=(\odot^{(/n)}\boldsymbol{U})^{\top}(\odot^{(/n)}\boldsymbol{U})\\&=((\boldsymbol{U}^{(1)})^{\top}\boldsymbol{U}^{(1)})*\cdots*((\boldsymbol{U}^{(n-1)})^{\top}\boldsymbol{U}^{(n-1)})*((\boldsymbol{U}^{(n+1)})^{\top}\boldsymbol{U}^{(n+1)})*\cdots*((\boldsymbol{U}^{(N)})^{\top}\boldsymbol{U}^{(N)})\end{aligned}\tag{6.11}$$

因此，$\mathcal{L}$关于$\boldsymbol{U}^{(n)}$的偏导数为：

$$\frac{\partial \mathcal{L}}{\partial \boldsymbol{U}^{(n)}}=-\mathcal{X}_{(n)}(\odot^{(/n)}\boldsymbol{U})+\boldsymbol{U}^{(n)}\boldsymbol{\Gamma}^{(n)}+\lambda\boldsymbol{U}^{(n)}\tag{6.12}$$

从而公式（6.8）可以写为：

$$\boldsymbol{U}^{(n)}\leftarrow\boldsymbol{U}^{(n)}-\eta\frac{\partial \mathcal{L}}{\partial \boldsymbol{U}^{(n)}}=\boldsymbol{U}^{(n)}(\boldsymbol{I}-\eta(\boldsymbol{\Gamma}^{(n)}+\lambda\boldsymbol{I}))+\eta\mathcal{X}_{(n)}(\odot^{(/n)}\boldsymbol{U})\tag{6.13}$$

其中$\boldsymbol{I}$为单位矩阵。注意到，由公式（6.13）得到的$\{\boldsymbol{U}^{(n)}\}_{n=1}^{N}$并不满足公式（6.5）中的第一个和第二个约束条件，因此我们将$\{\boldsymbol{U}^{(n)}\}_{n=1}^{N}$的每一行进行正规化得到：

$$u_{i,k}^{(n)}\leftarrow\frac{u_{i,k}^{(n)}}{\sum_{k=1}^{K}u_{i,k}^{(n)}}\tag{6.14}$$

算法 6.1 给出了 SGDClus 算法的伪代码。

算法 6.1　SGDClus 算法。

输入：异构信息网络的张量模型$\mathcal{X}$；需要聚类的簇数K；正则化参数λ。

输出：$\{\boldsymbol{U}^{(n)}\}_{n=1}^{N}$。

1. 初始化特征矩阵 $\{\boldsymbol{U}^{(n)}\}_{n=1}^{N}$；
2. 令 iter $\leftarrow 1$；
3. **repeat**
4. **for** $n \leftarrow 1$ **to** N **do**
5. 设置 η；
6. 根据公式（6.13）更新 $\boldsymbol{U}^{(n)}$；
7. **end for**
8. 令 iter $\leftarrow$ iter $+1$；
9. **until** $\mathcal{L}(\mathcal{X},\boldsymbol{U}^{(1)},\boldsymbol{U}^{(2)},\cdots,\boldsymbol{U}^{(N)})$ 不再改变或者 iter 达到最大迭代次数；
10. 根据公式（6.14）正规化 $\{\boldsymbol{U}^{(n)}\}_{n=1}^{N}$

6.2.2.2 SOSClus 算法

使用二阶随机张量梯度下降算法来求解公式(6.5)中的聚类问题。由公式(6.7)可知，每一个 $\boldsymbol{U}^{(n)}$，$n=1,2,\cdots,N$，可以根据公式（6.15）的更新公式获得：

$$\boldsymbol{U}^{(n)} \leftarrow \boldsymbol{U}^{(n)} - \eta\left(\frac{\partial^2 \mathcal{L}}{\partial^2 \boldsymbol{U}^{(n)}}\right)^{-1} \frac{\partial \mathcal{L}}{\partial \boldsymbol{U}^{(n)}} \tag{6.15}$$

根据公式（6.12）可以得到 $\mathcal{L}$ 关于 $\boldsymbol{U}^{(n)}$ 的二阶偏导数，即

$$\frac{\partial^2 \mathcal{L}}{\partial^2 \boldsymbol{U}^{(n)}} = \boldsymbol{\Gamma}^{(n)} + \lambda \boldsymbol{I} \tag{6.16}$$

将公式（6.12）和公式（6.16）代入公式（6.15）得

$$\boldsymbol{U}^{(n)} \leftarrow (1-\eta)\boldsymbol{U}^{(n)} + \eta \mathcal{X}_{(n)}(\odot^{(/n)}\boldsymbol{U})(\boldsymbol{\Gamma}^{(n)} + \lambda \boldsymbol{I})^{-1} \tag{6.17}$$

值得注意的是，$\mathcal{X}_{(n)}(\odot^{(/n)}\boldsymbol{U})(\boldsymbol{\Gamma}^{(n)} + \lambda \boldsymbol{I})^{-1}$ 就是令公式（6.12）等于零得到的正则化 CP 分解的一般梯度优化解（Gradient-based Optimization，OPT）。令

$$\boldsymbol{U}_{\text{opt}}^{(n)} = \mathcal{X}_{(n)}(\odot^{(/n)}\boldsymbol{U})(\boldsymbol{\Gamma}^{(n)} + \lambda \boldsymbol{I})^{-1} \tag{6.18}$$

因此，SOSClus 中关于特征矩阵 $\boldsymbol{U}^{(n)}$ 的更新规则相当于特征矩阵 $\boldsymbol{U}^{(n)}$ 本身与 OPT 解的加权和，即

$$\boldsymbol{U}^{(n)} \leftarrow (1-\eta)\boldsymbol{U}^{(n)} + \eta \boldsymbol{U}_{\text{opt}}^{(n)} \tag{6.19}$$

实际上，SOSClus 就是一般梯度优化方法和随机块抽样方法中带有步长约束的 ALS 算法的一般推广形式。在公式（6.19）中，当学习参数 $\eta=1$ 时就得到 OPT，当正则化参数 $\lambda=0$ 时，SOSClus 就变成了随机块抽样方法中带有步长约束的 ALS 算法。

与 SGDClus 相似，SOSClus 中由公式(6.19)得到的 $\{\boldsymbol{U}^{(n)}\}_{n=1}^{N}$ 并不满足公式(6.5)中的第一个和第二个约束条件。我们应该根据公式（6.14）对 $\{\boldsymbol{U}^{(n)}\}_{n=1}^{N}$ 的每一行进行正规化。算法（6.2）给出了 SOSClus 的伪代码。

算法 6.2 SOSClus 算法。

输入：异构信息网络的张量模型 $\mathcal{X}$；需要聚类的簇数 K；正则化参数 λ。

输入：特征矩阵 $\{\boldsymbol{U}^{(n)}\}_{n=1}^{N}$。

1. 初始化特征矩阵 $\{\boldsymbol{U}^{(n)}\}_{n=1}^{N}$；
2. 令 iter $\leftarrow 1$
3. **repeat**
4. **for** $n \leftarrow 1$ **to** N **do**
5. 设置 η；
6. 根据公式（6.18）计算 $\boldsymbol{U}_{\text{opt}}^{(n)}$；
7. 根据公式（6.19）更新 $\boldsymbol{U}^{(n)}$；
8. **end for**;
9. 令 iter $\leftarrow$ iter $+1$；
10. **until** $\mathcal{L}(\mathcal{X},\boldsymbol{U}^{(1)},\boldsymbol{U}^{(2)},\cdots,\boldsymbol{U}^{(N)})$ 不再变化或者 iter 达到最大迭代次数；
11. 根据公式（6.14）正规化 $\{\boldsymbol{U}^{(n)}\}_{n=1}^{N}$

6.3　基于 CP 分解的聚类模型分析

6.3.1　基于 CP 分解的聚类模型的可行性分析

定理 6.1　张量$\mathcal{X}$的 CP 分解可以对异构信息网络$G=(V,E)$中多种类型的对象同时进行聚类。

证明：由于对异构信息网络$G=(V,E)$中不同类型对象进行聚类的证明过程是相似的，只需要对其中一种类型对象的聚类进行证明。不失一般性地对第n种类型对象的聚类过程进行详细证明。

给定一个异构信息网络$G=(V,E)$和它的张量模型$\mathcal{X}$，张量$\mathcal{X}$中的非零元表示$G=(V,E)$中输入的基因网络，目标是将这些输入的基因网络划分到K个簇$\{\mathcal{C}_1,\mathcal{C}_2,\cdots,\mathcal{C}_K\}$中去。簇$\mathcal{C}_k$的簇中心记为$\boldsymbol{c}_k$。利用张量$\mathcal{X}$的稀疏表示形式可以将基因网络记为矩阵$\boldsymbol{M}\in\mathbb{R}^{J\times N}$，其中，$J=\text{nnz}(x)$，表示张量$\mathcal{X}$中的非零元的数量。

矩阵$\boldsymbol{M}$中的每一行$\boldsymbol{m}_{j:}\in\boldsymbol{M},j=1,2,\cdots,J$，给出了张量$\mathcal{X}$中对应非零元的下标。换句话说，$\boldsymbol{m}_{j:}$表示一个基因网络，而元素$m_{j_n}\in\boldsymbol{m}_{j:},n=1,2,\cdots,N$表示该基因网络中所包含的对象的标号。

传统的聚类方法（如 K-means）是最小化每一个簇中的基因网络与簇中心之间的距离，即

$$\min_{p_{j,k},\boldsymbol{c}_k}\sum_{j=1}^{J}\left\|\boldsymbol{m}_{j:}-\sum_{k=1}^{K}p_{j,k}\boldsymbol{c}_k\right\|_F^2$$

其中，$p_{j,k}$是基因网络$\boldsymbol{m}_{j:}$属于第k个簇的概率。

我们也可以将这个聚类问题换一个角度来描述，即将基因网络中的对象划分到不同的簇中：

$$\min_{p_{j_n,k},c_{k,n}}\sum_{j=1}^{J}\sum_{n=1}^{N}\left\|\boldsymbol{m}_{j_n}-\sum_{k=1}^{K}p_{j_n,k}\boldsymbol{c}_{k,n}\right\|_F^2$$

其中，$p_{j_n,k}$ 是对象 v_j^n 属于第 k 个簇的概率。

K-means 表示为矩阵形式可以形式化为：

$$\min_{\boldsymbol{P},\boldsymbol{C}} \| \boldsymbol{M} - \boldsymbol{PC} \|_F^2$$

其中，$\boldsymbol{P}$ 是簇指示矩阵，$\boldsymbol{C}$ 是簇中心矩阵。

将张量 $\mathcal{X}$ 沿着第 n 阶矩阵化，可以将公式（6.1）中张量 $\mathcal{X}$ 的 CP 分解变形为：

$$\min_{\boldsymbol{U}^{(1)},\boldsymbol{U}^{(2)},\cdots,\boldsymbol{U}^{(N)}} \| \mathcal{X}_{(n)} - \boldsymbol{U}^{(n)}(\odot^{(/n)}\boldsymbol{U})^{\top} \|_F^2$$

其中，$\mathcal{X}_{(n)}$ 就是张量 $\mathcal{X}$ 沿着第 n 阶的矩阵化，而矩阵 $\boldsymbol{M}$ 是张量 $\mathcal{X}$ 的稀疏表示形式。令 $\boldsymbol{U}^{(n)} = \boldsymbol{P}$，且 $(\odot^{(/n)}\boldsymbol{U})^{\top} = \boldsymbol{C}$，则 $\boldsymbol{U}^{(n)}$ 表示网络中第 n 种类型对象的簇指示矩阵，而 $(\odot^{(/n)}\boldsymbol{U})^{\top}$ 就是对应的簇中心矩阵。所以公式（6.1）中张量的 CP 分解等价于对异构信息网络 $G=(V,E)$ 中的第 n 种类型对象进行 K-means 聚类。

通过将公式（6.1）中的张量 $\mathcal{X}$ 沿着不同阶进行矩阵化，可证张量的 CP 分解等价于对异构信息网络 $G=(V,E)$ 中的其他类型对象进行 K-means 聚类。

所以张量 $\mathcal{X}$ 的 CP 分解可以对异构信息网络 $G=(V,E)$ 中多种类型对象同时进行聚类。

6.3.2　随机张量梯度下降算法的收敛性分析

定理 6.2　当其他变量保持不变时，函数 $\mathcal{L}(\mathcal{X},\boldsymbol{U}^{(1)},\boldsymbol{U}^{(2)},\cdots,\boldsymbol{U}^{(N)})$ 变为关于特征矩阵 $\boldsymbol{U}^{(n)}$ 的单变量函数，此时函数 $\mathcal{L}(\boldsymbol{U}^{(n)})$ 是 β 平滑的，即对于任意两个特征矩阵 $\boldsymbol{U}^{(n)}$ 和 $\boldsymbol{V}^{(n)}$，有

$$\| \nabla\mathcal{L}(\boldsymbol{U}^{(n)}) - \nabla\mathcal{L}(\boldsymbol{V}^{(n)}) \|_F^2 \leqslant \beta \| \boldsymbol{U}^{(n)} - \boldsymbol{V}^{(n)} \|_F^2$$

证明： 由公式（6.12）可知

$$\nabla\mathcal{L}(\boldsymbol{U}^{(n)}) = \frac{\partial\mathcal{L}}{\partial\boldsymbol{U}^{(n)}} = -\mathcal{X}_{(n)}(\odot^{(/n)}\boldsymbol{U}) + \boldsymbol{U}^{(n)}(\boldsymbol{\Gamma}^{(n)} + \lambda\boldsymbol{I})$$

从而有

$$
\begin{aligned}
&\|\nabla\mathcal{L}(\boldsymbol{U}^{(n)})-\nabla\mathcal{L}(\boldsymbol{V}^{(n)})\|_F^2\\
&=\|-\mathcal{X}_{(n)}(\odot^{(/n)}\boldsymbol{U})+\boldsymbol{U}^{(n)}(\boldsymbol{\Gamma}^{(n)}+\lambda\boldsymbol{I})+\mathcal{X}_{(n)}(\odot^{(/n)}\boldsymbol{U})-\boldsymbol{V}^{(n)}(\boldsymbol{\Gamma}^{(n)}+\lambda\boldsymbol{I})\|_F^2\\
&=\|(\boldsymbol{U}^{(n)}-\boldsymbol{V}^{(n)})(\boldsymbol{\Gamma}^{(n)}+\lambda\boldsymbol{I})\|_F^2\\
&\leqslant\|\boldsymbol{\Gamma}^{(n)}+\lambda\boldsymbol{I}_F^2\boldsymbol{U}^{(n)}-\boldsymbol{V}^{(n)}\|_F^2
\end{aligned}
$$

令 $\beta=\|\boldsymbol{\Gamma}^{(n)}+\lambda\boldsymbol{I}\|_F^2$，有

$$\|\nabla\mathcal{L}(\boldsymbol{U}^{(n)})-\nabla\mathcal{L}(\boldsymbol{V}^{(n)})\|_F^2\leqslant\beta\|\boldsymbol{U}^{(n)}-\boldsymbol{V}^{(n)}\|_F^2$$

即函数 $\mathcal{L}(\boldsymbol{U}^{(n)})$ 是 β 平滑的。

关于 β 平滑的函数有如下性质。

引理 6.1　函数 $\mathcal{L}(\boldsymbol{U}^{(n)})$ 满足 β 平滑时，对于任意两个特征矩阵 $\boldsymbol{U}^{(n)}$ 和 $\boldsymbol{V}^{(n)}$，满足以下两个性质：

1. $\|\mathcal{L}(\boldsymbol{U}^{(n)})-\mathcal{L}(\boldsymbol{V}^{(n)})-\nabla\mathcal{L}(\boldsymbol{V}^{(n)})^\top(\boldsymbol{U}^{(n)}-\boldsymbol{V}^{(n)})\|_F\leqslant\dfrac{\beta}{2}\|\boldsymbol{U}^{(n)}-\boldsymbol{V}^{(n)}\|_F^2$

2. $\mathcal{L}(\boldsymbol{U}^{(n)})-\mathcal{L}(\boldsymbol{V}^{(n)})\leqslant\nabla\mathcal{L}(\boldsymbol{U}^{(n)})^\top(\boldsymbol{U}^{(n)}-\boldsymbol{V}^{(n)})-\dfrac{1}{2\beta}\|\nabla\mathcal{L}(\boldsymbol{U}^{(n)})-\nabla\mathcal{L}(\boldsymbol{V}^{(n)})\|_F^2$

证明：首先证明第一个性质。

构造新函数为 $F(z)=\mathcal{L}(\boldsymbol{V}^{(n)}+z(\boldsymbol{U}^{(n)}-\boldsymbol{V}^{(n)}))$，则函数 $F(z)$ 关于 z 的导数为

$$F(z)=\nabla\mathcal{L}(\boldsymbol{V}^{(n)}+z(\boldsymbol{U}^{(n)}-\boldsymbol{V}^{(n)}))^\top(\boldsymbol{U}^{(n)}-\boldsymbol{V}^{(n)})$$

从而

$$
\begin{aligned}
&\mathcal{L}(\boldsymbol{U}^{(n)})-\mathcal{L}(\boldsymbol{V}^{(n)})\\
&=F(1)-F(0)\\
&=\int_0^1 F(z)\mathrm{d}z\\
&=\int_0^1\nabla\mathcal{L}(\boldsymbol{V}^{(n)}+z(\boldsymbol{U}^{(n)}-\boldsymbol{V}^{(n)}))^\top(\boldsymbol{U}^{(n)}-\boldsymbol{V}^{(n)})\,\mathrm{d}z
\end{aligned}
$$

因此

$$
\begin{aligned}
&\|\mathcal{L}(\boldsymbol{U}^{(n)})-\mathcal{L}(\boldsymbol{V}^{(n)})-\nabla\mathcal{L}(\boldsymbol{V}^{(n)})^\top(\boldsymbol{U}^{(n)}-\boldsymbol{V}^{(n)})\|_F\\
&=\left\|\int_0^1\nabla\mathcal{L}(\boldsymbol{V}^{(n)}+z(\boldsymbol{U}^{(n)}-\boldsymbol{V}^{(n)}))^\top(\boldsymbol{U}^{(n)}-\boldsymbol{V}^{(n)})\mathrm{d}z-\nabla\mathcal{L}(\boldsymbol{V}^{(n)})^\top(\boldsymbol{U}^{(n)}-\boldsymbol{V}^{(n)})\right\|_F\\
&=\left\|\int_0^1(\nabla\mathcal{L}(\boldsymbol{V}^{(n)}+z(\boldsymbol{U}^{(n)}-\boldsymbol{V}^{(n)}))^\top(\boldsymbol{U}^{(n)}-\boldsymbol{V}^{(n)})-\nabla\mathcal{L}(\boldsymbol{V}^{(n)})^\top(\boldsymbol{U}^{(n)}-\boldsymbol{V}^{(n)}))\mathrm{d}z\right\|_F\\
&\leqslant\int_0^1\|\nabla\mathcal{L}(\boldsymbol{V}^{(n)}+z(\boldsymbol{U}^{(n)}-\boldsymbol{V}^{(n)}))^\top(\boldsymbol{U}^{(n)}-\boldsymbol{V}^{(n)})-\nabla\mathcal{L}(\boldsymbol{V}^{(n)})^\top(\boldsymbol{U}^{(n)}-\boldsymbol{V}^{(n)})\|_F\,\mathrm{d}z\\
&\leqslant\int_0^1\|(\nabla\mathcal{L}(\boldsymbol{V}^{(n)}+z(\boldsymbol{U}^{(n)}-\boldsymbol{V}^{(n)}))-\nabla\mathcal{L}(\boldsymbol{V}^{(n)}))^\top(\boldsymbol{U}^{(n)}-\boldsymbol{V}^{(n)})\|_F\,\mathrm{d}z
\end{aligned}
$$

根据柯西施瓦茨不等式，有

$$
\begin{aligned}
&\|\mathcal{L}(\boldsymbol{U}^{(n)})-\mathcal{L}(\boldsymbol{V}^{(n)})-\nabla\mathcal{L}(\boldsymbol{V}^{(n)})^\top(\boldsymbol{U}^{(n)}-\boldsymbol{V}^{(n)})\|_F\\
&\leqslant\int_0^1\sqrt{\|\nabla\mathcal{L}(\boldsymbol{V}^{(n)}+z(\boldsymbol{U}^{(n)}-\boldsymbol{V}^{(n)}))-\nabla\mathcal{L}(\boldsymbol{V}^{(n)})\|_F^2\|\boldsymbol{U}^{(n)}-\boldsymbol{V}^{(n)}\|_F^2}\,\mathrm{d}z\\
&\leqslant\int_0^1\sqrt{\beta\|z(\boldsymbol{U}^{(n)}-\boldsymbol{V}^{(n)})\|_F^2\|\boldsymbol{U}^{(n)}-\boldsymbol{V}^{(n)}\|_F^2}\,\mathrm{d}z\\
&\leqslant\beta\|\boldsymbol{U}^{(n)}-\boldsymbol{V}^{(n)}\|_F^2\int_0^1 z\mathrm{d}z\\
&\leqslant\frac{\beta}{2}\|\boldsymbol{U}^{(n)}-\boldsymbol{V}^{(n)}\|_F^2
\end{aligned}
$$

即第一个性质成立。

令一个新的矩阵 $\boldsymbol{W}^{(n)}=\boldsymbol{V}^{(n)}-\dfrac{1}{\beta}(\nabla\mathcal{L}(\boldsymbol{V}^{(n)})-\nabla\mathcal{L}(\boldsymbol{U}^{(n)}))$，从而

$$
\mathcal{L}(\boldsymbol{U}^{(n)})-\mathcal{L}(\boldsymbol{V}^{(n)})=\mathcal{L}(\boldsymbol{U}^{(n)})-\mathcal{L}(\boldsymbol{W}^{(n)})+\mathcal{L}(\boldsymbol{W}^{(n)})-\mathcal{L}(\boldsymbol{V}^{(n)})
$$

虽然函数 $\mathcal{L}$ 关于 $\boldsymbol{U}^{(1)},\boldsymbol{U}^{(2)},\cdots,\boldsymbol{U}^{(N)}$ 是非凸的，但是当其他特征矩阵保持不变时，函数 $\mathcal{L}(\boldsymbol{U}^{(n)})$ 关于变量 $\boldsymbol{U}^{(n)}$ 是凸的，从而

$$
\begin{aligned}
\mathcal{L}(\boldsymbol{U}^{(n)})-\mathcal{L}(\boldsymbol{W}^{(n)})&\leqslant\nabla\mathcal{L}(\boldsymbol{U}^{(n)})^\top(\boldsymbol{U}^{(n)}-\boldsymbol{W}^{(n)})\\
&\leqslant\nabla\mathcal{L}(\boldsymbol{U}^{(n)})^\top(\boldsymbol{U}^{(n)}-\boldsymbol{V}^{(n)})+\nabla\mathcal{L}(\boldsymbol{U}^{(n)})^\top(\boldsymbol{V}^{(n)}-\boldsymbol{W}^{(n)})
\end{aligned}
$$

根据第一个性质可知：

$$\mathcal{L}(\boldsymbol{W}^{(n)})-\mathcal{L}(\boldsymbol{V}^{(n)}) \leqslant \nabla\mathcal{L}(\boldsymbol{V}^{(n)})^{\top}(\boldsymbol{W}^{(n)}-\boldsymbol{V}^{(n)})+\frac{\beta}{2}\|\boldsymbol{W}^{(n)}-\boldsymbol{V}^{(n)}\|_F^2$$

$$\leqslant -\nabla\mathcal{L}(\boldsymbol{V}^{(n)})^{\top}(\boldsymbol{V}^{(n)}-\boldsymbol{W}^{(n)})+\frac{\beta}{2}\|\boldsymbol{W}^{(n)}-\boldsymbol{V}^{(n)}\|_F^2$$

从而有

$$\mathcal{L}(\boldsymbol{U}^{(n)})-\mathcal{L}(\boldsymbol{V}^{(n)})$$

$$\leqslant \nabla\mathcal{L}(\boldsymbol{U}^{(n)})^{\top}(\boldsymbol{U}^{(n)}-\boldsymbol{V}^{(n)})+(\nabla\mathcal{L}(\boldsymbol{U}^{(n)})-\nabla\mathcal{L}(\boldsymbol{V}^{(n)}))^{\top}(\boldsymbol{V}^{(n)}-\boldsymbol{W}^{(n)})+\frac{\beta}{2}\|\boldsymbol{W}^{(n)}-\boldsymbol{V}^{(n)}\|_F^2$$

$$\leqslant \nabla\mathcal{L}(\boldsymbol{U}^{(n)})^{\top}(\boldsymbol{U}^{(n)}-\boldsymbol{V}^{(n)})-\frac{1}{\beta}(\nabla\mathcal{L}(\boldsymbol{U}^{(n)})-\nabla\mathcal{L}(\boldsymbol{V}^{(n)}))^{\top}(\nabla\mathcal{L}(\boldsymbol{U}^{(n)})-\nabla\mathcal{L}(\boldsymbol{V}^{(n)}))+$$

$$\frac{\beta}{2}\frac{1}{\beta^2}\|\nabla\mathcal{L}(\boldsymbol{U}^{(n)})-\nabla\mathcal{L}(\boldsymbol{V}^{(n)})\|_F^2$$

$$\leqslant \nabla\mathcal{L}(\boldsymbol{U}^{(n)})^{\top}(\boldsymbol{U}^{(n)}-\boldsymbol{V}^{(n)})-\frac{1}{2\beta}\|\nabla\mathcal{L}(\boldsymbol{U}^{(n)})-\nabla\mathcal{L}(\boldsymbol{V}^{(n)})\|_F^2$$

因此第二个性质也成立。

定理 6.3　当学习参数 $0<\eta<\frac{1}{\beta}$ 时，SGDClus 算法是收敛的。

证明：SGDClus 算法中对第 n 个特征矩阵 $\boldsymbol{U}^{(n)}$ 迭代更新时，保持其他特征矩阵不变，目标函数为关于 $\boldsymbol{U}^{(n)}$ 的单变量函数，根据公式（6.8）可知，第 $\mathrm{iter}+1$ 次迭代中 $\boldsymbol{U}_{\mathrm{iter}+1}^{(n)}$ 的更新规则为：

$$\boldsymbol{U}_{\mathrm{iter}+1}^{(n)}=\boldsymbol{U}_{\mathrm{iter}}^{(n)}-\eta\nabla\mathcal{L}(\boldsymbol{U}_{\mathrm{iter}}^{(n)})$$

假设特征矩阵 $\boldsymbol{U}^{(n)}$ 的最优解为 $\boldsymbol{U}_*^{(n)}$，则

$$\|\boldsymbol{U}_{\mathrm{iter}+1}^{(n)}-\boldsymbol{U}_*^{(n)}\|_F^2=\|\boldsymbol{U}_{\mathrm{iter}}^{(n)}-\eta\nabla\mathcal{L}(\boldsymbol{U}_{\mathrm{iter}}^{(n)})-\boldsymbol{U}_*^{(n)}\|_F^2$$

$$=\|\boldsymbol{U}_{\mathrm{iter}}^{(n)}-\boldsymbol{U}_*^{(n)}\|_F^2-2\eta\nabla\mathcal{L}(\boldsymbol{U}_{\mathrm{iter}}^{(n)})^{\top}(\boldsymbol{U}_{\mathrm{iter}}^{(n)}-\boldsymbol{U}_*^{(n)})+\eta^2\|\nabla\mathcal{L}(\boldsymbol{U}_{\mathrm{iter}}^{(n)})\|_F^2$$

根据引理 6.1 中的性质 2 可知

$$\mathcal{L}(\boldsymbol{U}_{\text{iter}}^{(n)})-\mathcal{L}(\boldsymbol{U}_{*}^{(n)})\leqslant\nabla\mathcal{L}(\boldsymbol{U}_{\text{iter}}^{(n)})^{\top}(\boldsymbol{U}_{\text{iter}}^{(n)}-\boldsymbol{U}_{*}^{(n)})-\frac{1}{2\beta}\|\nabla\mathcal{L}(\boldsymbol{U}_{\text{iter}}^{(n)})-\nabla\mathcal{L}(\boldsymbol{U}_{*}^{(n)})\|_F^2$$

由于 $\boldsymbol{U}_{*}^{(n)}$ 为最优解，即 $\nabla\mathcal{L}(\boldsymbol{U}_{*}^{(n)})=0$ ，且 $\mathcal{L}(\boldsymbol{U}_{\text{iter}}^{(n)})>\mathcal{L}(\boldsymbol{U}_{*}^{(n)})$ ，从而有

$$\nabla\mathcal{L}(\boldsymbol{U}_{\text{iter}}^{(n)})^{\top}(\boldsymbol{U}_{\text{iter}}^{(n)}-\boldsymbol{U}_{*}^{(n)})-\frac{1}{2\beta}\|\nabla\mathcal{L}(\boldsymbol{U}_{\text{iter}}^{(n)})\|_F^2\geqslant 0$$

故

$$\begin{aligned}\|\boldsymbol{U}_{\text{iter}+1}^{(n)}-\boldsymbol{U}_{*}^{(n)}\|_F^2&\leqslant\|\boldsymbol{U}_{\text{iter}}^{(n)}-\boldsymbol{U}_{*}^{(n)}\|_F^2-\frac{\eta}{\beta}\|\nabla\mathcal{L}(\boldsymbol{U}_{\text{iter}}^{(n)})\|_F^2+\eta^2\|\nabla\mathcal{L}(\boldsymbol{U}_{\text{iter}}^{(n)})\|_F^2\\&\leqslant\|\boldsymbol{U}_{\text{iter}}^{(n)}-\boldsymbol{U}_{*}^{(n)}\|_F^2-\eta\left(\frac{1}{\beta}-\eta\right)\|\nabla\mathcal{L}(\boldsymbol{U}_{\text{iter}}^{(n)})\|_F^2\end{aligned}$$

从而保证学习参数 $0<\eta<\dfrac{1}{\beta}$ 时，有

$$\|\boldsymbol{U}_{\text{iter}+1}^{(n)}-\boldsymbol{U}_{*}^{(n)}\|_F^2\leqslant\|\boldsymbol{U}_{\text{iter}}^{(n)}-\boldsymbol{U}_{*}^{(n)}\|_F^2$$

即 SGDClus 算法中对第 n 个特征矩阵 $\boldsymbol{U}^{(n)}$ 迭代更新时是收敛的。

改变 n 为从 1 到 N，同理可证当学习参数 $\eta<\dfrac{1}{\beta}$ 时，SGDClus 算法是收敛的。

定理 6.4　对于任意的学习参数 $\eta>0$ ，SOSClus 算法都是收敛的。

证明：SOSClus 算法中对第 n 个特征矩阵 $\boldsymbol{U}^{(n)}$ 迭代更新时，保持其他特征矩阵不变，目标函数为关于 $\boldsymbol{U}^{(n)}$ 的单变量函数，根据公式（6.19）可知，第 iter + 1 次迭代中 $\boldsymbol{U}_{\text{iter}+1}^{(n)}$ 的更新规则为：

$$\boldsymbol{U}_{\text{iter}+1}^{(n)}\leftarrow(1-\eta)\boldsymbol{U}_{\text{iter}}^{(n)}+\eta\boldsymbol{U}_{\text{opt}}^{(n)}$$

当保持其他特征矩阵不变时，函数 $\mathcal{L}$ 关于 $\boldsymbol{U}^{(n)}$ 是凸的，从而有

$$\begin{aligned}\mathcal{L}(\boldsymbol{U}_{\text{iter}+1}^{(n)})&=\mathcal{L}((1-\eta)\boldsymbol{U}_{\text{iter}}^{(n)}+\eta\boldsymbol{U}_{\text{opt}}^{(n)})\\&\leqslant(1-\eta)\mathcal{L}(\boldsymbol{U}_{\text{iter}}^{(n)})+\eta\mathcal{L}(\boldsymbol{U}_{\text{opt}}^{(n)})\\&\leqslant\mathcal{L}(\boldsymbol{U}_{\text{iter}}^{(n)})-\eta(\mathcal{L}(\boldsymbol{U}_{\text{iter}}^{(n)})-\mathcal{L}(\boldsymbol{U}_{\text{opt}}^{(n)}))\end{aligned}$$

由于 $\boldsymbol{U}_{\text{opt}}^{(n)}$ 是令函数 $\mathcal{L}$ 关于 $\boldsymbol{U}^{(n)}$ 的导数 $\nabla\mathcal{L}(\boldsymbol{U}_{\text{iter}}^{(n)})=0$ 时的一般梯度优化解，即有

$$\mathcal{L}(\boldsymbol{U}_{\text{iter}}^{(n)}) \geqslant \mathcal{L}(\boldsymbol{U}_{\text{opt}}^{(n)})$$

又$\eta > 0$，故有

$$\mathcal{L}(\boldsymbol{U}_{\text{iter+1}}^{(n)}) \leqslant \mathcal{L}(\boldsymbol{U}_{\text{iter}}^{(n)})$$

即对于任意的学习参数$\eta > 0$，SOSClus 算法中对第n个特征矩阵$\boldsymbol{U}^{(n)}$迭代更新时是收敛的。

改变n为从1到N，同理可证，当学习参数$\eta > 0$时，SOSClus 算法是收敛的。

定理 6.3 说明 SGDClus 算法对学习参数η的选择是敏感的，当$0 < \eta < \dfrac{1}{\beta}$时，才能保证 SGDClus 算法的收敛性。而定理 6.4 说明 SOSClus 算法对学习参数η有良好的鲁棒性，对于任意$\eta > 0$，SOSClus 算法都是收敛的。

6.3.3　利用张量的稀疏性加速运算与时间复杂度分析

SGDClus 算法，的更新特征矩阵$\boldsymbol{U}^{(n)}$的主要时间消耗是计算$\dfrac{\partial \mathcal{L}}{\partial \boldsymbol{U}^{(n)}}$。根据公式（6.12）可知，计算$\dfrac{\partial \mathcal{L}}{\partial \boldsymbol{U}^{(n)}}$需要分别计算$\mathcal{X}_{(n)}(\odot^{(/n)}\boldsymbol{U})$和$\boldsymbol{U}^{(n)}\boldsymbol{\Gamma}^{(n)}$。由于$\boldsymbol{U}^{(n)} \in \mathbb{R}^{I_n \times K}$，$\mathcal{X}_{(n)} \in \mathbb{R}^{I_n \times \prod_{j=1, j\neq n}^{N} I_j}$，有$\mathcal{X}_{(n)}(\odot^{(/n)}\boldsymbol{U}) \in \mathbb{R}^{I_n \times K}, \boldsymbol{\Gamma}^{(n)} \in \mathbb{R}^{K \times K}$和$\boldsymbol{U}^{(n)}\boldsymbol{\Gamma}^{(n)} \in \mathbb{R}^{I_n \times K}$。

首先，计算$\mathcal{X}_{(n)}(\odot^{(/n)}\boldsymbol{U})$时，如果按顺序地计算$N-1$个矩阵的 Khatri-Rao 积和一个矩阵乘法，那么中间结果的规模将会非常大，并且时间消耗也非常大。在实际操作的时候，可以忽略一些不必要的计算来降低时间复杂度。$\mathcal{X}_{(n)}(\odot^{(/n)}\boldsymbol{U})$的元素可以表示为

$$(\mathcal{X}_{(n)}(\odot^{(/n)}\boldsymbol{U}))_{i_n,k} = \sum_{\{i_j\}_{j=1, j\neq n}^{N}} \left(x_{i_n, \prod_{j=1, j\neq n}^{N} i_j} \prod_{j=1, j\neq n}^{N} u_{i_j,k}^{(j)} \right) \tag{6.20}$$

其中，$x_{i_n, \prod_{j=1, j\neq n}^{N} i_j}$是张量$\mathcal{X}$矩阵化后的一个元素，表示异构信息网络中一个对应

的基因网络。当 $x_{i_n,\prod_{j=1,j\neq n}^{N} i_j}=0$ 时，可以直接忽略接下来的 Khatri-Rao 积。因此，只有 $\mathcal{X}$ 中的非零元素才需要参与计算。从而，计算 $\mathcal{X}_{(n)}(\odot^{(/n)}\boldsymbol{U})$ 的时间复杂度为 $O(JI_nK)$，其中 $J=\mathrm{nnz}(\mathcal{X})$ 为 $\mathcal{X}$ 中的非零元数量。

其次，$\boldsymbol{U}^{(n)}\boldsymbol{\varGamma}^{(n)}$ 的元素计算如下：

$$(\boldsymbol{U}^{(n)}\boldsymbol{\varGamma}^{(n)})_{i_n,k}=\sum_{l=1}^{K}\left(u_{i_n,l}^{(n)}\prod_{\substack{j=1\\ j\neq n}}^{N}\sum_{i_j=1}^{I_j}u_{i_j,l}^{(l)}u_{i_j,k}^{(j)}\right) \tag{6.21}$$

所以，计算 $\boldsymbol{U}^{(n)}\boldsymbol{\varGamma}^{(n)}$ 的时间复杂度为 $O((I-I_n)K^2)$，其中 $I=\sum_{n=1}^{N}I_n$ 是网络中包含对象的总数。

综上，SGDClus 中每次迭代的时间复杂度为 $O(IJK+(N-1)IK^2)$。注意到，在真实的异构信息网络中，簇数 K 和对象的类型数 N 一般都要远小于 I，即 $K\ll I$，$N\ll I$。

根据公式（6.17）可知，SOSClus 中更新每一个特征矩阵 $\boldsymbol{U}^{(n)}$ 的时间复杂度由 3 部分组成：$\mathcal{X}_{(n)}(\odot^{(/n)}\boldsymbol{U})$、$(\boldsymbol{\varGamma}^{(n)}+\lambda\boldsymbol{I})^{-1}$ 以及它们的积。与 SGDClus 对比可知，SOSClus 只多了计算 $(\boldsymbol{\varGamma}^{(n)}+\lambda\boldsymbol{I})$ 的逆矩阵的时间消耗。由于 $(\boldsymbol{\varGamma}^{(n)}+\lambda\boldsymbol{I})$ 是一个 $K\times K$ 阶的方阵，计算这个方阵的逆需要消耗 $O(K^3)$。由于 $K\ll I,O(K^3)$，所以一般都是微不足道的。

综上，SGDClus 与 SOSClus 的时间复杂度均可视为与异构信息网络中的对象总数 I 和网络中基因网络的总数 J 的乘积近似为线性关系。

6.4 实验与结果分析

6.4.1 实验设置

为了公平地比较 SGDClus 及 SOSClus 与其他算法的性能，所有算法都用一个终止条件，即

$$\text{error} = \frac{|\mathcal{L}_{\text{iter}} - \mathcal{L}_{\text{iter}-1}|}{\mathcal{L}_{\text{iter}-1}} \leqslant 10^{-6}$$

或者 iter 达到最大迭代次数。$\mathcal{L}_{\text{iter}}$ 和 $\mathcal{L}_{\text{iter}-1}$ 分别是函数 $\mathcal{L}$ 在当前迭代（第 iter 次迭代）和前一次迭代（即第 (iter – 1) 次迭代）中的值。令最大迭代次数为 1000，贯穿整个实验，正则化参数设为 $\lambda = 0.001$。使用 AC 与 NMI 作为评价指标，具体定义见第 3 章。

所有的实验均在 MATLAB R2015a (version 8.5.0) 64 位平台上执行，并且用到了 MATLAB Tensor Toolbox，Version 2.6。实验结果都是在相应的数据集上运行 10 次得到的平均结果。

6.4.2　模拟数据集上的实验

6.4.2.1　模拟数据集描述

使用模拟数据集对算法进行测试主要是因为模拟数据集中的簇结构是已知的，这样便于检验本章所提出的基于张量 CP 分解的聚类模型是否能够有效地对异构信息网络进行聚类。与第 3 章中一样，为了使模拟数据集更加接近真实情况，假设基因网络中不同类型对象的分布符合 Zipf's 法则。Zipf's 法则定义为 $f_n(r;\rho_n,I_n) = \frac{r^{-\rho_n}}{\sum_{i=1}^{I_n} i^{-\rho_n}}$，其中 I_n 是第 n 种类型对象的数量，r 是对象的索引，ρ_n 是分布参数。Zipf's 法则表示第 n 种类型中的第 r 个对象出现在关系中的频率。令 $\rho = 0.95$，生成了 4 种带有不同参数的数据集。模拟数据集的细节见表 6.1，表中 N 是异构信息网络中对象的类型数，同时也是张量的阶数，K 是簇数，S 是网络规模，$S = I_1 \times I_2 \times \cdots \times I_N$，其中 I_n 表示网络中第 n 种类型对象的总数，D 是张量的密度，即张量中非零元素所占的百分比，$D = \text{nnz}(\mathcal{X})/S$。

表 6.1　模拟数据集

模拟数据集	N	K	S	D
Syn1	2	2	1M = 1 000×1 000	0.1%
Syn2	2	4	10M = 1 000×10 000	0.01%

续表

模拟数据集	*N*	*K*	*S*	*D*
Syn3	4	2	100M = 100×100×100×100	0.1%
Syn4	4	4	1 000M = 100×100×100×1 000	0.01%

6.4.2.2　模拟数据集上的实验结果分析

实验一开始就设定 SGDClus 和 SOSClus 的学习参数 $\eta = 1/(\text{iter}+1)$。观察实验中 SGDClus 和 SOSClus 在每次迭代过程中目标函数的变化情况。通过观察目标函数的变化，可以看出算法的收敛情况。实验结果如图 6.2 所示，图 6.2（b）中显示 SOSClus 的收敛速度很快，并且对学习参数有较好的鲁棒性。而如图 6.2（a）中所示，当学习参数 $\eta = 1/(\text{iter}+1)$ 时，并不能保证 SGDClus 的收敛性，目标函数一直处于振荡状态。这个现象也验证了定理 6.3 中所述的 SGDClus 的收敛性对学习参数 η 的选择比较敏感。

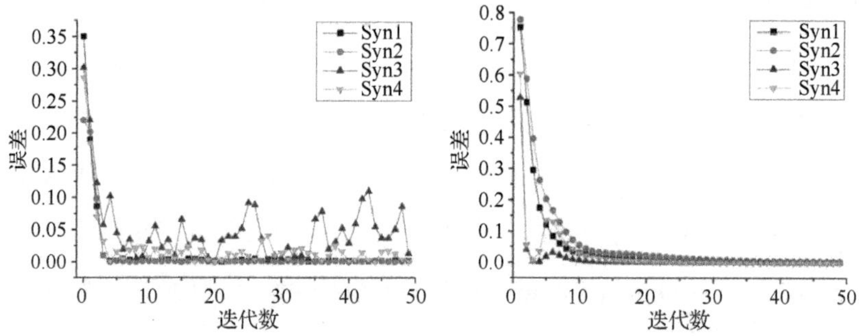

（a）SGDClus在模拟数据集上的实验结果　　（b）SOSClus在模拟数据集上的实验结果

图 6.2　在相同学习参数 $\eta = 1/(\text{iter}+1)$ 下，SGDClus 和 SOSClus 在 4 个模拟数据集上的收敛速度对比

根据定理 6.3，我们调整 SGDClus 的学习参数为 $\eta = 1/(\text{iter}+c)$，其中 c 是一个常数。在实际操作中，SGDClus 在 Syn3 运行时 $c = 27\,855$，SGDClus 在 Syn4 运行时 $c = 430\,245$。学习参数为 $\eta = 1/(\text{iter}+c)$ 的 SGDClus 与学习参数为 $\eta = 1/(\text{iter}+1)$ 的 SOSClus 在 Syn3 和 Syn4 上的收敛速度对比如图 6.3 所示。通过优化学习参数，SGDClus 可以快速地收敛到一个局部最小值，然而，与 SOSClus 相比，SGDClus 仍然没有优势。图 6.3 中 SOSClus 的曲线上手绘的蓝色线圈表示 SOSClus 可以有效地从一个局部最小值点逃离，并找到全局最小值，然而 SGDClus 只能得到第一次到达的局部最小值点。

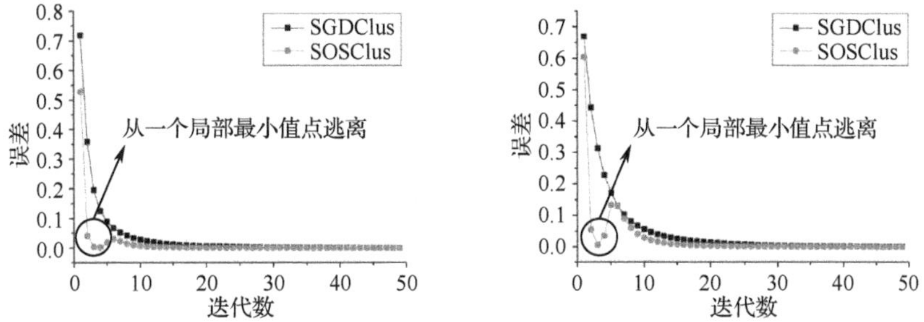

（a）模拟数据集在Syn3上的实验结果　（b）模拟数据集在Syn4上的实验结果

图 6.3　不同学习参数下的 SGDClus 和 SOSClus 在 Syn3 和 Syn4 上的收敛速度对比

根据公式（6.18）和公式（6.19）可知，SOSClus 在运行过程中可以同时获得 OPT 的解。从而，将 OPT、SGDClus 和 SOSClus 在 4 个模拟数据集上的 AC 和 NMI 结果进行比较，如图 6.4 所示。随着异构信息网络中对象类型的增加，SOSClus 和 OPT 的 AC 和 NMI 也明显增加，然而 SGDClus 的表现却几乎不变。当 $N=2$ 时，这 3 个方法在 Syn1 和 Syn2 上的 AC 和 NMI 几乎相等，并且都较低。然而，当 $N=4$ 时，SOSClus 的 AC 和 NMI 都增加到 1。由于 OPT、SGDClus 和 SOSClus 在 Syn1 和 Syn2 上的直方图几乎相同，在 Syn3 和 Syn4 也很相似，所以可以推断参数 K 和 S 对性能没有较大的影响。通常，D 和 N 越大，SOSClus 的 AC 和 NMI 的结果就越好。

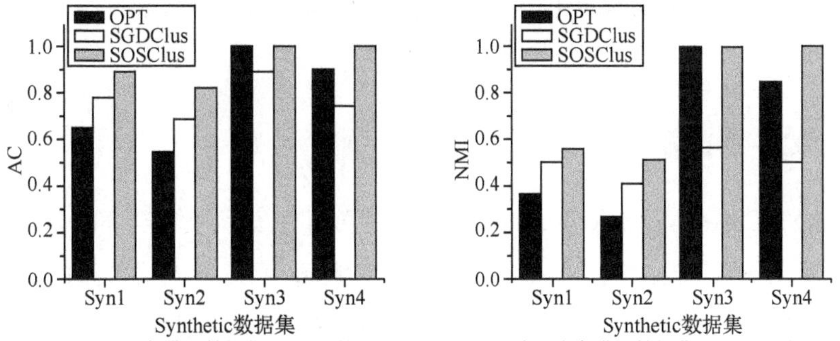

（a）三种方法在模拟数据集上的AC结果对比　（b）三种方法在模拟数据集上的NMI结果对比

图 6.4　OPT、SGDClus 和 SOSClus 在 4 个模拟数据集上的 AC 和 NMI 结果对比

很明显，在 4 个模拟数据集上的实验表明 SOSClus 的性能最优。SOSClus 的收敛速度更快，对算法的初始化起点不敏感，对学习参数也有较好的鲁棒性。同时，SOSClus 在 AC 和 NMI 上表现也更优，主要是因为 SOSClus 可以从局部最小值点逃离，并找到全局最小值。虽然，通过调整学习参数 η，SGDClus 也能够较快地收敛，但是在算法执行中，寻找合适的学习参数 η 也是比较麻烦的，因为

$\beta = \| \Gamma^{(n)} + \lambda \boldsymbol{I} \|_F^2$ 的计算消耗并不能忽略。

6.4.3 真实数据集上的实验

6.4.3.1 真实数据集描述

真实数据集上的实验是为了比较基于张量 CP 分解的聚类方法与其他目前最先进的方法的性能。真实数据集是从 DBLP 数据库中提取出来的 DBLP-four-areas 数据集，这是 DBLP 中关于 4 个研究领域的一个子网络。DBLP-four-areas 数据集中的 4 个研究领域分别是数据库（DB）、数据挖掘（DM）、机器学习（ML）和信息检索（IR）。每一个研究领域都包含了 5 个具有代表性的会议，所有在这些会议上发表论文的作者和他们发表的论文，以及这些论文的主题均被包含在 DBLP-four-areas 数据集中。DBLP-four-areas 数据集包括了 14 376 篇论文（其中 100 篇有簇标签）、14 475 位作者（其中 4 057 位有簇标签）、20 个带簇标签的会议，以及 8 920 个主题。DBLP-four-areas 数据集的密度是 $9.019\,35 \times 10^{-9}$，因此我们构造了一个 4 阶张量，其规模为 $14\,376 \times 14\,475 \times 20 \times 8\,920$，其中有 334 832 个非零元素。我们对比了基于张量 CP 分解的聚类模型和其他方法在该数据集中有簇标签的记录上的性能表现。

6.4.3.2 对比方法

（1）NetClus：是 RankClus 的扩展，可以对符合星形网络模式的异构信息网络进行聚类分析。NetClus 在每次迭代中聚类每种类型对象的时间复杂度为 $O(K|E|+(K^2+K)I)$，其中 K 是簇数，$|E|$ 是网络中的边数，I 是网络中对象的总数。

（2）PathSelClus：一种基于预先定义的元路径的聚类方法，该方法需要用户为每个簇提供种子对象。在 PathSelClus 中，相同类型对象之间的距离由 PathSim 度量。PathSelClus 在每次迭代中聚类每种类型对象的时间复杂度为 $O((K+1)|P|+KI)$，其中，$|P|$ 是网络中元路径的实例数。而 PathSim 的时间复杂度为 $O(Id)$，其中 d 为对象的平均度数。

（3）FctClus：最新提出的一种异构信息网络聚类方法。与 NetClus 一样，FctClus 只能对符合星形网络模式的异构信息网络进行聚类。FctClus 在每次迭代中聚类每一种类型对象的时间复杂度为 $O(K|E|+NKI)$。

6.4.3.3　真实数据集上的实验结果分析

由于这些基准方法只能处理一些特定网络模式的异构信息网络，所以需要为这些基准方法构造不同的子网络。对于 NetClus 和 FctClus，按照文献中的星形网络模式构造了异构信息网络，其中论文（P）是目标对象，作者（A）、会议（C）和主题（T）是属性对象。对于 PathSelClus，选择元路径 P-T-P、A-P-C-P-A 和 C-P-T-P-C 来分别聚类论文、作者和会议。在 PathSelClus 中随机为每个簇提供一个种子对象作为聚类的起始条件。

对于本章提出的基于张量 CP 分解的聚类方法，将 DBLP-four-areas 数据集建模为一个 4 阶张量，每一阶表示一种对象类型，分别是作者（A）、论文（P）、会议（C）和主题（T）。实际上，这些对象类型的先后顺序是无关紧要的。张量中的每一个元素都表示异构信息网络中的一个基因网络。在实验中，SOSClus 的学习参数设为 $\eta=1/(\text{iter}+1)$，SGDClus 的优化学习参数设为 $\eta=1/(\text{iter}+c)$，其中 $c=1\,000\,125$。在运行 SOSClus 的过程中可以同时得到 OPT 的解。所以，在实验中我们比较了 OPT、SGDClus、SOSClus 和其他三个基准方法在 DBLP-four-areas 数据集上的性能。为了更加直观地比较 SGDClus、SOSClus 与 STFClus 算法的性能，在表中也列出了 STFClus 算法的实验结果。实验结果见表 6.2、表 6.3、表 6.4。

表 6.2　DBLP-four-areas 数据集上的 AC 结果比较

	AC 结果						
	OPT	**SGDClus**	**SOSClus**	**NetClus**	**PathSelClus**	**FctClus**	**STFClus**
论文	0.588 2	0.847 6	0.900 7	0.715 4	0.755 1	0.788 7	0.769 9
作者	0.587 2	0.848 6	0.948 6	0.717 7	0.795 1	0.800 8	0.825 4
会议	1	0.99	1	0.917 2	0.995 0	0.903 1	0.999 8
平均 AC	0.589 2	0.849 3	0.947 7	0.718 6	0.795 1	0.801 0	0.825 0

表 6.3　DBLP-four-areas 数据集上的 NMI 结果比较

	NMI 结果						
	OPT	SGDClus	SOSClus	NetClus	PathSelClus	FctClus	STFClus
论文	0.655 7	0.672 0	0.881 2	0.540 2	0.614 2	0.715 2	0.704 4
作者	0.653 9	0.887 2	0.882 2	0.548 8	0.677 0	0.601 2	0.854 9
会议	1	0.849 7	1	0.885 8	0.990 6	0.824 8	0.999 4
平均 NMI	0.655 6	0.877 8	0.882 7	0.550 3	0.677 0	0.605 0	0.852 0

表 6.4　DBLP-four-areas 数据集上的运行时间比较

	运行时间/s						
	OPT	SGDClus	SOSClus	NetClus	PathSelClus	FctClus	STFClus
论文	—	—	—	802.6	542.3	808.4	—
作者	—	—	—	743.7	681.1	774.9	—
会议	—	—	—	658.4	629.3	669.8	—
总时间	672.6	432.4	818.4	2 204.7	1 852.7	2 253.1	2 840.9

在表 6.2 和表 6.3 中，SOSClus 在 AC 和 NMI 的平均值上表现最好，SGDClus 次之。所有的方法在会议的聚类结果上都取得了令人满意的 AC 和 NMI 结果，这是由于网络中只有20个会议对象。SGDClus 的运行时间最短，同时 OPT 和 SOSClus 在运行时间上与其他基准方法相比较也有较明显的优势。SGDClus 的时间复杂度为$O(IJK+(N-1)IK^2)$，SOSClus 的时间复杂度为$O(IJK+(N-1)IK^2+K^3)$，其中$J=\text{nnz}(\mathcal{X})$是张量$\mathcal{X}$中非零元的数量，即异构信息网络中基因网络的数量。

由于$J<|P|\ll|E|$并且$K\ll I$，$N\ll I$，与其他三种基准方法的时间复杂度相比，SGDClus 和 SOSClus 有些劣势。但是，值得注意的是，三种基准方法每次运行只能对网络中的一种类型的对象进行聚类，而 OPT、SGDClus、SOSClus 和 STFClus 在一次运行之后就可以同时得到所有类型对象的聚类结果。这也是为什么在表 6.4 中 OPT、SGDClus、SOSClus 和 STFClus 都只有总运行时间。此外，OPT、SGDClus 和 SOSClus 总运行时间与其他三个基准方法聚类一种类型对象的运行时间在同一个量级上，这也与时间复杂度的对比结果相一致。同时，在实验结果中也可以明显地看出，SGDClus 和 SOSClus 在各个评价指标上的性能比 STFClus 有了较大的提高。

6.5 本章小结

本章提出了一种带稀疏性约束条件的基于张量 CP 分解的异构信息网络聚类框架，利用张量的 CP 分解对异构信息网络聚类建模，并引入 Tikhonov 正则项来强制约束特征矩阵的稀疏性。该聚类框架不仅继承了 STFClus 应用于异构信息网络聚类具有的所有优点，还可以对网络中对象的聚类结果进行稀疏性约束。通过将经典的随机梯度下降算法扩展到高阶张量空间，提出了两种随机张量梯度下降算法来对聚类模型进行求解，分别是 SGDClus 和 SOSClus，并给出了利用张量的稀疏性对算法进行加速的方法。此外，本章也对基于张量 CP 分解的异构信息网络聚类框架的有效性进行了证明。

模拟数据集和真实数据集上的实验结果表明，SGDClus 和 SOSClus 都具有很快的收敛速度，而 SOSClus 对学习参数具有很好的鲁棒性，并且 SGDClus 和 SOSClus 对算法的初始化起点都不敏感。从实验结果中更可以看出，SGDClus 和 SOSClus 在各个评价指标上都要优于其他基准方法，并且在性能上，SGDClus 和 SOSClus 与第 3 章中的一般网络模式的异构信息网络聚类框架 STFClus 相比都有了较大的提高。SOSClus 的这些特性使得它适用于大规模的在线部署。

第 7 章　动态异构信息网络中的混合多类型社团发现

现实中的异构信息网络一般都是动态变化的，网络中的不同类型对象之间的交互关系也在随着时间而变化。前面的研究都是针对静态的异构信息网络的，可以对异构信息网络中运行的历史数据进行聚类分析，但是对动态异构信息网络的聚类就力不从心了。本章根据异构信息网络中混合多类型社团的动态变化特征，分别从异构信息网络中每个时间戳上的社团发现和混合多类型社团随时间的演化两个方面对动态异构信息网络中的混合多类型社团发现进行建模分析，并研究分析动态异构信息网络中混合多类型社团数量的自动确定、动态网络中新旧对象更替和算法在线部署等问题。

7.1　引言

前面两章讨论了在静态异构信息网络上利用张量分解对异构信息网络进行聚类的问题，分别提出了基于 TUCKER 分解的一般网络模式的异构信息网络聚类框架和基于张量 CP 分解的稀疏性约束下的异构信息网络聚类框架。两种聚类框架共同解决了异构信息网络聚类中存在的几个突出问题，如网络模式受限的问题、高维空间距离函数失效的问题、一次运行得到所有类型对象聚类结果的问题等。两种聚类框架是呈递进关系的，基于张量 CP 分解的稀疏性约束条件下的异构信息网络聚类框架对基于 TUCKER 分解的一般网络模式的异构信息网络聚类框架进行了性能提升，并完善了软聚类结果中特征矩阵的稀疏性约束。其中 SOSClus 算法已经初步具备了大规模动态网络在线聚类的性质。

动态变化是异构信息网络运行的常态，随着时间的推移，异构信息网络中各种类型的对象及对象之间的交互关系在不断地发生着变化。动态异构信息网络中的聚类问题也是对动态网络中的社团发现。动态异构信息网络上的聚类问题其实与网络中的社团发现方法具有异曲同工之妙。动态异构信息网络上的社团发现也是信息网络分析中的一项基本方法，更是聚类方法最直接的应用。信息网络中的社团在很多情况下都是直接定义在聚类结果之上的。社团发现的目的在于寻找网络中的隐藏结构、对象之间的交互模式及它们随时间的变化规律。与传统的只包含一种静态类型对象和链接的社团相比，动态异构信息网络中的社团是由多种类型的动态对象和链接组成的。例如，科学文献发表网络中最有趣的社团就是研究方向，其包含了具有相似研究兴趣的作者、这些作者发表的论文、他们参加的学术会议及他们经常使用的主题。随着新作者和新的研究热点的出现，这些社团的结构也会随着时间动态地发生变化。

尽管已经对社交网络中的社团检测方法研究了很多年，但是大部分现有的方法仍是为静态信息网络或者同构信息网络设计的。其中随机块模型（Stochastic Block Model）和混合隶属模型（Mixed Membership Model）是分析静态网络中社团的强大的概率模型。然而，这两种模型都缺乏对动态网络和异构信息网络分析的能力。

在实际情况中，信息网络基本上都是异构且动态的。将动态异构信息网络沿着时间轴压缩到一个网络快照上，并将其分解为多个同构信息网络的方法，传统的社团发现模型也能够应用，但是这种方法必然会导致不同类型对象之间语义关系和社团的时间演化特性的丢失。在动态网络中进行社团发现需要将动态网络中社团的时变特性考虑进来。一种通用的框架是对动态网络中每一个时间戳上的网络快照应用静态社团发现方法，然后计算两个相邻时间戳上的社团匹配度来生成社团演化规律。另一种动态网络社团发现的框架是多目标优化模型，将社团质量度量和时间平滑整合到多目标代价函数中。不过，这些方法都是为同构信息网络设计的。

最近，异构信息网络中的社团发现成为一个热门话题。Tang Lei 在文献中讨论了动态多模网络中的社团发现方法，提出了将多模网络划分为一系列二元网络，并在这些二元网络上进行社团发现的模型。该模型将多模网络切分为一系列的二元网络，然后在每个二元网络中进行谱聚类，发现每个二元网络上的社团结构。Sun Yizhou 利用 Net-clusters 来描述异构信息网络中的社团，并提出 Evo-NetClus 方法来检测它们。然而，Net-clusters 和 Evo-NetClus 都只适用于星形网络模式。作者研究了在异构社交网络中的隐藏社团挖掘问题。作者考虑了社交网络虽然只有一种类型的节点，但是会出现多种类型的关系。作者将不同类型的关系根据其重要程度赋予不同的权重，然后对这些关系进行最优化的线性组合，将问题退化为同构网络的情况。

为了分析一般网络模式的异构信息网络，张量分解提供了一种有希望的方法来提取隐藏的社团。例如，MetaGraph 分解方法可以有效地发现动态社交网络中的社团。基于张量的聚类方法可以有效地对一般网络模式的异构信息网络中的多类型对象进行同时聚类。此外，基于张量分解的混合隶属模型将社团的生成建模为狄利克雷分布，从而有效地对社团进行自动识别。然而，该方法需要人为地将同构信息网络划分为四块，并将其组织为 3-star 网络。同时，这个 3-star 网络的张量模型还必须转换为一个正交对称张量，因此，该方法处理动态异构信息网络的能力大打折扣。另一个相关的工作是增量张量分解。尽管张量分解已经在很多领域被广泛研究，如图像处理和计算机视觉，但是增量张量分解还是一个充满挑战的任务。Sun Jimeng 提出了一种增量张量分解的一般框架来挖掘高维数据流，该框架包含了三种方法：动态张量分解、流张量分解和基于时间窗口的张量分解。尽管该框架可以有效地分析高维数据流，但是隐含模式的时间平滑演化却无法保证。

本章基于张量分解的异构信息网络聚类框架研究了一般网络模式下的动态异构信息网络中的社团发现问题，该问题主要面临以下几点挑战。

（1）异构性。显然，异构信息网络中的社团也是异构的，包含了多种类型的对象和链接。

（2）时变性。随着新旧对象的更替，社团在不断地发生变化。本章假设相邻时间戳上的社团变化是平滑的。

（3）需要对一般网络模式适用。异构信息网络的网络模式通常比二元网络、星形网络模式复杂很多。社团发现方法应该可以处理一般的网络模式。

（4）灵活且自适应的社团数量确定。给定一个异构信息网络，自动发现网络在每一个时间戳上的社团数量是一个充满挑战的问题。然而，目前的大部分方法都假设社团的数量事先已经由用户给定，并将如何自动确定社团的数量留作下一步的研究方向。实际上，在几乎所有的应用场景中，事先确定社团的数量对用户来说都是非常困难甚至是不切实际的。所以动态异构信息网络上的社团数量应该由算法自动学习得到，而不能依赖于用户知识。

（5）在线部署。尽管一些离线模式的社团发现方法可以利用所有历史信息获得社团沿着时间轴发展的全貌，但是在线运行模式更符合实际情况。

为了解决以上问题，本章提出一种基于在线张量分解的动态异构信息网络社团发现方法。将异构信息网络中包含多类型对象的社团建模为秩一张量，并通过将张量 CP 分解与时变正则项相结合，动态异构信息网络中的社团发现可以形式化为一个张量分解的优化问题。后面会提出一种在线二阶随机张量梯度下降算法和社团数量自动确定的方法来求解该问题，并讨论网络中新旧对象更替和算法在线部署等问题，分析算法的时间复杂度。在模拟数据集和真实数据集上的实验结果表明该方法是有效的。

7.2　基于张量分解的混合多类型社团发现框架

7.2.1　基于 CP 分解的社团发现模型描述

给定异构信息网络 $G=(V,E)$ 及其张量模型 $\mathcal{X}$，$\mathcal{X}$ 的每一阶都表示网络 G 中的一种对象类型，任意元素 $x_{i_1 i_2 \cdots i_N} \in \{0,1\}$ 表示对应的基因网络 $\phi_{i_1,i_2,\cdots,i_N}$ 是否存在，其中，$i_n=1,2,\cdots,I_n, n=1,2,\cdots,N$，是类型 $V^{(n)}$ 中对象的索引，$I_n=|V^{(n)}|$ 表示类型 $V^{(n)}$ 中对象的数量。

随时间动态变化的异构信息网络可以视为一个由一系列网络快照组成的网络序列（network sequence）。具有时间戳 t 的异构信息网络记为 $G^{(t)}=(V^{(t)},E^{(t)})$，从而网络序列记为 $\mathcal{GS}=(G^{(1)},G^{(2)},\cdots,G^{(t)},\cdots)$。因此，网络序列表示为张量形式

$\mathcal{X}^{(1)},\mathcal{X}^{(2)},\cdots,\mathcal{X}^{(t)},\cdots$。张量 $\mathcal{X}^{(t)}\in\{0,1\}^{I_1\times I_1\times\cdots\times I_N}$ 相当于给定异构信息网络在时间戳 t 时的超邻接张量，其表明了在时间戳 t 时异构信息网络中的基因网络的分布情况。异构信息网络中的社团称为混合多类型社团（multi-typed community）。与同构信息网络中社团不同的是，混合多类型社团是一个关于基因网络的集合，同时也是给定异构信息网络的一个子网络，其包含了所有相互关联的对象类型和链接类型。也就是说，混合多类型社团中包含了多种类型的相互关联的对象和链接，如图 7.1 所示。在这种网络序列中发现混合多类型社团的问题可以分解为两个子问题：①在每一个网络快照中检测混合多类型社团；②对混合多类型社团随时间的演化进行建模。

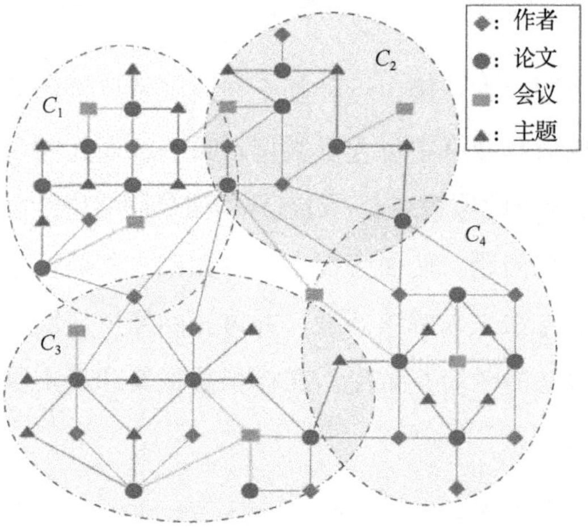

图 7.1　DBLP 网络中的混合多类型社团

7.2.1.1　每一个网络快照中的混合多类型社团发现

为了不失一般性，以第 t 个网络快照 $G^{(t)}$ 为例。令 $\{\mathcal{C}_k^{(t)}\}_{k=1}^K$ 表示网络快照 $G^{(t)}$ 中的 K 个隐藏的混合多类型社团，$u_{i_n,k}^{(n,t)}$ 表示在时间戳为 t 时，类型为 $V^{(n)}$ 的第 i_n 个对象属于第 k 个混合多类型社团的概率。记

$$\boldsymbol{u}_k^{(n,t)}=[u_{1,k}^{(n,t)},u_{2,k}^{(n,t)},\cdots,u_{I_n,k}^{(n,t)}]^\top\in\mathbb{R}^{I_n} \tag{7.1}$$

基于第 4 章的研究可知，一个混合多类型社团可以表示为

$$\mathcal{C}_k^{(t)}=\boldsymbol{u}_k^{(1,t)}\circ\boldsymbol{u}_k^{(2,t)}\circ\cdots\circ\boldsymbol{u}_k^{(N,t)} \tag{7.2}$$

其中，“∘”表示两个向量的外积。实际上，混合多类型社团 $\mathcal{C}_k^{(t)}$ 就是一个与张量 $\mathcal{X}^{(t)}$ 具有相同规模的秩一张量。公式（7.2）表明了属于第 k 个社团的基因网络和相关对象的概率。因此，可以利用表示混合多类型社团的 K 个秩一张量的和来逼近 $\mathcal{X}^{(t)}$，即

$$\mathcal{X}^{(t)} \approx \sum_{k=1}^{K} \mathcal{C}_k^{(t)} = \sum_{k=1}^{K} \boldsymbol{u}_k^{(1,t)} \circ \boldsymbol{u}_k^{(2,t)} \circ \cdots \circ \boldsymbol{u}_k^{(N,t)} \tag{7.3}$$

很显然，公式（7.3）就是张量 $\mathcal{X}^{(t)}$ 的 CP 分解。令特征矩阵 $\boldsymbol{U}^{(n,t)} = [\boldsymbol{u}_1^{(n,t)}, \boldsymbol{u}_2^{(n,t)}, \cdots, \boldsymbol{u}_K^{(n,t)}] \in \mathbb{R}^{I_n \times K}$ 为在时间戳 t 时，第 n 种类型对象的社团隶属矩阵，其中 $n = 1, 2, \cdots, N$。记

$$[[\boldsymbol{U}^{(1,t)}, \boldsymbol{U}^{(2,t)}, \cdots, \boldsymbol{U}^{(N,t)}]] \equiv \sum_{k=1}^{K} \boldsymbol{u}_k^{(1,t)} \circ \boldsymbol{u}_k^{(2,t)} \circ \cdots \circ \boldsymbol{u}_k^{(N,t)} \tag{7.4}$$

通过最小化 $\mathcal{X}^{(t)}$ 与其 CP 分解之间的差的范数，可以将每一个网络快照中的混合多类型社团发现都形式化为一个张量 CP 分解的优化问题：

$$\min \frac{1}{2} \| \mathcal{X}^{(t)} - [\![\boldsymbol{U}^{(1,t)}, \boldsymbol{U}^{(2,t)}, \cdots, \boldsymbol{U}^{(N,t)}]\!] \|_F^2$$

$$\text{s.t.} \begin{cases} \sum_{k=1}^{K} u_{i_n,k}^{(n,t)} = 1, \forall n, \forall i_n \\ u_{i_n,k}^{(n,t)} \in [0,1], \forall n, \forall i_n, \forall k \\ \sum_{i_n=1}^{I_n} u_{i_n,k}^{(n,t)} > 0, \forall n, \forall k \end{cases} \tag{7.5}$$

其中，$i_n = 1, 2, \cdots, I_n, n = 1, 2, \cdots, N, k = 1, 2, \cdots, K$。公式（7.5）中第一个和第二个约束条件保证了 $u_{i_n,k}^{(n,t)}$ 是一个概率；公式（7.5）中第三个约束条件限制了每一个混合多类型社团都包含了所有相关联的对象类型。

7.2.1.2　混合多类型社团随时间的演化

在公式（7.5）中只单独地考虑了在每一个时间戳上的混合多类型社团发现，却没有考虑这些混合多类型社团在相邻时间戳上的平滑演化问题。记公式（7.5）中的目标函数为 $f^{(t)}$，即

$$f^{(t)}=\frac{1}{2}\|\mathcal{X}^{(t)}-[\![\boldsymbol{U}^{(1,t)},\boldsymbol{U}^{(2,t)},\cdots,\boldsymbol{U}^{(N,t)}]\!]\|_F^2 \tag{7.6}$$

为了确保混合多类型社团的演化是平滑的，引入一个时变正则项

$$g^{(t)}=\frac{\lambda}{2}\sum_{n=1}^{N}\|\boldsymbol{U}^{(n,t)}-\boldsymbol{U}^{(n,t-1)}\|_F^2 \tag{7.7}$$

其中，$\lambda>0$ 是时变正则参数。实际上，$g^{(t)}$ 也是一阶马尔科夫假设，约束了当前时间戳上的混合多类型社团与前一时间戳上的混合多类型社团相似。

令目标函数

$$\mathcal{L}^{(t)}=f^{(t)}+g^{(t)}$$

$$=\frac{1}{2}\|\mathcal{X}^{(t)}-[\![\boldsymbol{U}^{(1,t)},\boldsymbol{U}^{(2,t)},\cdots,\boldsymbol{U}^{(N,t)}]\!]\|_F^2+\frac{\lambda}{2}\sum_{n=1}^{N}\|\boldsymbol{U}^{(n,t)}-\boldsymbol{U}^{(n,t-1)}\|_F^2 \tag{7.8}$$

从而，动态异构信息网络中的混合多类型社团发现问题可以形式化为

$$\min_{\boldsymbol{U}^{(1,t)},\boldsymbol{U}^{(2,t)},\cdots,\boldsymbol{U}^{(N,t)}}\mathcal{L}^{(t)}$$

$$\text{s.t.}\quad\begin{cases}\sum_{k=1}^{K}u_{i_n,k}^{(n,t)}=1,\forall n,\forall i_n\\ u_{i_n,k}^{(n,t)}\in[0,1],\forall n,\forall i_n,\forall k\\ \sum_{i_n=1}^{I_n}u_{i_n,k}^{(n,t)}>0,\forall n,\forall k\end{cases} \tag{7.9}$$

此处，$\{\boldsymbol{U}^{(n,t-1)}\}_{n=1}^{N}$ 在时间戳 t 时是常数，是前一个时间戳上该优化问题的解。当 $t=1$ 时，由于没有混合多类型社团的先验知识，可以设 $\boldsymbol{U}^{(n,t=0)}=0$，$n=1,2,\cdots,N$。因此 $g^{(t=1)}$ 变为

$$g^{(t=1)}=\frac{\lambda}{2}\sum_{n=1}^{N}\|\boldsymbol{U}^{(n,t)}\|_F^2 \tag{7.10}$$

值得注意的是，$g^{(t=1)}$ 也是 Tikhonov 正则项，其保证了特征矩阵的稀疏性，同时也使得上述优化问题的最优解更容易求得。此外，当 $t=1$ 时，问题公式（7.9）退化为第 4 章中异构信息网络中带稀疏性约束的聚类形式。也即是说，第 4 章中

的聚类框架是动态异构信息网络社团发现在静态网络中的特殊情况。

7.2.2 二阶随机张量梯度下降算法

7.2.2.1 SOSComm 算法

第 4 章的讨论已经充分说明了随机张量梯度下降算法是优化张量分解的一个有效工具。然而，一阶随机张量梯度下降算法在最优点附近的收敛速度非常慢。前面已经证明二阶随机张量梯度下降算法不仅有较快的收敛速度，并且对学习参数也有很好的鲁棒性。第 4 章中的 SOSClus 算法就是一个二阶随机张量梯度下降算法，该算法系统地研究了问题公式（7.9）中关于 $t=1$ 的情况，也就是静态异构信息网络的情况。本章在 SOSClus 的基础上提出一种在线二阶随机张量梯度下降算法（Second Order Stochastic Tensor Gradient for Multi-typed Community Discovery，SOSComm）来求解动态异构信息网络的情况。

当 $t>1$ 时，当前异构信息网络的快照 $\mathcal{X}^{(t)}$ 和前一时间戳上的社团隶属矩阵 $\{\boldsymbol{U}^{(n,t-1)}\}_{n=1}^{N}$ 是已知的。为了计算当前时间戳上的特征矩阵 $\boldsymbol{U}^{(n,t)}$，可以将问题公式（7.9）中的张量 $\mathcal{X}^{(t)}$ 沿着第 n 阶矩阵化，从而得到

$$\mathcal{L}_{(n)}^{(t)} = f_{(n)}^{(t)} + g_{(n)}^{(t)} \tag{7.11}$$

由公式（7.6）、公式（7.7）可知

$$f_{(n)}^{(t)} = \frac{1}{2} \| \mathcal{X}_{(n)}^{(t)} - \boldsymbol{U}^{(n,t)} (\odot^{(/n)} \boldsymbol{U})^{\top} \|_F^2 \tag{7.12}$$

$$g_{(n)}^{(t)} = g^{(t)} \tag{7.13}$$

其中，$\mathcal{X}_{(n)}^{(t)} \in \mathbb{R}^{I_n \times \prod_{m=1, m\neq n}^{N} I_m}$ 是张量 $\mathcal{X}^{(t)}$ 沿着第 n 阶的矩阵化。与第 4 章保持一致，除了 $\boldsymbol{U}^{(n,t)}$ 的一系列特征矩阵的 Khatri-Rao 乘积记为

$$\odot^{(/n)} \boldsymbol{U} = \boldsymbol{U}^{(N,t)} \odot \cdots \odot \boldsymbol{U}^{(n+1,t)} \odot \boldsymbol{U}^{(n-1,t)} \odot \cdots \odot \boldsymbol{U}^{(1,t)} \tag{7.14}$$

从而有

$$\frac{\partial \mathcal{L}_{(n)}^{(t)}}{\partial \boldsymbol{U}^{(n,t)}}=\frac{\partial f_{(n)}}{\partial \boldsymbol{U}^{(n)}}+\frac{\partial g_{(n)}^{(t)}}{\partial \boldsymbol{U}^{(n,t)}} \tag{7.15}$$

其中，张量梯度$\frac{\partial f_{(n)}}{\partial \boldsymbol{U}^{(n)}}$的计算公式已经由第 6 章中的公式（6.10）求得了，这里直接给出结果：

$$\frac{\partial f_{(n)}^{(t)}}{\partial \boldsymbol{U}^{(n,t)}}=-\mathcal{X}_{(n)}^{(t)}(\odot^{(/n)}\boldsymbol{U})+\boldsymbol{U}^{(n,t)}\boldsymbol{\Gamma}^{(n,t)} \tag{7.16}$$

其中

$$\begin{aligned}\boldsymbol{\Gamma}^{(n,t)}&=(\odot^{(/n)}\boldsymbol{U})^{\top}(\odot^{(/n)}\boldsymbol{U})\\&=((\boldsymbol{U}^{(1,t)})^{\top}\boldsymbol{U}^{(1,t)})*\cdots*((\boldsymbol{U}^{(n-1,t)})^{\top}\boldsymbol{U}^{(n-1,t)})*((\boldsymbol{U}^{(n+1,t)})^{\top}\boldsymbol{U}^{(n+1)})*\cdots*((\boldsymbol{U}^{(N,t)})^{\top}\boldsymbol{U}^{(N,t)})\end{aligned} \tag{7.17}$$

时变正则函数$g_{(n)}^{(t)}$关于$\boldsymbol{U}^{(n,t)}$的偏导数为

$$\begin{aligned}\frac{\partial g_{(n)}^{(t)}}{\partial \boldsymbol{U}^{(n,t)}}&=\frac{\lambda\partial\|\boldsymbol{U}^{(n,t)}-\boldsymbol{U}^{(n,t-1)}\|_F^2}{2\partial \boldsymbol{U}^{(n,t)}}\\&=\frac{\lambda\partial\mathrm{Tr}((\boldsymbol{U}^{(n,t)}-\boldsymbol{U}^{(n,t-1)})(\boldsymbol{U}^{(n,t)}-\boldsymbol{U}^{(n,t-1)})^{\top})}{2\partial \boldsymbol{U}^{(n,t)}}\\&=\frac{\lambda\partial\mathrm{Tr}(\boldsymbol{U}^{(n,t)}(\boldsymbol{U}^{(n,t)})^{\top})}{2\partial \boldsymbol{U}^{(n,t)}}-\frac{\lambda\partial\mathrm{Tr}(\boldsymbol{U}^{(n,t)}(\boldsymbol{U}^{(n,t-1)})^{\top})}{\partial \boldsymbol{U}^{(n,t)}}+\frac{\lambda\partial\mathrm{Tr}(\boldsymbol{U}^{(n,t-1)}(\boldsymbol{U}^{(n,t-1)})^{\top})}{2\partial \boldsymbol{U}^{(n,t)}}\\&=\lambda(\boldsymbol{U}^{(n,t)}-\boldsymbol{U}^{(n,t-1)})\end{aligned} \tag{7.18}$$

因此，目标函数$\mathcal{L}_{(n)}^{(t)}$关于$\boldsymbol{U}^{(n,t)}$的偏导数为

$$\frac{\partial \mathcal{L}_{(n)}^{(t)}}{\partial \boldsymbol{U}^{(n,t)}}=-\mathcal{X}_{(n)}^{(t)}(\odot^{(/n)}\boldsymbol{U})+\boldsymbol{U}^{(n,t)}(\boldsymbol{\Gamma}^{(n,t)}+\lambda\boldsymbol{I})-\lambda\boldsymbol{U}^{(n,t-1)} \tag{7.19}$$

其中$\boldsymbol{I}$是单位矩阵。因此，目标函数$\mathcal{L}_{(n)}^{(t)}$关于$\boldsymbol{U}^{(n,t)}$的二阶导数为

$$\frac{\partial^2 \mathcal{L}_{(n)}^{(t)}}{\partial^2 \boldsymbol{U}^{(n,t)}}=\boldsymbol{\Gamma}^{(n,t)}+\lambda\boldsymbol{I} \tag{7.20}$$

根据二阶随机张量梯度下降算法的更新规则，有

$$\boldsymbol{U}^{(n,t)} \leftarrow \boldsymbol{U}^{(n,t)} - \eta \left(\frac{\partial^2 \mathcal{L}_{(n)}^{(t)}}{\partial^2 \boldsymbol{U}^{(n,t)}} \right)^{-1} \frac{\partial \mathcal{L}_{(n)}^{(t)}}{\partial \boldsymbol{U}^{(n,t)}}$$

$$= \eta(\mathcal{X}_{(n)}^{(t)}(\odot^{(/n)}\boldsymbol{U}) + \lambda \boldsymbol{U}^{(n,t-1)})(\boldsymbol{\Gamma}^{(n,t)} + \lambda \boldsymbol{I})^{-1} + (1-\eta)\boldsymbol{U}^{(n,t)} \tag{7.21}$$

其中，η 称为学习参数或步长，为正数。

当 $t=1$ 时，公式（7.21）与 SOSClus 中特征矩阵的更新规则公式（6.17）相同。也就是说，SOSComm 是 SOSClus 在动态异构信息网络中的扩展。为了满足公式（7.9）中的所有约束条件，由公式（7.21）得到的特征矩阵的每一行还需要正规化处理：

$$u_{i_n,k}^{(n,t)} \leftarrow \frac{u_{i_n,k}^{(n,t)}}{\sum_{k=1}^{K} u_{i_n,k}^{(n,t)}} \tag{7.22}$$

对于当前网络 $G^{(t)}$，根据张量 $\mathcal{X}^{(t)}$ 和前一时间戳的社团隶属矩阵 $\{\boldsymbol{U}^{(n,t-1)}\}_{n=1}^{N}$，在保持其他变量不变的情况下，可以由公式（7.21）和公式（7.22）进行迭代更新，得到社团隶属矩阵 $\{\boldsymbol{U}^{(n,t)}\}_{n=1}^{N}$。由于 $\{\boldsymbol{U}^{(n,t)}\}_{n=1}^{N}$ 只是近似值，在某些情况下，我们还需要从中提取出离散的社团隶属关系。为此，可以将 K-means 算法应用到各个特征矩阵上。当然，一种更简单的方法是直接将每个对象都划分到特征矩阵中其对应行上最大元素所在的社团中去。然后，混合多类型社团可以由公式（7.2）得到。SOSComm 的伪代码如算法 7.1 所示。

算法 7.1　SOSComm 算法。

输入：当前网络的张量模型 $\mathcal{X}^{(t)}$、混合多类型社团的数量 K、时变正则化参数 λ、前一时间戳的社团隶属矩阵 $\{\boldsymbol{U}^{(n,t-1)}\}_{n=1}^{N}$、最大迭代次数 MaxIter。

输出：当前网络的社团隶属矩阵 $\{\boldsymbol{U}^{(n,t)}\}_{n=1}^{N}$ 和混合多类型社团 $\{\mathcal{C}_k^{(t)}\}_{k=1}^{K}$。

1. Set $\{\boldsymbol{U}^{(n,t)}\}_{n=1}^{N} \leftarrow \{\boldsymbol{U}^{(n,t-1)}\}_{n=1}^{N}$;
2. Set iter $\leftarrow 1$;
3. **repeat**
4. **for** $n \leftarrow 1$ **to** N **do**
5. Set $\eta \leftarrow \dfrac{1}{\text{iter}+1}$;

6．由公式（7.21）更新 $\boldsymbol{U}^{(n,t)}$；
7．**end for**
8．Set $\text{iter} \leftarrow \text{iter}+1$；
9．**until** $\mathcal{L}^{(t)}$ 不变，或者 iter = MaxIter
10．根据公式（7.22）对 $\boldsymbol{U}^{(n,t)}$ 正规化处理；
11．从 $\{\boldsymbol{U}^{(n,t)}\}_{n=1}^{N}$ 中提取离散的社团隶属矩阵（可选）；
12．根据公式（7.2）提取混合多类型社团 $\{\mathcal{C}_k^{(t)}\}_{k=1}^{K}$

7.2.2.2　混合多类型社团数量的自适应学习

给定一个异构信息网络，自动发现网络在每一个时间戳上的混合多类型社团数量是一个充满挑战的问题。然而，目前的大部分方法都假设社团的数量事先已经由用户给定，并将如何自动确定社团的数量留作下一步的研究方向。实际上，在绝大部分应用场景中，事先确定社团的数量对用户来说都是非常困难甚至是不切实际的。

基于张量分解的混合多类型社团发现模型中，随着 K 的增大，可以发现网络中越来越多更细粒度的社团。但是随着 K 的增大，混合多类型社团发现模型也将从欠拟合状态慢慢过渡到过拟合状态，即在模型的实际应用中面临着如何权衡混合多类型社团发现粒度和拟合程度之间关系的问题。基于核一致“Core Consistency”检验方法对三阶张量的秩定界的方法可以为网络中混合多类型社团数量 K 的确定提供借鉴意义。根据公式（7.3）可知，关于异构信息网络中的混合多类型社团的数量 K 的选择，最合适的就是使得张量 CP 分解成立时的张量的秩。核一致检验实际上是一种交叉验证的方法，认为利用一个张量的 CP 分解结果反过来计算 TUCKER 分解的核张量得到的结果应该是一个近似的超对角张量。这里将核一致检验方法推广到高阶空间中，利用核一致检验的思想来对动态异构信息网络中的社团数量进行自动学习与确定。

首先，在线社团发现模型为了保证算法运算的实时性，并不需要找到每个时间窗口中 K 的最优值，只需要找到一个满意解即可。公式（7.3）中的张量 CP 分解可以写成张量中元素的表示形式

$$x_{i_1,i_2,\cdots,i_N}=\sum_{k_1=1}^{K}\sum_{k_2=1}^{K}\cdots\sum_{k_N=1}^{K}g'_{k_1,k_2,\cdots,k_N}u_{i_1k_1}^{(1)}\cdot u_{i_2k_2}^{(2)}\cdot\cdots\cdot u_{i_Nk_N}^{(N)} \tag{7.23}$$

其中，$g'_{k_1,k_2,\cdots,k_N}$ 是一个单位超对角张量$\mathcal{G}'$中的元素。而张量的 CP 分解本质上是 TUCKER 分解的一种特殊形式，即

$$x_{i_1,i_2,\cdots,i_N}=\sum_{k_1=1}^{K_1}\sum_{k_2=1}^{K_2}\cdots\sum_{k_N=1}^{K_N}g_{k_1,k_2,\cdots,k_N}u_{i_1k_1}^{(1)}\cdot u_{i_2k_2}^{(2)}\cdot\cdots\cdot u_{i_Nk_N}^{(N)} \tag{7.24}$$

其中，$g_{k_1,k_2,\cdots,k_N}$ 为核张量$\mathcal{G}$中的元素，描述张量$\mathcal{X}$各个阶上对应的特征矩阵之间的相关性。

对于张量$\mathcal{X}$而言，如果一个完美拟合的 CP 分解模型获得的特征矩阵为 $\boldsymbol{U}^{(1)},\boldsymbol{U}^{(2)},\cdots,\boldsymbol{U}^{(N)}$，且这些特征矩阵都是列满秩的，那么固定这些特征矩阵并求解公式（7.24）中张量$\mathcal{X}$对应的 TUCKER 分解模型，可得对应的核张量$\mathcal{G}$。理论上这种方法求得的 TUCKER 分解的核张量$\mathcal{G}$应该是一个单位超对角张量，即 $\mathcal{G}=\mathcal{G}'$。这就为确定 CP 分解中的K提供了一个可行的思路：

（1）固定K，求得张量 CP 分解的特征矩阵$\boldsymbol{U}^{(1)},\boldsymbol{U}^{(2)},\cdots,\boldsymbol{U}^{(N)}$。

（2）令公式（7.24）中的$K_1,K_2,\cdots,K_N=K$，固定 TUCKER 分解中的特征矩阵为张量 CP 分解的结果$\boldsymbol{U}^{(1)},\boldsymbol{U}^{(2)},\cdots,\boldsymbol{U}^{(N)}$不变，计算公式（7.24）中的核张量$\mathcal{G}$。核张量$\mathcal{G}$的计算方法已经在第 3 章中进行了详细的讨论，这里直接引用：

$$\mathcal{G}=[\![\mathcal{X};(\boldsymbol{U}^{(1)})^{\dagger},(\boldsymbol{U}^{(2)})^{\dagger},\cdots,(\boldsymbol{U}^{(N)})^{\dagger}]\!] \tag{7.25}$$

其中

$$(\boldsymbol{U}^{(n)})^{\dagger}=((\boldsymbol{U}^{(n)})^{\top}\boldsymbol{U}^{(n)})^{-1}(\boldsymbol{U}^{(n)})^{\top} \tag{7.26}$$

（3）计算核一致性：

$$\mathrm{CC}(K)=1-\frac{\sum_{k_1=1}^{K}\sum_{k_2=1}^{K}\cdots\sum_{k_N=1}^{K}(g_{k_1,k_2,\cdots,k_N}-g'_{k_1,k_2,\cdots,k_N})^2}{\sum_{k_1=1}^{K}\sum_{k_2=1}^{K}\cdots\sum_{k_N=1}^{K}(g'_{k_1,k_2,\cdots,k_N})^2} \tag{7.27}$$

其中，对于单位超对角张量$\mathcal{G}'$，公式（7.27）中的分母

$$\sum_{k_1=1}^{K}\sum_{k_2=1}^{K}\cdots\sum_{k_N=1}^{K}(g'_{k_1,k_2,\cdots,k_N})^2=K$$

通常情况下，$\mathrm{CC}(K)$ 的曲线是随着 K 的增加而减小的，并且$\mathrm{CC}(K)\leqslant 1$。当$K=1$时，即将整个异构信息网络视为一个混合多类型社团，此时张量的 TUCKER 分解与 CP 分解完全相同，有$\mathrm{CC}(K)=1$；而当K足够大时，CP 分解出现严重的过拟合，$\mathrm{CC}(K)$ 的值是可以为负数的。一般情况下，认为$0.6<\mathrm{CC}(K)<0.8$时，混合多类型社团数量K的选择是满意的。所以，以前一时间戳上网络中的社团数量K'为初始条件，根据核一致检验方法来求解当前时间戳网络上的混合多类型社团数量 K 是可行的。算法 7.2 给出了利用核一致检验方法自动确定动态异构信息网络中混合多类型社团数量的伪代码。

算法 7.2　异构信息网络中混合多类型社团数量K的自动确定。

输入：当前网络的张量模型$\mathcal{X}^{(t)}$、前一时间戳上网络中混合多类型社团的数量K'。

输出：当前网络中混合多类型社团的数量K。

1．Set $K\leftarrow K'$；
2．**repeat**
3．使用 SOSComm 算法计算张量$\mathcal{X}^{(t)}$的特征矩阵$\{\boldsymbol{U}^{(n,t)}\}_{n=1}^{N}$；
4．根据公式（7.25）和公式（7.26）计算$\mathcal{X}^{(t)}$对应的 TUCKER 分解的核张量$\mathcal{G}$；
5．根据公式（7.27）计算$\mathrm{CC}(K)$；
6．**if** $\mathrm{CC}(K)\leqslant 0.6$ **then**
7．Set $K\leftarrow K-1$；
8．**end if**
9．**if** $\mathrm{CC}(K)\geqslant 0.8$ **then**
10．Set $K\leftarrow K+1$；
11．**end if**
12．**until** $0.6<\mathrm{CC}(K)<0.8$

7.3 基于 CP 分解的混合多类型社团发现模型分析

7.3.1 动态异构信息网络中新旧对象的更替

在现实情况中，动态异构信息网络中的对象都有其生命周期。随着生命周期的开始和终结，网络中会有新的对象诞生，同时旧的对象会消逝。前面设计的混合多类型社团发现框架中并没有考虑对象的各种生命周期，而是假设网络中的所有对象保持不变，并且一直处于活跃状态。本节讨论更加真实的情况，即动态异构信息网络中随着时间的变化，会有新的对象诞生，同时会有旧的对象消逝。

注意到，张量 $\mathcal{X}^{(t)}$ 是在时间戳 t 时异构信息网络中基因网络的分布，张量的元素表示的是对应的基因网络是否存在。如果一个新对象 $v_{I_n+1}^{(n)}$ 的生命周期在 t 时刻开启，它就会加入到网络中并开始活跃。由于新对象 $v_{I_n+1}^{(n)}$ 的加入，矩阵 $\boldsymbol{U}^{(n,t)}$ 的规模变成 $(I_n+1)\times K$。并且求解 $\boldsymbol{U}^{(n,t)}$ 时，只有前一时刻的特征矩阵 $\boldsymbol{U}^{(n,t-1)}$ 被用来平滑社团的演化，所以，在更新 $\boldsymbol{U}^{(n,t)}$ 时，只需要在 $\boldsymbol{U}^{(n,t-1)}$ 对应的位置插入一个全零行即可。

如果一个特定对象 $v_{i_n}^{(n)}$ 的生命周期在 t 时刻终止了，那么它将不会再出现在网络中的任何基因网络中，即 $x_{:,\cdots,i_n,\cdots,:}=0$。也就是说，在张量空间中垂直于第 n 阶，并且经过第 n 阶中的点 i_n 的超平面上的任意元素都为 0。因此，令 $\boldsymbol{U}^{(n,t)}$ 中的第 i_n 行的所有元素都等于 0，即 $u_{i_n,k}^{(n,t)}=0,k=1,2,\cdots,K$。然而，这么做会使得特征矩阵 $\boldsymbol{U}^{(n,t)}$ 不满足公式（7.9）中的第一个约束条件。由公式（7.2）可知消逝的对象将不会再出现在任意混合多类型社团中，可以将公式（7.9）的第一个约束条件放宽为

$$\sum_{k=1}^{K}u_{i_n,k}^{(n,t)}\leqslant 1,\forall n,\forall i_n \tag{7.28}$$

这么做并不会影响从 $\{\boldsymbol{U}^{(n,t)}\}_{n=1}^{N}$ 提取离散社团隶属矩阵和混合多类型社团 $\{C_k^{(t)}\}_{k=1}^{K}$ 的性能。

最后，新旧对象的更替使得异构信息网络中产生新的基因网络，必然会导致网络中混合多类型社团数量出现变化，如社团的合并与分裂。这种情况下会导致

相邻两个时间戳上对应的特征矩阵的列数不相同，造成模型中的时变正则项公式（7.7）无法计算。根据时变平滑性假设可知，在相邻时间戳上的混合多类型社团变化波动不会很大，所以当混合多类型社团出现分裂时，即当前时间戳上的混合多类型社团数量多于前一时间戳上的混合多类型社团数量时，只需要在前一时间戳上的每一个特征矩阵 $\{\boldsymbol{U}^{(n,t-1)}\}_{n=1}^{N}$ 的最后插入一个全零列，以保证时变正则项公式（7.7）的计算有意义即可。当网络中混合多类型社团出现合并的情况时，即当前时间戳上的混合多类型社团数量少于前一时间戳上的混合多类型社团数量时，只需要在计算时变正则项公式（7.7）当前时间戳上的每一个特征矩阵 $\{\boldsymbol{U}^{(n,t)}\}_{n=1}^{N}$ 的最后插入一个全零列，而在算法的最后迭代过程中仍保持 $\{\boldsymbol{U}^{(n,t)}\}_{n=1}^{N}$ 不变。

7.3.2 SOSComm 算法的在线部署

动态异构信息网络序列中的网络快照是以流的形式到来的，这就使得将整个网络序列都保存在内存中是不切实际的。幸运的是，本章的社团发现框架只需要用到当前网络和前一时间戳的社团隶属矩阵来更新模型，这就使得 SOSComm 便于在线部署。然而，还有 3 个需要考虑的细节。

第一，为了加快算法的收敛速度，在更新当前特征矩阵时，将前一时间戳的社团隶属矩阵作为当前时间戳上算法的初始化输入是一个理想的选择。由于社团演化在时间上是平滑的，那么前一时间戳上的特征矩阵与当前时间戳上算法的最优解应该是比较靠近的。以前一时间戳上的特征矩阵为当前时间戳上算法的初始化输入，可以大大降低算法的迭代次数。也就是说，在算法开始时可以设

$$\{\boldsymbol{U}^{(n,t)}\}_{n=1}^{N} \leftarrow \{\boldsymbol{U}^{(n,t-1)}\}_{n=1}^{N} \tag{7.29}$$

详见算法 7.1 的第一行。

第二，二阶随机张量梯度下降算法的收敛速度很快，这在第 7.4 节实验部分会有验证。由于 SOSComm 得到的特征矩阵只是社团隶属矩阵的一个近似，所以在有一个理想初始化输入的前提下，可以将算法中的最大迭代次数设置为一个很小的正整数。

第三，异构信息网络的稀疏性可以用来加速计算。根据公式（7.21）可知，更

新 $\boldsymbol{U}^{(n,t)}$ 时主要的计算消耗在计算一系列矩阵的 Khatri-Rao 乘积，即 $(\odot^{(/n)}\boldsymbol{U})$。如果将 $\mathcal{X}^{(t)}$ 的所有元素都保存在内存中，并逐个计算 $N-1$ 个特征矩阵的 Khatri-Rao 乘积，那么中间结果的最大规模将会达到 $K\times\prod_{n=1}^{N}I_n$，这将会消耗巨大的计算资源。实际上，异构信息网络一般都是非常稀疏的，也就是说张量 $\mathcal{X}^{(t)}$ 中的大部分元素都是 0。将 $\mathcal{X}_{(n)}^{(t)}(\odot^{(/n)}\boldsymbol{U})\in\mathbb{R}^{I_n\times K}$ 作为一个整体考虑，$\mathcal{X}_{(n)}^{(t)}(\odot^{(/n)}\boldsymbol{U})$ 的元素可以这样计算：

$$(\mathcal{X}_{(n)}^{(t)}(\odot^{(/n)}\boldsymbol{U}))_{i_n,k}=\sum_{\{i_l\}_{l=1,l\neq n}^{N}}\left(x^{(t)}_{i_n,\prod_{l=1,l\neq n}^{N}i_l}\prod_{l=1,l\neq n}^{N}u_{i_l,k}^{(l,t)}\right) \tag{7.30}$$

显然，当 $x^{(t)}_{i_n,\prod_{l=1,l\neq n}^{N}i_l}=0$ 时，可以直接忽略接下来的一系列 Khatri-Rao 乘积。因此，考虑到稀疏性，只有 $\mathcal{X}$ 中的非零元需要存储并参加计算。

7.3.3 SOSComm 算法的时间复杂度分析

根据混合多类型社团的时间平滑性假设可知，动态异构信息网络中的混合多类型社团在相邻时间戳上的变化是平滑的、轻微的，所以算法在每个时间戳上自动确定混合多类型社团的数量所需的迭代次数非常少。从而，算法的主要时间消耗在特征矩阵的计算上。与 SOSClus 类似，每次迭代更新特征矩阵的主要时间消耗由三部分组成：$\mathcal{X}_{(n)}^{(t)}(\odot^{(/n)}\boldsymbol{U})$、$(\varGamma^{(n,t)}+\lambda\boldsymbol{I})^{-1}$ 及它们的乘积计算。首先，计算 $\mathcal{X}_{(n)}^{(t)}(\odot^{(/n)}\boldsymbol{U})$ 时，只需要关注 $\mathcal{X}$ 中的非零元。所以时间复杂度为 $O(I_nJK)$，其中 $J=\mathrm{nnz}(\mathcal{X})$ 是 $\mathcal{X}$ 中的非零元个数，也是网络中的基因网络的数量。其次，由公式（7.17）知，可以利用一系列的矩阵的乘积和 Hadamard 乘积来代替大量的 Khatri-Rao 乘积，而计算 $\varGamma^{(n,t)}$ 需要消耗 $O((I-I_n)K^2)$，其中 $I=\sum_n I_n$，是网络中对象的总数，所以计算 $(\varGamma^{(n,t)}+\lambda\boldsymbol{I})$ 的逆矩阵的时间复杂度为 $O(((I-I_n)K^2)+K^3)$。最后，$\mathcal{X}_{(n)}^{(t)}(\odot^{(/n)}\boldsymbol{U})+\lambda\boldsymbol{U}^{(n,t-1)}$ 和 $(\varGamma^{(n,t)}+\lambda\boldsymbol{I})^{-1}$ 的乘积是简单的矩阵乘积，其中 $\mathcal{X}_{(n)}^{(t)}(\odot^{(/n)}\boldsymbol{U})+\lambda\boldsymbol{U}^{(n,t-1)}\in\mathbb{R}^{I_n\times K}$、$(\varGamma^{(n,t)}+\lambda\boldsymbol{I})^{-1}\in\mathbb{R}^{K\times K}$，所以其时间复杂度为 $O(I_nK^2)$。

总之，SOSComm 的每次迭代的时间复杂度为$O(IJK+NIK^2+NK^3)$，其中J是基因网络的总数，I是网络中对象的总数，N是对象的类型数，而K是混合多类型社团的数量。由于$K \ll I$且$N \ll I$，所以可以认为 SOSComm 的时间复杂度与网络中的对象总数和基因网络总数的乘积近似为线性关系。

7.4 实验与结果分析

7.4.1 实验设置

本节中，SOSComm 将分别在模拟数据集和真实数据集上进行测试。实验证明了 SOSComm 在一般网络模式的动态异构信息网络中发现混合多类型社团的有效性，并将 SOSComm 的性能与其他一些先进算法进行了比较。实验平台是 MATLAB R2015a（version 8.5.0, 64 位），实验中用到了 MATLAB Tensor Toolbox（Version 2.6）。

7.4.2 模拟数据集上的实验

7.4.2.1 模拟数据集描述

一般来说，真实的异构信息网络中都不包含社团隶属关系的基准信息，并且，网络的大规模和稀疏性也决定了在现实网络中人工标记对象的社团标签是不切实际的。因此，利用包含详细混合多类型社团结构的模拟数据来检测 SOSComm 的有效性是一个切实可行的办法。

本章构造了 4 个不同参数的模拟网络作为初始网络，即$t=1$时刻的网络快照。为了获得更加符合现实情况的模拟网络，假设网络中对象之间的交互符合 Zipf's 规则。在$t=1$时刻的模拟数据集见表 7.1。表 7.1 中，N是异构信息网络中对象的类型数，同时也是张量的阶数；K是簇数；S是网络规模，$S=I_1 \times I_2 \times \cdots \times I_N$，其中$I_n$表示网络中第$n$种类型对象的总数；$D$是张量的密度，即张量中非零元素所占的百分比，$D=\text{nnz}(\mathcal{X})/S$。

表 7.1　模拟数据集

模拟数据集	N	K	S	D
Syn1	2	2	$1M = 1\,000 \times 1\,000$	0.1%
Syn2	2	4	$10M = 1\,000 \times 10\,000$	0.01%
Syn3	4	2	$100M = 100 \times 100 \times 100 \times 100$	0.1%
Syn4	4	4	$1\,000M = 100 \times 100 \times 100 \times 1\,000$	0.01%

为了模拟混合多类型社团的平滑演化，每个模拟网络都演化为一个带有 10 个时间戳信息的网络序列。在每次演化过程中，每种类型对象中有部分（从 5%～10%中随机选择）对象会通过随机地与其他社团中对象进行交互的方式改变它们自己的社团隶属关系。为了更具完整性，在 Syn4 中网络的每次演化过程中，随机产生 10%～15%的新对象和消逝的旧对象（如 7.1 节所述）。随着新对象的加入并与其他对象产生交互，网络中会产生许多新的基因网络。同时，随着旧对象的消逝，它们将不会再出现在任意基因网络中。

7.4.2.2　对比方法与评价指标

在模拟数据集上的实验 SOSComm 的性能将与以下两个先进的基准方法对比：

（1）SOSClus：第 4 章提出的基于张量分解的稀疏性约束下的静态异构信息网络的离线聚类框架，其将网络序列中的每一个网络快照都独立处理，而不考虑时变特性。

（2）CEMNTR：一种带时变正则项的多模网络社团发现方法，记为 CEMNTR。CEMNTR 将多模网络划分为许多二元网络的集合，然后利用带时变正则项的块模型对每一个二元网络进行社团检测。

实验中所有的方法都设置相同的终止条件，即相邻两次迭代中对应的目标函数的改变小于 10^{-6} 或者最大迭代次数达到 $\text{MaxIter} = 1\,000$。在第 4 章中的实验已经证实了二阶随机张量梯度下降算法对学习参数有很好的鲁棒性，所以 SOSClus 和 SOSComm 的学习参数都设置为 $\eta = 1/(\text{iter}+1)$。由于 CEMNTR 需要将网络划分为二元网络的集合，所以在 CEMNTR 中将 Syn3 和 Syn4 划分为 3 个二元网络，并且为每两种类型的对象都构造邻接矩阵。

由于模拟网络中混合多类型社团结构的基准信息是已知的，从而标准互信息

（Normalized Mutual Information，NMI）可以作为性能评价指标。NMI 是用来度量混合多类型社团隶属关系与基准信息之间的相互依赖程度的，取值范围从 0 到 1。NMI 的值越大，其结果越好。

7.4.2.3　模拟数据集上的实验结果分析

由于模拟数据集中社团的数量都是已知的，所以在模拟数据集上的实验不考虑算法对混合多类型社团数量的自动确定，混合多类型社团数量作为已知条件直接输入。实验中分别从算法在模拟数据集上的 NMI 结果、收敛速度、及时变正则参数 λ 对算法的性能的影响三个方面对 SOSComm 算法的性能进行了评估和分析。

首先，我们对比了 SOSComm 和其他基准方法在 4 个模拟数据集上运行的 NMI 结果。实验中 SOSComm 和 CEMNTR 的时变正则参数设为 $\lambda = 1.0$。三种方法在 4 个模拟网络上运行的性能对比如图 7.2 所示。在图 7.2 中，每个子图显示了三种方法在对应模拟网络上每个时间戳的 NMI 的结果。NMI 曲线的趋势表明了算法跟踪社团演化的能力。

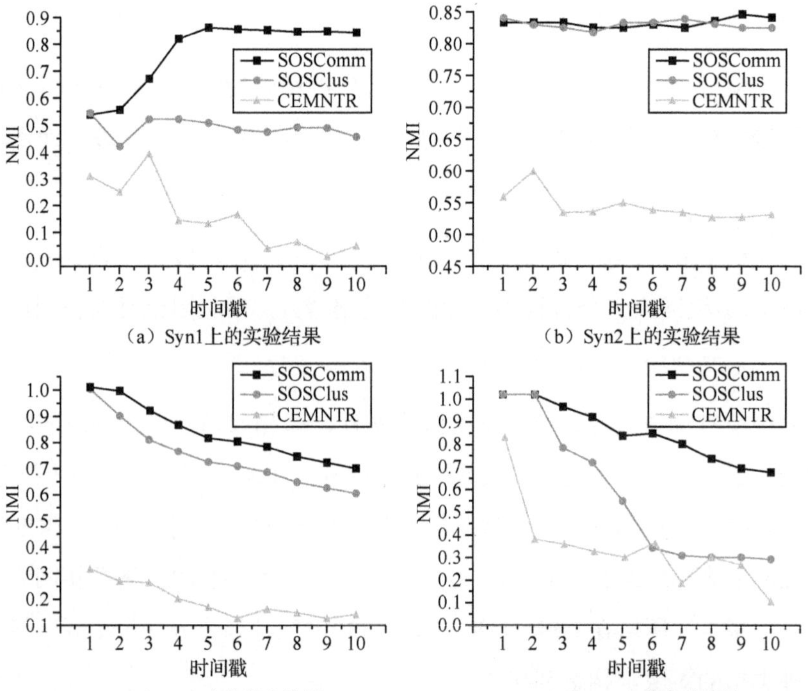

（a）Syn1上的实验结果　（b）Syn2上的实验结果

（c）Syn3上的实验结果　（d）Syn4上的实验结果

图 7.2　SOSComm、SOSClus 和 CEMNTR 在 4 个模拟网络上的性能比较

从图 7.2 的 4 个子图中可以看出，SOSComm 具有最高的 NMI 结果和最强的混合多类型社团演化跟踪能力。由于在初始时刻，没有社团关系的先验知识可用，SOSComm 和 SOSClus 在 4 个模拟网络上都具有相同的起点。然而，随着时间变化，SOSComm 能够紧密地追踪混合多类型社团的演化，而 SOSClus 在 4 个模拟网络上的 NMI 结果均有所下降，而 CEMNTR 在 4 个模拟网络上的 NMI 值都明显下降了。尤其是在 Syn4 上，随着在网络中加入了新旧对象的更替，SOSClus 与 CEMNTR 的性能均下降明显。特别地，如图 7.2（d）所示，在 Syn4 中的每一个时间戳上，随着新对象的诞生和旧对象的消逝，SOSClus 和 CEMNTR 的 NMI 值急剧下降，其中 SOSClus 的 NMI 从最初的 1.0 下降到 0.286 5，CEMNTR 的 NMI 值从 0.809 9 下降到 0.097 6。同时，SOSComm 的 NMI 值保持相对平稳，这说明 SOSComm 可以有效地处理动态异构信息网络中新旧对象更替的情况。

其次，算法的收敛速度对于算法是否适合在线部署而言是至关重要的，所以算法的收敛速度也是 SOSComm 中需要关注的一大焦点。图 7.3 列出了 SOSComm 在 Syn3 和 Syn4 上运行的收敛速度对比结果。令 $\lambda = 1.0$，在 Syn3 和 Syn4 上运行 SOSComm，分析所有网络快照上相邻迭代中目标函数 $\mathcal{L}^{(t)}$ 的变化情况，记为 $\text{error} = |\mathcal{L}^{(t)}_{\text{iter}+1} - \mathcal{L}^{(t)}_{\text{iter}}| / \mathcal{L}^{(t)}_{\text{iter}}$。当 error 保持稳定的时候，就可以认为算法收敛了。图 7.3 显示了 error 的结果，其中每个子图显示了 SOSComm 在 Syn3 和 Syn4 的网络中对应时间戳上的收敛速度。在图 7.3 中，SOSComm 在 Syn3 和 Syn4 的所有时间戳上都能快速收敛。在所有子图中，当迭代次数小于 10 次的时候，SOSComm 就已经收敛了。实验结果表明，SOSComm 具有理想的收敛速度，适合于在线部署运行。

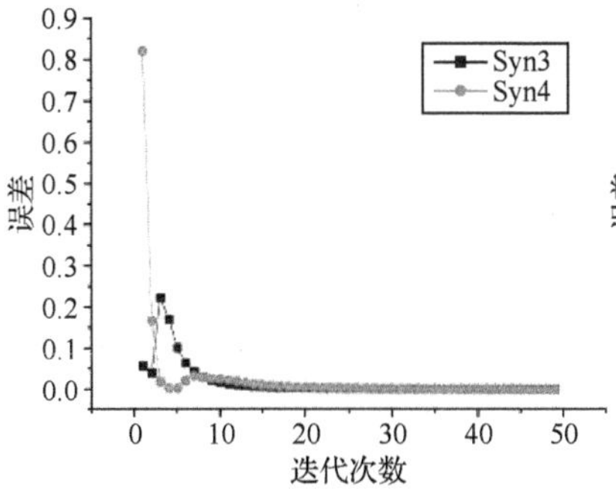

（a）t=1

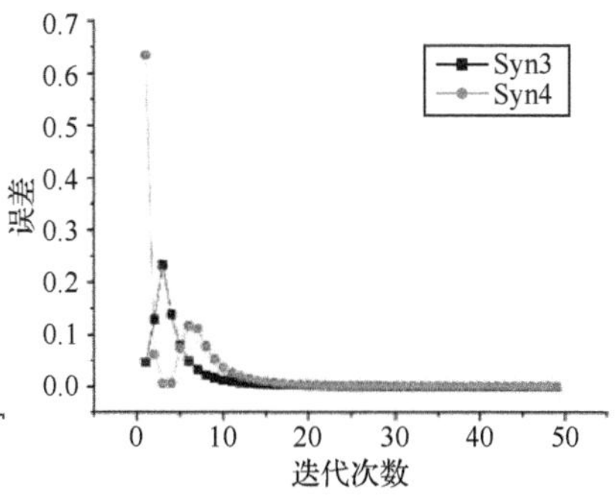

（b）t=2

图 7.3　SOSComm 在 Syn3 和 Syn4 的每个时间戳上运行时的收敛情况

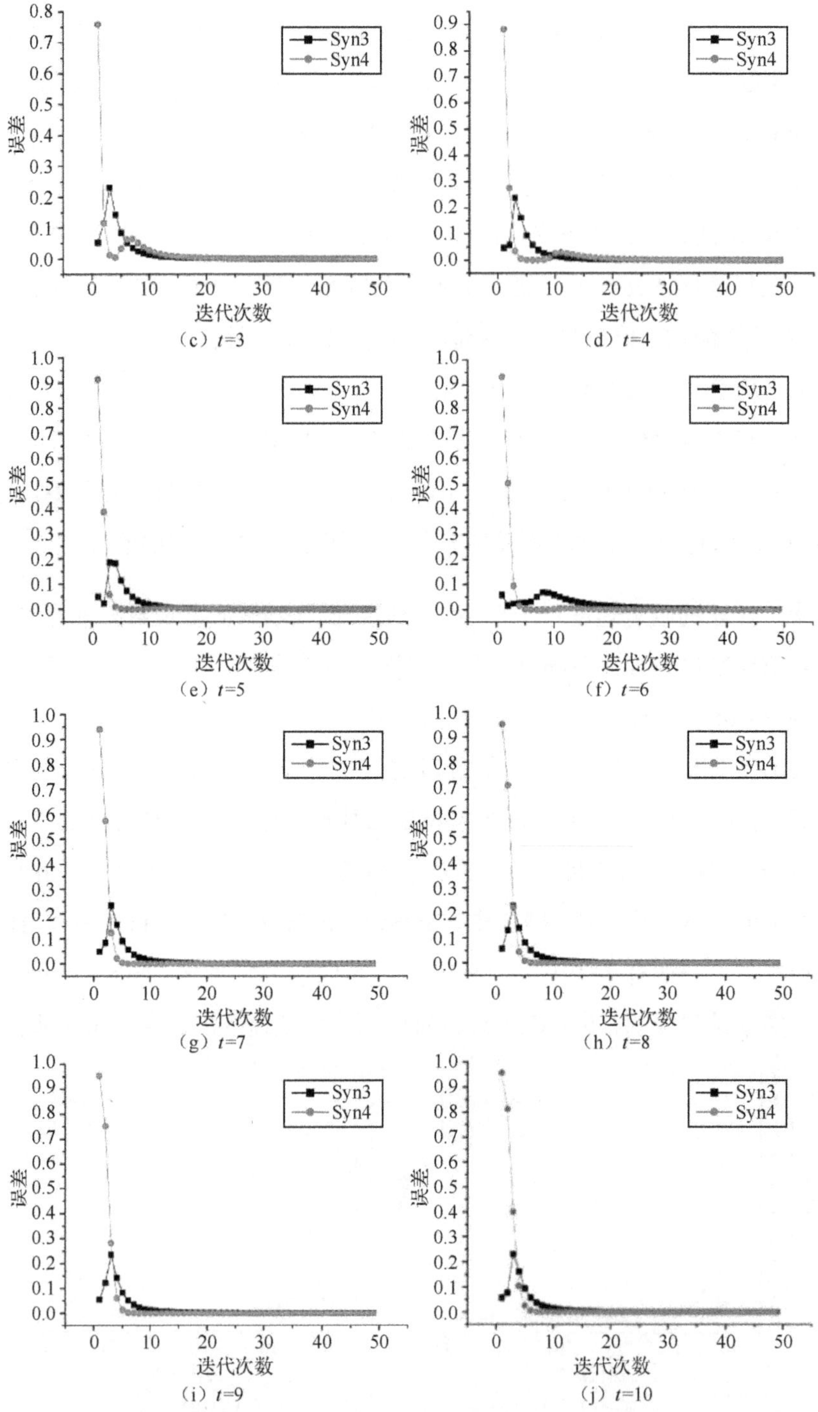

图 7.3　SOSComm 在 Syn3 和 Syn4 的每个时间戳上运行时的收敛情况（续）

最后，公式（7.9）中的时变正则参数 λ 控制了历史信息对当前社团分布的影响程度。λ 值越大，影响越显著。为了研究时变正则参数 λ 值的调整对算法的影响，将 λ 从 0.1 调整到 100 时，分析 SOSComm 在 Syn4 上的运行结果。NMI 和迭代次数在所有网络快照上的平均值如图 7.4 所示，其中 x 轴的坐标经过了对数转换。如图 7.4 所示，当 $\lambda<10$ 时，NMI 和迭代次数的结果都是比较理想的。然而，当 $\lambda>10$ 并继续增大时，NMI 和迭代次数的结果快速变差。也就是说，当 λ 过大时，历史信息占据主导地位，以致算法需要消耗更多的资源来平滑社团的演化。当然，当 $0.1<\lambda<10$ 时，时变正则项有助于发现动态异构信息网络中的混合多类型社团演化。

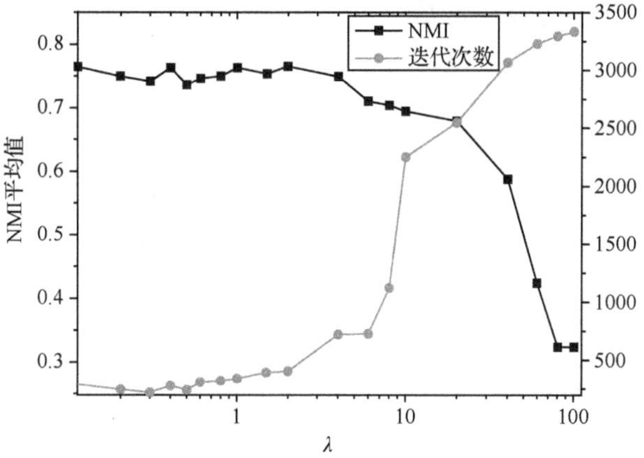

图 7.4　NMI 和迭代次数在所有网络快照上的平均值

显然地，在 4 个模拟网络上的实验表明了 SOSComm 在动态异构信息网络的混合多类型社团发现上的性能优于 SOSClus 和 CEMNTR。SOSComm 拥有较快收敛速度的同时，能够准确地追踪 4 个模拟网络上的混合多类型社团的演化。尤其是在 Syn4 上，随着网络中新对象的诞生和旧对象的消失，SOSComm 仍然能够较好地发现动态异构信息网络中各个时间戳上混合多类型社团及其演化，而 SOSClus 和 CEMNTR 的性能随着时间变化迅速恶化。

7.4.3　真实数据集上的实验

7.4.3.1　真实数据集描述

本实验将 SOSComm 在真实数据集上的性能与基准方法进行对比。真实数据集是一个包含 25 年 DBLP 数据的网络序列。在这个 DBLP 数据集中包含了从 1980 年到 2004 年发表的论文、相关的作者、主题（论文题目中包含的单词）和刊物（论文发表的会议或期刊）信息。其中低频词和停用词都已被去除了。在真实数据集中，根据论文发表的年代将 DBLP 网络划分为 25 个网络快照，即每一年为一个时间戳。据此，为每个网络快照构造一个 4 阶张量，张量的 4 阶分别表示网络中的作者、论文、刊物和主题。表 7.2 给出了 DBLP 网络中每一个时间戳上作者、论文、刊物和主题的数量和基因网络的数量。同时，表 7.2 中的每一行都表明了对应张量的规模。例如，2004 年的网络快照对应的张量规模为 $69\,021\times105\,292\times1\,238\times9\,153$，其中包含1 182 458 个非零元，这是一个非常庞大的张量。值得注意的是，真实数据集中没有社团结构的基准参考信息，因为在现实网络中无论是自动地还是人为地为大量的对象标记社团标签都是非常困难且不切实际的。

表 7.2　真实数据集的详细信息

年　份	论文数量	作者数量	刊物数量	主题数量	基因网络数量
1980	2 783	3 400	80	2 994	21 814
1981	3 693	4 630	95	3 511	31 156
1982	3 525	4 418	89	3 451	30 228
1983	3 872	5 066	100	3 742	33 790
1984	4299	5 674	106	3 917	38 060
1985	5 076	6 630	124	4 238	45 081
1986	5 531	7 539	145	4 505	51 625
1987	6 368	8 871	170	4 929	60 488
1988	7 522	10 415	195	5 169	72 363
1989	8 665	11 856	213	5 562	85 161
1990	10 332	14 801	243	6 005	105 975
1991	11 435	16 107	268	6 134	116 875
1992	13 654	19 546	323	6 609	147 849
1993	15 183	22 130	363	6 870	171 968
1994	16 860	25 160	380	7 197	201 015
1995	18 532	27 737	418	7 469	225 549
1996	21 611	31 828	472	7 828	266 749
1997	25 492	38 684	551	8 233	338 227
1998	26 133	40 595	584	8 352	351 770

续表

年　份	论文数量	作者数量	刊物数量	主题数量	基因网络数量
1999	29 082	45 201	634	8 515	401 446
2000	34 500	53 735	718	8 721	492 333
2001	40 402	62 770	852	8 948	601 616
2002	47 322	72 126	957	9 059	720 623
2003	60 833	92 843	1 144	9 198	978 413
2004	69 021	105 292	1 238	9 153	1 182 458

7.4.3.2 评价指标

与模拟网络不同，NMI 不能作为在真实数据集上的性能评价指标。事实上，评价社团发现本身就是充满挑战的。我们将模块度Q扩展到高维张量空间中来作为评价指标，模块度Q是一种在同构网络中广泛使用的社团质量评价指标。将模块度Q扩展到高维张量空间以适用于异构信息网络的情况。在一个网络中，高模块度反映社团中对象之间的连接紧密，而社团间对象之间的连接松散。

模块度Q定义为给定社团中的边的百分比减去固定每个顶点的度时随机分布这些边的百分比。模块度Q的计算公式为：

$$Q=\frac{1}{2e}\sum_{v,w}\left(a_{v,m}-\frac{d_v d_w}{2e}\right)\delta(v,w) \tag{7.31}$$

其中，e是整个网络中边的总数，$a_{v,m}$是邻接矩阵$\boldsymbol{A}\in\{0,1\}^{N\times N}$的一个元素，$d_v$表示顶点$v$的度。函数$\delta(v,w)$ 标记顶点v和w是否在同一个社团中。模块度Q的取值范围是$[-0.5,1)$，可能为负数。在实际应用中，当Q的取值在0.3～0.7之间时，就可以认为社团划分是合理的。

不失一般性，以时间戳t上的异构信息网络为例，在接下来的讨论中省略了作为时间戳的上标。在 SOSComm 中每个特征矩阵$\boldsymbol{U}^{(n,t)}$表示在t时刻第n种类型对象的社团隶属关系，而所有特征矩阵的第k列向量的外积表示在t时刻基因网络在第k个混合多类型社团中的分布，即$\mathcal{C}_k^{(t)}=\boldsymbol{u}_k^{(1,t)}\circ\boldsymbol{u}_k^{(2,t)}\circ\cdots\circ\boldsymbol{u}_k^{(N,t)}$。也就是说，一个基因网络是混合多类型社团发现框架中最小的单元。从而可以构造一个新的图$\boldsymbol{\varPhi}$来描述基因网络之间的连接关系。在图$\boldsymbol{\varPhi}$中，原异构信息网络中的基因网络将被视为一个不可分割的整体作为顶点。而基因网络ϕ与ς相互连接，即图$\varPhi$中ϕ与ς之间存在边，意味着基因网络ϕ和ς在原异构信息网络中共享一个或多个对象。令J表示图$\varPhi$中顶点的总数，即$J=\mathrm{nnz}(\mathcal{X})$。图$\varPhi$的邻接矩阵为$\boldsymbol{A}\in\{0,1\}^{J\times J}$，其元素$a_{\phi,\varsigma}$表示基因网络$\phi$与$\varsigma$是否相互连接。此处邻接矩阵$\boldsymbol{A}$时一个对角线全为零的对称矩阵，即$a_{\phi,\varsigma}=a_{\varsigma,\phi}$，并且$a_{\phi\phi}=0$。

因此，图$\varPhi$中的总边数为$e=\frac{1}{2}\sum_{\phi,\varsigma}a_{\phi,\varsigma}$，顶点$\phi$的度为$d_\phi=\sum_{\varsigma}a_{\phi,\varsigma}$。根据公式（7.31）可知，改进的模块度$Q$（仍然记为$Q$）定义如下：

$$Q=\frac{1}{2e}\sum_{\phi,\varsigma}\left(a_{\phi,\varsigma}-\frac{d_\phi d_\varsigma}{2e}\right)\delta(\phi,\varsigma) \tag{7.32}$$

如果ϕ和ς在同一个混合多类型社团中，那么$\delta(\phi,\varsigma)=1$，否则，$\delta(\phi,\varsigma)=0$。

7.4.3.3　真实数据集上的实验结果分析

前面研究了算法中混合多类型社团数量动态确定的方法在真实数据集上的运行效果。为了更清晰地展示核一致性检验值$\mathrm{CC}(K)$与混合多类型社团数量K的关系，我们只选取了时间戳为1980年、1985年、1990年、1995 年和2000年的网络快照上的核一致性检验值$\mathrm{CC}(K)$与混合多类型社团数量K的关系展示在图 7.5中。由于当$\mathrm{CC}(K)$的值为负数时，表示K的选取过大，已经导致张量的 CP 分解进入过拟合状态，所以在图7.5中截去了当K值过大导致CP分解过拟合的情况下出现的$\mathrm{CC}(K)<0$的部分。明显地，随着K的增大，$\mathrm{CC}(K)$呈逐渐下降趋势。从图7.5中可以看出，当K的取值很小时，例如$K\leqslant5$时，所有$\mathrm{CC}(K)$的曲线基本上都非常接近于1，尤其是当$K=1$时，有$\mathrm{CC}(K)=1$。这是因为当K的取值很小时，在异构信息网络中检测社团的精度很低，混合多类型社团的粒度大，当$K=1$时，就是将整个网络视为一个混合多类型社团，那么交叉检验的结果必然等于1。在图7.5中还可以看到，在$0.6<\mathrm{CC}(K)<0.8$之间，所有的曲线基本上都陡峭地下降，说明当$0.6<\mathrm{CC}(K)<0.8$时的混合多类型社团数量K的选取是合适的。

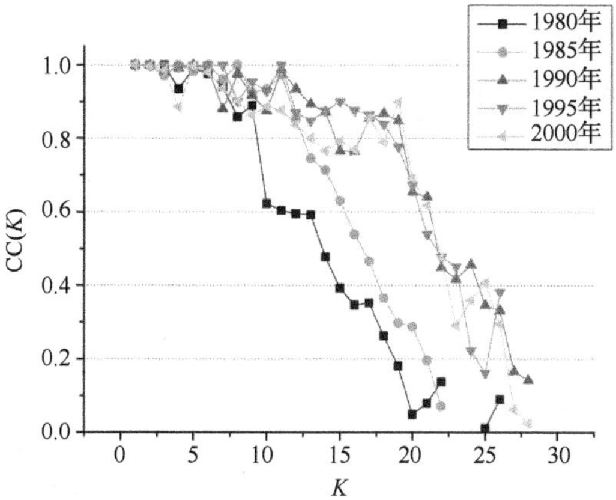

图 7.5　在时间戳分别为 1980 年、1985 年、1990 年、1995 年和 2000 年时，核一致性检验值 CC(*K*) 与社团数量 *K* 的选取之间的关系

其次，为了测试 SOSComm 和基准方法的性能比较，将三种方法都采用离线部署的方式运行，也就是将三种方法一直运行到收敛为止。在离线模式下，三种方法的实验设定与终止条件与模拟数据上的实验设定一致，即两次迭代对应的目标函数变化小于10^{-6}，最大迭代次数为$\text{MaxIter}=1\,000$，设时变正则参数$\lambda=1.0$。

对于 SOSComm，算法在运行过程中可以自动确定动态网络中混合多类型社团的数量，而 SOSClus 和 CEMNTR 需要用户提前给定网络中的社团数量。SOSComm 识别出的混合多类型社团数量如图 7.6 所示，随着时间的变化，网络中的混合多类型社团的数量大体上呈上升趋势，尤其是到 2000 年后，社团数量上升明显，这与实际情况也是大体相符的。而对于 SOSClus 和 CEMNTR 算法，我们根据 SOSComm 中识别出的混合多类型社团数量的结果选取了$K=12$，并固定了在所有时间戳上 *K* 的值不变。

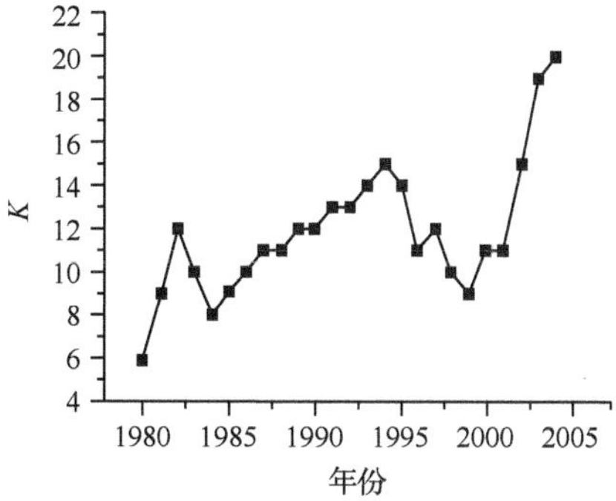

图 7.6　SOSComm 识别出的混合多类型社团数量

三种方法运行结果的模块度 Q 对比如图 7.7（a）所示。显然，SOSComm 在每一个时间戳上的模块度 Q 比 SOSClus 与 CEMNTR 算法的模块度 Q 都有明显的优势。并且，随着时间的变化，SOSComm 可以越来越紧密地追踪到混合多类型社团的演化，而 SOSClus 的模块度 Q 一直保持在一个较小值上，CEMNTR 的模块度 Q 则下降明显。离线模式运行下的实验结果表明 SOSComm 算法对动态异构信息网络中的混合多类型社团的发现效果是最好的。

最后，实验还测试了 SOSComm 算法的在线运行性能。在线模式下，最大迭代次数设定为 $\text{MaxIter}=5$。三种方法运行结果的模块度 Q 对比结果如图 7.7（b）所示。尽管 SOSComm 的模块度 Q 相对于离线模式的时候有所下降，但是 SOSComm 仍然是三个方法中表现最好的，并且优势依然明显。

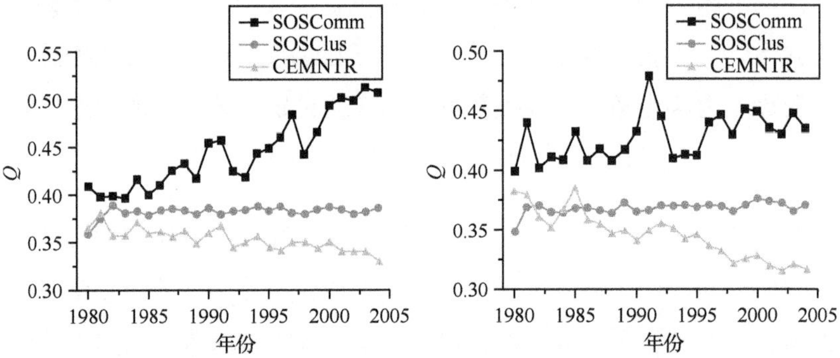

图 7.7 SOSComm，SOSClus 和 CEMNTR 三种方法分别以离线模式和在线模式运行的实验结果比较

此外，图 7.8 还给出了 SOSComm 分别在离线模式和在线模式运行下的模块度 Q 的对比结果。从图 7.8 中可以看出 SOSComm 在线模式运行下的性能并不比离线结果差。在 2000 年之前，在线运行模式和离线运行模式的两条模块度 Q 的曲线几乎重合。而在最后 5 年中，随着张量规模的爆发，SOSComm 在线模式下的模块度 Q 相较于离线模式有所下降，但是下降的幅度并不大。表 7.3 总结了三种方法在线模式运行下在每一个时间戳上的运行时间。如表 7.3 所示，CEMNTR 和 SOSComm 在运行时间上有较大的优势，而在大部分时间戳上，SOSComm 运行最快。

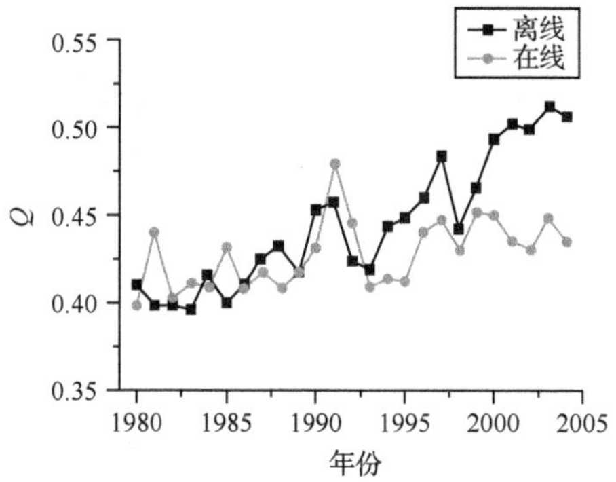

图 7.8　SOSComm 算法在离线模式和在线模式下运行的模块度 Q 的结果比较

表 7.3　SOSComm、SOSClus 和 CEMNTR 三种方法在线模式运行下的运行时间比较

年　份	SOSClus 运行时间/s	CEMNTR 运行时间/s	SOSComm 运行时间/s
1980	10.27	0.947 2	1.59
1981	6.14	1.415 7	1.24
1982	6.10	1.41	1.25
1983	6.19	1.53	1.33
1984	6.07	1.63	1.36
1985	6.20	1.76	1.35
1986	6.27	1.98	1.35
1987	6.36	2.16	1.66
1988	6.38	2.66	1.37
1989	6.55	2.92	3.10
1990	6.75	3.90	6.73
1991	6.85	3.49	5.46
1992	8.31	4.18	4.13
1993	8.83	4.70	7.37
1994	9.48	6.08	4.34
1995	11.34	5.82	12.06
1996	12.66	12.12	8.26
1997	14.02	14.00	4.92
1998	17.94	14.52	8.31
1999	20.36	9.02	5.19
2000	33.79	11.31	19.50
2001	24.96	12.87	12.26

续表

年　份	SOSClus 运行时间/s	CEMNTR 运行时间/s	SOSComm 运行时间/s
2002	27.54	49.05	15.52
2003	28.93	19.18	17.90
2004	36.71	21.94	10.67

总之，通过对 25 年的 DBLP 网络数据集的实验表明，SOSComm 的性能优于 SOSClus 和 CEMNTR。获得较大的模块度 Q 说明 SOSComm 可以有效地发现 DBLP 网络中的混合多类型社团，并能追踪它们的演化。尤其是在线模式的运行结果证明了 SOSComm 在模块度 Q 和运行时间上表现最优。也就是说 SOSComm 有很好的在线运行性能，便于在线部署。虽然通过核一致性检验方法动态确定异构信息网络中的混合多类型社团数量只是一个近似解，并不能找到网络中混合多类型社团数量的精确解，但是从实验结果中可以看出该方法确定的混合多类型社团数量与实际情况基本吻合，并且也能够追踪网络中社团的演化情况。

7.5 本章小结

本章将基于张量分解的异构信息网络聚类框架从静态网络的情况扩展到动态网络上，并研究了动态异构信息网络中的混合多类型社团的发现方法。针对动态异构信息网络的特征，分析了混合多类型社团与传统的社交网络中社团定义的区别，并将动态异构信息网络中的混合多类型社团建模为秩一张量。同时，提出了基于张量分解的动态异构信息网络中混合多类型社团发现框架。该框架将张量 CP 分解与特征矩阵的时变正则项相结合，相当于在张量分解中引入了一阶马尔科夫假设。

本章还提出了一个二阶随机张量梯度下降算法 SOSComm，对模型进行求解，实际上 SOSComm 算法是 SOSClus 算法在动态情况下的扩展形式，而 SOSClus 算法只是 SOSComm 算法在静态网络上的特殊情况。在算法的初始阶段，即网络的第一个时间戳上，SOSComm 算法与 SOSClus 算法是等价的。本章还讨论了动态异构信息网络中混合多类型社团数量的自动确定问题，提出了一种基于核一致性检验方法的社团数量动态确定方法。虽然基于核一致性检验方法确定的社团数量只是一个可行解，并不是网络中社团数量的精确解，但是实验结果表明该方法自动确定的混合多类型社团数量基本符合实际情况，也能够分析动态异构信息网络中社团演化的情况。此外，本章还对动态异构信息网络中新旧对象更替以及算法的在线部署问题进行了分析，并给出了算法的时间复杂度分析。最后在模拟数据集和真实数据集上的实验表明，SOSComm 算法很好地解决了本章引言中提出的关于动态异构信息网络中混合多类型社团发现的几个挑战，不管是离线模式运行还是在线模式运行，SOSComm 算法的表现都要优于其他几个基准方法。

附录A　鼻咽癌中差异表达LncRNA基因芯片原始结果

鼻咽癌中差异表达 LncRNA 基因芯片原始结果见表 A-1。

表 A-1　鼻咽癌中差异表达 LncRNA 基因芯片原始结果

基因在正常对照（Normal,N）样本中的表达值						基因在鼻咽癌（Tumor,T）样本中的表达值									
N1	N2	N3	N4	N5	N6	T1	T2	T3	T4	T5	T6	T7	T8	T9	T10
6.73	7.84	7.38	7.39	7.87	7.62	9.73	9.85	10.69	10.20	8.57	9.56	9.08	9.49	9.35	9.39
10.19	10.00	10.11	9.45	10.23	10.56	10.89	11.35	11.65	11.65	11.40	11.30	11.01	11.29	11.25	11.07
6.34	6.53	6.20	6.07	6.22	6.64	7.30	8.44	9.09	8.15	8.14	8.09	8.11	7.87	7.71	7.27
9.46	9.16	9.27	8.73	9.42	9.84	10.19	10.34	11.13	10.79	11.05	10.80	11.10	10.21	10.60	10.34
8.86	8.58	8.06	8.04	8.51	8.80	9.39	10.00	10.09	9.63	9.51	9.80	9.47	9.83	9.12	9.61
12.71	12.29	12.49	11.61	12.66	13.10	13.51	13.88	14.47	14.17	14.31	13.92	14.32	13.43	13.95	13.58
4.39	3.12	5.77	3.06	4.97	5.56	9.12	9.79	9.48	10.78	8.90	5.45	9.83	9.08	11.10	7.68
6.83	7.27	7.10	7.10	7.40	7.37	8.21	9.68	9.68	8.79	8.23	8.37	8.64	8.29	9.08	8.52
6.74	7.03	6.44	6.59	6.90	7.23	7.58	8.34	8.16	8.06	7.91	7.58	7.56	8.70	8.25	8.01
5.87	5.83	5.87	5.53	6.07	6.10	7.36	8.17	7.85	8.23	6.87	7.87	7.55	8.64	6.40	7.62
8.32	9.06	8.43	8.58	8.97	9.24	9.50	9.83	10.51	9.79	9.89	9.57	9.88	9.73	9.95	9.87
11.20	11.61	11.53	10.83	11.44	12.09	12.38	12.80	13.63	13.11	12.43	12.99	13.20	12.31	12.57	12.74
5.25	4.95	6.03	4.35	5.54	6.16	6.51	7.43	7.98	7.98	6.93	8.35	6.56	7.06	7.75	7.08
12.94	13.16	13.26	12.36	13.07	13.66	14.03	14.47	15.31	14.76	14.08	14.73	14.85	13.82	14.22	14.38
8.79	8.43	8.35	7.93	8.62	8.75	9.08	9.27	9.60	9.46	9.44	9.75	9.06	9.49	9.18	9.32
9.55	9.49	9.31	8.73	9.41	9.73	10.04	10.55	10.12	10.29	10.19	10.05	10.83	10.35	10.27	10.19
5.39	5.33	4.82	5.18	4.75	5.04	8.26	9.36	7.30	6.03	6.40	7.67	8.29	7.56	6.66	6.92
9.31	9.56	9.50	9.54	10.12	9.85	10.13	11.58	11.88	11.61	11.36	10.95	11.20	10.75	11.64	10.35
10.43	10.76	10.70	10.04	10.42	11.16	11.33	11.73	12.49	12.09	11.37	12.10	12.31	11.39	11.51	11.97
8.69	8.18	8.32	7.72	8.09	8.74	8.81	9.64	9.94	9.70	9.29	9.21	9.15	9.27	9.73	9.20
7.09	6.93	7.40	6.28	6.90	7.46	7.74	8.16	9.04	8.40	8.21	9.27	8.43	7.85	8.61	8.15
8.89	8.74	8.86	8.12	8.93	9.23	9.93	10.63	11.78	10.68	10.14	10.30	10.31	9.49	10.60	9.89
8.28	8.34	8.16	7.76	8.24	8.42	8.62	10.05	9.69	9.69	9.26	9.35	10.34	9.14	9.82	9.02

续表

基因在正常对照（Normal,N）样本中的表达值						基因在鼻咽癌（Tumor,T）样本中的表达值									
N1	N2	N3	N4	N5	N6	T1	T2	T3	T4	T5	T6	T7	T8	T9	T10
9.40	9.10	9.07	8.59	9.20	9.27	9.84	10.42	9.98	10.15	9.97	9.77	10.69	9.87	9.99	9.69
11.12	11.04	11.39	10.44	11.16	11.58	12.10	12.52	13.36	12.85	11.96	12.72	12.74	11.84	12.14	12.17
5.63	5.68	5.39	5.38	6.01	6.46	6.25	8.14	8.29	8.61	7.06	7.75	7.77	7.11	8.10	6.80
7.31	6.36	5.65	5.33	6.38	6.67	8.40	7.12	9.39	9.05	8.79	8.26	9.21	8.16	7.07	8.65
10.07	9.63	9.56	9.09	9.63	9.74	10.32	10.97	10.41	10.62	10.43	10.32	10.97	10.24	10.52	10.24
8.80	8.53	8.22	8.22	8.57	8.77	8.95	9.78	9.18	9.47	9.51	9.23	9.72	9.53	9.50	8.94
7.20	5.30	4.32	3.66	5.94	4.64	7.55	9.54	9.40	8.54	8.41	8.26	7.77	7.75	5.87	8.52
6.58	6.18	5.88	5.43	6.22	6.87	6.73	7.30	7.96	8.18	7.70	7.53	7.24	7.88	7.56	7.01
6.94	7.54	7.37	7.10	7.52	7.50	8.55	9.58	9.55	8.26	8.43	8.48	8.38	8.11	9.51	8.26
5.55	6.62	5.24	5.25	6.29	5.91	6.83	8.51	8.71	7.77	7.27	8.23	7.32	6.29	8.21	8.22
7.32	7.34	7.29	7.07	7.62	8.18	8.18	8.67	8.76	8.87	8.11	8.77	8.59	9.04	8.01	8.27
5.75	5.98	5.51	5.82	6.15	6.07	6.71	7.69	8.32	7.59	7.30	7.14	7.83	6.69	7.69	6.22
8.96	9.17	8.94	8.60	9.12	9.34	9.63	10.36	10.76	10.33	9.67	9.90	10.30	9.76	9.92	9.59
8.94	9.38	9.68	8.54	9.66	9.28	10.10	9.96	10.71	10.28	10.70	10.87	10.76	9.84	10.05	10.33
7.25	8.53	7.84	7.80	8.34	8.50	9.71	10.52	12.54	9.78	9.82	9.78	9.69	10.60	9.08	10.10
7.32	7.25	6.90	6.43	7.21	8.08	7.65	8.62	9.31	9.61	8.62	8.43	8.90	8.20	9.25	8.49
7.86	8.05	7.54	7.63	8.01	8.73	10.83	10.91	10.81	9.38	9.38	12.15	11.48	12.54	8.48	10.48
7.08	7.58	8.35	7.12	7.52	7.79	9.27	10.90	9.50	10.13	9.27	8.41	10.33	8.21	11.19	9.82
6.88	6.90	6.47	6.29	6.77	7.37	7.51	7.63	8.29	7.99	7.61	7.35	7.70	7.62	7.81	7.37
8.17	8.19	7.82	7.81	8.21	8.50	8.71	9.05	9.79	9.29	9.06	8.88	9.05	8.59	8.85	8.83
3.77	4.81	4.54	5.01	5.39	5.03	8.14	8.80	5.59	7.43	5.04	9.13	7.35	9.07	8.25	7.89
5.71	6.85	5.49	5.53	6.44	5.91	6.98	8.66	8.83	7.95	7.49	8.50	7.54	6.22	8.44	8.30
7.23	6.59	6.09	6.48	6.89	6.98	7.34	8.02	8.22	7.83	7.45	7.63	7.78	7.39	7.82	7.29
6.25	5.68	4.82	4.60	5.72	5.84	6.91	7.55	9.82	8.14	7.16	7.06	7.52	8.10	6.63	7.09
8.48	8.92	8.53	8.38	8.84	9.11	9.21	9.99	10.39	10.06	9.38	9.47	9.90	9.48	9.57	9.33
12.19	12.70	12.05	12.07	12.76	12.94	12.93	13.32	13.75	13.41	13.11	13.03	13.30	13.39	13.75	13.47
9.48	9.45	9.01	8.95	9.27	9.74	9.62	10.42	10.02	10.13	10.12	9.89	10.43	10.25	10.16	9.87
6.42	7.04	6.62	6.58	7.01	6.18	7.04	7.97	8.21	7.94	7.35	7.43	7.98	7.55	7.53	7.28
3.87	6.60	5.92	5.49	7.01	6.24	7.27	7.86	9.69	7.12	7.71	8.59	9.27	9.63	7.99	8.07
8.48	8.91	8.27	8.41	8.67	8.74	9.12	9.75	10.14	9.81	9.11	9.33	9.79	9.21	9.37	9.11
8.36	8.18	7.84	7.88	8.26	8.68	8.57	8.95	9.59	9.41	9.11	9.42	9.11	8.74	9.08	8.81

续表

基因在正常对照（Normal,N）样本中的表达值						基因在鼻咽癌（Tumor,T）样本中的表达值									
N1	N2	N3	N4	N5	N6	T1	T2	T3	T4	T5	T6	T7	T8	T9	T10
6.49	7.09	6.25	6.73	6.91	7.34	7.77	8.01	7.65	8.23	7.41	7.74	8.41	7.50	7.29	8.04
7.31	7.91	7.48	7.26	7.80	8.00	8.13	8.71	9.04	8.52	8.30	8.08	8.54	8.42	8.77	8.22
3.54	6.18	5.50	5.44	6.51	6.25	6.86	7.56	9.37	6.60	7.48	8.36	9.01	9.44	7.77	8.01
8.34	8.38	8.65	8.58	9.08	8.99	8.93	9.73	10.43	9.68	9.30	9.87	9.78	9.61	9.60	9.41
8.00	8.07	7.83	7.27	8.09	8.77	8.77	8.76	10.78	8.94	9.83	9.74	9.71	9.87	8.84	9.71
7.57	7.54	7.65	7.78	7.93	8.04	9.04	8.64	8.39	8.18	8.19	8.92	8.79	8.45	8.09	8.74
6.36	6.89	6.09	6.49	6.99	7.13	7.54	7.66	8.29	7.23	7.52	7.26	7.37	7.45	7.59	7.49
6.16	6.77	6.16	7.17	6.95	6.94	8.58	7.89	7.42	7.59	7.70	8.77	8.34	9.47	7.36	8.58
6.11	6.59	6.27	6.27	6.54	7.03	7.04	8.19	8.73	8.89	7.25	7.60	8.34	7.22	7.80	7.37
7.00	6.69	6.38	6.74	6.32	6.83	7.34	7.56	9.16	8.60	7.72	7.84	7.66	8.47	7.14	7.93
6.95	7.06	6.86	7.34	7.28	7.09	8.15	7.82	7.98	7.60	7.39	8.10	7.83	8.51	7.46	7.87
8.17	8.55	8.06	7.92	8.56	8.95	8.90	9.36	9.58	9.91	8.93	9.11	9.38	9.26	9.43	8.85
9.15	9.66	9.03	8.70	9.28	9.97	9.68	10.32	10.67	10.24	10.03	9.88	10.33	10.28	10.54	10.14
7.57	4.22	5.32	5.45	5.45	4.62	7.51	8.64	7.31	7.55	6.60	7.56	7.34	6.87	7.56	6.80
7.50	7.62	7.69	7.57	7.81	8.05	8.12	8.48	8.74	8.20	8.03	8.41	8.43	8.21	8.04	8.50
8.18	8.35	7.29	8.09	8.31	9.05	8.91	8.91	9.74	9.08	9.21	9.06	9.32	9.12	9.21	9.27
6.95	7.43	6.93	6.79	7.09	7.98	7.55	8.45	8.64	8.25	8.00	8.32	8.27	7.81	8.52	7.79
6.25	6.56	5.80	6.50	6.81	6.89	6.98	7.76	8.06	7.54	7.53	7.09	7.22	7.20	7.95	7.05
6.51	7.05	6.12	6.49	6.69	7.29	7.53	7.64	7.40	7.98	7.14	7.64	8.34	7.62	7.25	8.12
7.16	6.99	6.18	5.78	7.03	7.48	7.45	8.92	10.46	9.98	8.38	9.19	9.66	8.81	7.18	8.63
6.83	6.73	6.68	5.99	6.50	7.17	7.22	8.64	8.24	8.77	7.82	7.88	7.63	7.04	8.03	7.46
10.91	11.12	10.66	10.47	10.92	11.28	11.19	11.44	12.48	11.79	11.76	11.79	11.50	11.75	11.65	11.66
6.09	5.74	4.89	5.64	5.04	5.79	6.55	8.68	7.63	10.15	7.04	8.89	6.77	8.34	6.54	7.30
7.61	8.03	7.51	7.45	8.01	8.54	8.21	8.95	9.93	9.37	9.35	8.79	8.98	8.48	9.20	8.59
6.89	6.97	6.29	6.74	7.30	7.42	8.26	7.92	9.30	9.16	8.00	8.40	7.26	7.72	7.94	8.77
7.33	7.69	7.18	6.89	7.48	8.01	7.71	8.54	8.74	8.12	8.22	7.93	8.38	8.52	8.61	8.18
10.45	10.89	10.48	10.10	10.85	11.61	11.25	11.73	11.71	12.04	11.56	12.72	12.71	11.78	12.11	11.53
7.44	7.73	7.29	7.12	7.75	8.07	7.95	8.81	8.85	8.31	8.20	7.97	8.43	8.52	8.58	8.19
8.41	8.07	8.28	7.42	8.27	8.68	8.69	9.82	9.73	9.81	8.81	9.97	9.90	8.97	9.59	8.59
6.68	7.11	6.85	6.75	6.95	7.51	7.38	8.29	8.28	7.08	8.51	8.25	9.01	7.92	8.15	8.05
12.47	12.42	12.01	11.83	11.92	13.27	13.10	13.54	13.49	12.93	13.36	13.31	14.15	13.67	13.28	12.81

续表

基因在正常对照（Normal,N）样本中的表达值						基因在鼻咽癌（Tumor,T）样本中的表达值									
N1	N2	N3	N4	N5	N6	T1	T2	T3	T4	T5	T6	T7	T8	T9	T10
9.55	9.01	8.65	8.71	9.14	9.38	9.59	9.51	10.36	10.32	9.94	9.71	10.04	10.02	10.76	9.66
9.61	9.36	9.11	8.83	9.17	9.36	9.56	9.68	10.38	9.94	10.08	9.71	9.70	9.94	10.42	9.94
9.47	9.12	9.14	8.82	9.26	9.89	9.60	10.41	10.47	10.28	9.80	10.27	9.62	10.01	10.35	10.09
6.94	7.20	6.95	6.79	7.12	7.33	7.38	7.67	8.36	7.85	7.40	7.72	7.68	7.51	7.77	7.55
9.04	9.19	8.74	9.03	9.63	9.53	9.74	10.01	10.00	10.07	9.42	9.66	9.85	9.69	9.85	10.10
8.13	8.07	7.73	7.71	7.99	8.57	8.34	8.51	8.93	8.98	8.58	8.44	8.88	8.79	8.73	8.53
9.63	9.55	9.58	8.77	9.10	10.35	9.78	10.75	11.45	10.61	10.23	10.60	11.28	10.42	10.65	10.41
7.21	7.60	7.40	7.11	7.55	7.40	7.54	9.38	9.01	9.45	8.06	8.86	8.75	7.78	9.23	8.16
6.20	6.10	5.47	6.02	5.91	5.85	6.79	8.94	7.79	10.65	7.54	9.16	6.92	8.62	6.89	7.36
8.50	8.98	8.83	8.54	9.09	9.24	9.29	9.65	10.31	9.49	9.75	9.61	9.12	9.46	9.56	9.78
9.45	10.05	9.83	9.48	9.79	10.90	10.61	11.27	11.87	10.50	10.93	10.87	12.05	11.98	10.70	10.90
9.00	9.13	8.57	8.94	9.52	9.55	9.59	9.83	9.92	9.97	9.39	9.68	9.80	9.67	9.85	10.06
10.04	9.86	9.92	9.14	9.64	10.74	10.16	10.97	11.82	10.90	10.67	11.08	11.80	10.89	11.08	10.75
6.32	6.14	5.50	6.09	6.19	6.16	6.85	9.12	7.99	10.75	7.59	9.27	7.17	8.64	7.00	7.47
8.14	7.99	7.61	7.28	7.97	8.80	8.33	8.78	9.05	9.01	8.39	8.84	9.01	8.82	9.19	8.90
6.33	6.08	6.93	6.30	6.39	6.69	8.31	9.91	8.68	7.61	7.84	8.07	8.11	6.78	10.01	7.25
4.98	6.02	5.36	5.67	5.68	5.35	7.31	8.05	9.43	6.95	6.57	7.75	8.81	7.74	5.39	6.88
6.76	6.20	6.40	5.75	6.55	6.91	7.15	7.38	7.17	6.74	7.32	7.81	7.30	7.24	6.85	7.21
8.65	9.42	9.10	9.07	9.61	9.76	10.18	11.33	11.39	10.36	9.65	10.89	10.72	12.07	9.81	10.33
13.54	13.26	13.23	12.43	13.38	13.97	13.79	14.08	14.88	14.24	14.03	14.26	14.00	14.18	13.96	14.26
7.50	7.50	7.24	7.17	7.53	7.70	8.16	8.41	8.92	8.19	8.12	8.16	7.90	7.46	8.76	8.33
6.24	6.50	5.54	6.41	6.58	6.49	7.19	8.38	7.93	7.39	7.24	6.79	7.92	6.70	7.63	6.82
7.69	8.01	7.54	7.60	8.03	8.21	8.24	8.92	9.19	9.89	8.35	9.23	8.97	8.28	9.19	8.40
9.44	9.91	9.29	9.10	9.51	10.47	10.09	10.27	10.77	10.58	10.02	10.87	10.96	11.15	10.36	10.50
8.27	9.08	8.84	8.84	9.34	9.45	9.91	10.83	10.96	10.07	9.32	10.63	10.45	11.76	9.46	9.96
8.61	7.50	7.96	7.10	7.57	8.07	8.61	8.96	9.61	9.06	8.11	9.03	9.22	8.18	9.81	8.93
8.84	8.76	8.58	8.23	8.79	9.56	8.92	9.81	9.92	9.92	9.21	10.26	10.15	9.69	9.89	9.42
7.28	7.58	6.64	6.60	7.21	7.87	7.59	8.36	8.45	7.94	7.86	7.60	8.13	8.30	8.29	7.99
6.28	6.58	6.23	6.53	6.82	6.69	7.14	7.40	7.73	7.18	7.09	7.12	7.08	6.69	7.39	6.79
6.80	7.20	6.84	6.99	7.30	7.34	7.55	8.25	8.01	7.79	7.57	7.41	7.42	7.54	8.02	7.55
10.86	11.16	10.91	10.32	10.71	10.87	11.66	12.09	13.39	12.10	12.04	11.85	11.61	11.10	11.45	11.68

续表

基因在正常对照（Normal,N）样本中的表达值						基因在鼻咽癌（Tumor,T）样本中的表达值									
N1	N2	N3	N4	N5	N6	T1	T2	T3	T4	T5	T6	T7	T8	T9	T10
8.26	7.97	8.12	7.71	8.40	8.84	8.73	9.97	10.12	9.56	8.99	9.48	9.30	8.27	9.38	9.01
7.51	7.63	7.52	7.09	7.74	8.24	7.95	8.46	9.37	8.79	8.66	8.34	8.15	8.48	8.36	8.18
7.93	8.08	7.82	7.47	8.12	8.28	8.41	8.97	9.60	8.92	8.23	8.85	9.06	8.38	8.90	8.39
9.52	9.16	9.06	8.69	9.22	10.02	9.49	10.64	10.42	9.94	10.34	10.41	10.23	9.90	10.57	9.69
7.30	6.40	5.97	6.35	6.40	6.56	8.05	7.85	8.74	8.99	6.91	7.57	8.40	7.96	6.81	7.08
7.49	6.88	6.10	6.55	6.84	7.18	7.55	7.97	7.87	7.52	7.64	7.57	7.40	7.07	7.73	7.78
6.67	7.33	7.15	7.23	7.60	7.46	7.75	8.54	8.57	8.33	8.24	7.68	7.69	7.43	8.37	7.94
8.37	8.44	8.42	8.50	9.14	9.03	9.08	9.48	9.55	9.64	8.92	9.25	9.21	9.03	9.30	9.26
11.64	11.52	11.47	11.08	11.40	12.43	11.97	13.34	13.60	12.04	12.59	12.77	13.37	13.50	13.06	11.89
7.54	7.62	6.82	7.12	7.19	8.06	7.97	8.41	8.70	7.91	8.15	8.19	7.79	7.91	8.17	8.13
7.38	6.61	6.47	6.44	6.95	6.74	7.10	8.03	8.74	7.86	7.58	7.65	8.51	7.04	7.85	7.39
7.38	7.84	7.43	7.46	7.70	8.11	8.25	8.56	9.19	8.67	7.84	8.07	8.61	8.26	8.12	8.51
8.74	9.04	8.50	8.51	9.23	9.52	9.15	10.12	9.73	9.81	9.44	9.87	9.65	9.80	9.99	9.22
6.54	6.88	6.71	6.53	7.09	7.09	7.38	8.25	8.73	7.89	7.63	7.50	8.00	6.75	8.21	7.43
7.11	7.34	6.71	6.50	7.20	7.66	7.27	8.53	9.06	8.50	7.97	8.53	9.05	7.27	7.98	8.11
6.72	7.16	6.62	6.91	7.43	7.59	7.71	7.27	8.06	8.02	7.61	7.96	7.53	7.55	8.03	7.81
9.98	9.50	9.29	8.93	9.47	9.92	10.44	10.54	10.74	11.29	10.05	10.22	10.45	9.65	10.51	10.06
9.08	9.19	9.01	8.93	9.32	9.21	10.07	9.65	9.68	9.69	9.41	10.34	9.34	9.49	9.53	9.92
7.83	8.29	7.72	7.86	8.65	8.63	8.66	9.05	9.06	8.92	8.45	8.75	8.83	8.59	8.78	9.09
8.13	7.57	7.15	6.78	7.48	8.18	8.12	9.10	8.90	8.63	7.85	8.70	9.39	8.15	8.20	8.73
6.81	6.46	6.14	5.69	6.48	5.80	7.44	7.45	9.14	8.17	7.30	7.97	8.54	6.79	6.09	7.89
7.02	7.48	6.22	7.13	7.26	7.94	7.86	8.12	8.61	7.61	7.64	7.94	8.41	8.07	8.16	8.05
6.29	6.64	6.18	6.45	7.33	6.90	7.39	7.33	8.81	8.65	7.47	7.42	7.04	7.38	7.62	7.88
7.95	7.14	6.92	7.01	7.55	7.37	7.53	8.54	9.26	8.34	8.12	8.14	8.98	7.68	8.30	8.06
6.07	6.62	5.90	5.72	7.07	6.94	7.90	7.26	9.35	7.92	7.69	7.85	6.86	6.83	7.58	7.50
9.14	9.79	9.37	9.22	9.61	9.89	9.75	10.30	11.16	10.31	10.23	10.72	11.16	9.60	10.41	10.46
10.39	10.64	10.08	10.23	10.62	10.92	10.99	11.18	11.53	11.37	11.06	10.50	11.08	10.97	11.36	11.00
10.62	10.43	9.85	9.78	10.04	11.22	10.75	11.76	12.31	10.82	11.10	11.06	11.90	11.50	11.24	11.08
8.50	7.98	8.12	7.54	8.00	8.58	8.26	8.94	9.07	8.74	8.71	9.83	9.02	8.72	9.12	8.84
11.08	11.34	11.01	10.74	11.45	11.75	11.24	12.50	11.99	12.22	11.66	11.89	12.48	11.80	12.62	12.05
7.13	7.35	6.98	6.95	7.16	7.35	7.45	7.60	8.35	8.09	7.56	7.57	7.56	7.39	8.11	7.94

续表

基因在正常对照（Normal,N）样本中的表达值						基因在鼻咽癌（Tumor,T）样本中的表达值									
N1	**N2**	**N3**	**N4**	**N5**	**N6**	**T1**	**T2**	**T3**	**T4**	**T5**	**T6**	**T7**	**T8**	**T9**	**T10**
8.05	8.08	7.79	7.64	8.15	8.58	8.58	8.70	10.98	8.95	9.30	8.68	9.47	9.49	8.93	8.95
7.18	7.87	6.60	7.58	7.74	7.79	8.44	8.97	9.28	8.72	8.08	8.00	7.80	7.86	8.94	8.50
8.47	8.23	7.99	8.02	8.19	8.90	8.69	9.69	10.29	8.80	9.01	9.02	9.78	9.21	9.12	8.70
8.73	8.91	8.48	8.68	9.35	9.25	9.39	9.75	9.66	9.82	9.06	9.32	9.52	9.22	9.56	9.71
5.91	6.48	5.76	6.30	6.52	7.22	6.52	7.47	7.98	7.53	7.25	6.73	7.08	7.46	7.47	7.15
9.71	9.65	9.21	9.35	9.60	9.92	10.01	10.93	11.45	10.07	10.22	10.18	10.86	10.09	10.34	10.00
7.87	7.48	7.46	6.99	7.62	7.90	8.15	8.71	8.67	8.58	7.73	8.51	8.46	7.68	8.42	7.97
7.69	8.00	6.80	7.77	8.01	8.22	8.59	8.80	8.63	8.70	8.37	8.27	8.36	7.89	8.76	8.63
7.87	8.32	8.62	7.97	8.57	8.51	9.48	9.76	9.97	8.82	8.55	10.20	9.39	9.29	8.26	9.65
10.81	10.71	10.58	10.05	10.39	11.51	11.70	11.62	13.16	11.04	11.54	12.05	13.41	12.69	11.08	11.89
7.24	7.61	7.57	7.39	7.48	7.77	7.69	8.71	9.06	7.98	8.11	8.02	8.33	8.28	8.35	7.74
9.26	9.09	8.59	8.56	8.74	9.78	9.38	10.33	10.90	9.44	9.69	9.66	10.47	10.14	9.77	9.66
10.53	11.38	10.98	10.88	11.21	11.58	11.36	12.25	12.66	11.91	11.64	11.99	12.44	11.22	11.95	11.88
10.18	11.00	10.57	10.44	10.79	11.14	11.07	11.69	12.02	11.52	11.27	11.50	12.31	10.70	11.57	11.55
8.83	9.06	9.10	8.48	9.10	9.50	9.63	9.79	9.94	10.48	9.74	10.01	9.31	9.07	10.45	9.77
11.48	12.12	10.96	11.37	12.01	12.39	11.98	13.14	13.69	12.69	12.50	12.09	12.62	12.69	13.06	12.65
9.06	9.05	8.80	8.76	9.04	9.15	9.18	9.88	10.47	9.93	9.58	9.35	9.85	9.94	9.34	9.20
6.97	7.37	7.11	6.95	7.54	7.57	7.47	8.02	8.75	7.40	7.96	8.01	8.49	7.67	8.06	8.14
9.15	9.07	8.79	8.78	9.19	9.32	9.52	10.41	10.88	9.60	9.62	9.59	10.25	9.57	9.79	9.35
8.49	7.95	7.33	7.81	7.99	8.84	8.56	8.63	9.18	8.89	9.20	8.56	8.55	9.02	9.58	8.76
7.30	7.40	7.25	7.29	7.48	7.77	7.46	8.29	9.38	8.31	8.06	7.81	8.85	8.23	8.34	7.98
12.14	12.00	11.86	11.58	12.25	12.17	12.75	13.05	13.27	13.77	12.52	12.49	12.83	12.11	13.16	12.33
6.56	6.91	6.16	6.64	6.75	7.51	7.14	7.44	8.15	7.24	7.86	7.64	7.34	8.58	7.26	7.60
6.31	6.46	6.42	5.69	6.40	6.92	6.88	7.76	8.86	7.62	6.68	7.28	7.19	7.56	6.99	7.15
8.53	8.50	8.24	8.48	9.00	8.97	9.12	9.39	9.51	9.64	8.66	9.04	9.07	9.10	9.15	9.46
6.67	6.53	6.00	6.20	6.33	7.03	6.58	7.47	7.81	7.63	7.27	6.90	7.17	7.18	7.40	6.68
8.73	8.86	8.08	8.12	8.49	9.38	9.13	9.04	11.43	9.50	9.89	9.31	10.21	9.89	9.61	9.59
8.11	7.81	7.35	7.53	7.80	8.07	8.48	8.81	8.91	7.70	8.54	8.84	8.23	8.45	8.30	8.24
9.23	9.02	8.82	8.53	9.01	9.57	9.40	10.41	10.89	9.52	9.63	9.56	10.38	9.83	9.80	9.48
8.27	7.75	7.16	7.85	7.77	8.20	8.40	8.23	10.04	9.07	8.87	8.07	8.75	9.21	9.45	8.38
8.30	7.43	7.10	7.81	7.91	7.97	8.65	8.41	10.41	9.45	8.81	7.97	8.84	8.85	9.56	8.15

续表

基因在正常对照（Normal,N）样本中的表达值						基因在鼻咽癌（Tumor,T）样本中的表达值									
N1	**N2**	**N3**	**N4**	**N5**	**N6**	**T1**	**T2**	**T3**	**T4**	**T5**	**T6**	**T7**	**T8**	**T9**	**T10**
3.42	5.35	5.48	5.37	6.48	6.16	7.78	7.71	5.45	6.20	6.33	9.20	7.39	8.39	6.76	7.87
6.99	7.30	7.26	7.22	7.22	7.45	7.79	8.28	8.56	7.75	7.53	7.72	7.42	7.43	8.12	8.08
11.75	10.03	10.33	10.68	10.75	10.94	11.25	11.55	11.51	12.30	11.56	11.43	11.35	11.43	11.43	11.56
7.45	7.48	6.86	7.54	7.65	7.46	8.47	9.00	9.01	7.93	8.06	7.94	7.76	7.65	7.90	8.24
6.46	6.40	5.95	6.58	6.77	6.98	7.07	7.24	7.88	7.18	6.79	6.95	6.98	7.03	7.30	7.03
6.24	6.53	6.16	6.01	6.44	6.87	6.49	7.34	7.78	7.34	7.30	6.70	7.22	6.81	7.30	6.62
7.48	8.12	7.40	7.38	7.85	8.42	8.09	8.77	8.90	8.66	8.15	7.95	8.75	8.63	8.64	8.26
6.71	7.06	7.32	6.95	7.27	7.35	8.63	10.13	8.79	7.97	8.25	8.26	8.23	7.08	10.31	7.75
6.71	6.27	6.37	6.44	6.56	6.40	8.00	7.89	8.73	7.72	7.04	7.63	7.29	6.12	6.93	7.53
6.39	6.71	6.68	6.62	7.04	6.80	7.40	7.74	7.87	7.36	7.19	6.82	7.19	6.86	7.52	7.08
9.04	10.01	9.07	9.18	9.83	9.89	9.89	10.19	10.78	10.41	10.47	9.84	10.91	9.78	10.10	10.26
7.71	7.97	7.40	7.52	7.82	8.13	8.29	9.08	8.79	8.69	8.26	7.85	8.15	8.12	8.91	8.24
6.15	6.49	6.02	6.38	6.77	6.96	6.72	7.46	7.66	6.96	7.10	7.16	6.90	7.03	6.76	6.96
8.36	8.34	7.70	7.98	8.22	8.75	8.35	8.65	9.82	9.03	8.99	8.90	9.06	8.47	9.24	9.03
7.23	6.50	6.58	6.12	6.56	7.36	7.59	7.35	9.26	7.31	7.85	8.09	9.37	9.14	7.06	7.42
8.07	8.15	7.54	7.66	7.88	8.54	8.34	8.67	9.38	8.94	8.36	8.51	8.44	9.56	8.29	8.93
8.49	8.30	8.16	7.80	8.15	8.62	8.64	8.85	9.51	8.95	8.68	9.09	9.41	8.81	8.35	8.59
10.79	11.30	10.43	10.68	11.09	11.26	11.33	11.64	12.65	11.64	11.67	11.37	12.12	11.20	11.45	11.48
7.85	8.39	8.07	8.45	8.80	8.54	8.77	9.25	9.12	9.50	8.45	9.09	9.00	8.61	9.04	8.74
7.45	7.12	6.60	7.22	7.64	7.71	7.75	8.53	8.73	8.11	7.95	7.73	7.40	7.74	8.53	8.05
9.30	8.12	7.77	8.27	9.08	9.34	9.82	9.21	11.83	9.22	10.03	10.26	9.81	10.11	9.40	9.39
5.79	6.36	5.87	5.83	6.70	6.77	6.93	7.18	8.57	7.58	7.15	6.77	6.97	6.27	7.40	7.03
10.47	11.22	10.50	10.41	10.72	11.75	10.98	11.85	12.18	11.51	11.38	11.61	12.12	11.18	11.72	11.93
7.90	7.13	6.58	7.45	7.56	7.58	8.21	7.91	10.02	9.04	8.46	7.55	8.44	8.46	9.14	7.68
6.43	6.72	6.58	6.94	7.12	7.06	7.64	8.18	9.05	7.12	7.59	7.56	8.83	7.24	7.43	7.26
7.97	8.41	8.04	8.01	8.49	8.74	8.63	8.83	8.76	9.40	8.77	8.71	8.45	8.79	9.54	9.04
5.85	6.75	6.01	6.55	8.00	8.07	7.56	8.25	10.84	7.18	8.29	9.76	11.56	9.52	8.68	8.02
7.87	7.43	7.43	7.70	7.81	8.69	7.75	8.37	8.83	8.72	8.24	8.53	8.86	9.15	8.61	8.55
7.80	7.86	7.56	7.58	8.13	8.39	8.43	8.39	9.56	9.30	8.40	8.74	8.61	7.90	8.93	8.37
7.91	6.41	7.01	6.43	5.98	7.67	7.43	9.07	8.50	7.35	7.99	8.43	8.62	7.81	8.43	7.08
7.01	7.37	6.93	6.89	7.42	7.91	7.32	8.49	8.27	8.20	7.48	7.80	8.25	8.28	7.72	7.77

续表

基因在正常对照（Normal,N）样本中的表达值						基因在鼻咽癌（Tumor,T）样本中的表达值									
N1	**N2**	**N3**	**N4**	**N5**	**N6**	**T1**	**T2**	**T3**	**T4**	**T5**	**T6**	**T7**	**T8**	**T9**	**T10**
6.07	6.34	6.11	6.14	6.70	6.68	6.38	6.75	7.45	7.15	7.39	7.32	6.82	7.18	8.16	6.60
8.67	8.56	8.54	8.16	8.91	9.37	8.68	9.24	10.84	10.10	8.95	9.59	10.52	9.27	10.18	10.26
8.79	8.80	8.33	8.62	8.92	9.29	9.10	9.48	9.98	9.78	9.18	8.91	9.16	9.45	9.58	9.25
7.72	7.29	7.44	7.14	7.26	7.63	7.49	8.21	8.94	8.22	7.62	8.03	7.68	8.18	8.13	8.02
7.52	7.79	7.38	7.39	7.76	8.18	7.90	8.82	9.20	7.67	7.90	8.55	8.34	8.66	8.60	8.43
9.82	9.94	9.41	9.73	9.97	10.03	10.29	10.94	11.02	10.46	10.39	10.04	10.18	9.79	10.73	10.38
8.68	8.59	8.08	8.21	8.71	8.86	8.99	9.05	9.79	9.57	8.88	9.08	8.93	9.00	8.76	8.97
8.82	8.64	7.99	7.94	8.61	8.89	9.57	9.83	10.07	10.52	8.83	8.74	8.37	10.24	9.19	9.78
7.20	6.52	6.72	6.90	7.05	7.72	6.89	7.70	8.12	8.04	7.30	7.73	8.07	8.13	7.75	7.54
8.00	7.69	6.88	7.05	7.27	8.05	8.06	8.58	8.33	7.82	7.99	8.07	7.84	7.92	8.20	8.47
12.92	12.60	12.41	11.95	12.62	13.32	12.53	13.38	14.13	12.87	13.91	13.34	14.28	13.79	13.32	13.57
7.14	7.77	7.08	7.36	7.89	7.83	8.17	8.50	8.44	8.06	7.87	7.73	8.19	7.51	8.36	8.34
10.77	9.88	9.69	9.28	9.33	10.66	10.48	11.25	11.16	10.45	10.45	10.98	11.69	11.67	10.43	10.35
8.45	8.58	8.09	7.85	8.23	8.99	8.72	9.01	9.50	9.03	8.67	9.09	9.51	9.09	8.44	8.96
7.75	6.73	6.16	6.53	6.86	6.97	7.01	7.13	8.33	8.03	7.29	7.81	8.00	8.01	7.51	7.34
10.03	9.73	9.25	9.05	9.67	10.03	10.22	10.15	12.62	10.37	10.65	10.39	11.16	10.90	10.11	10.36
12.02	12.95	12.61	12.05	12.23	13.05	12.94	13.59	13.51	12.63	13.08	12.88	13.43	13.11	12.97	13.03
8.42	8.83	8.45	8.46	8.95	9.03	9.34	9.57	10.59	9.71	8.85	9.25	9.24	8.83	9.56	9.34
8.94	9.45	9.01	8.98	9.65	9.58	9.71	10.23	10.41	10.08	9.82	9.62	9.54	9.26	10.20	9.87
6.93	7.79	7.20	7.30	7.66	7.57	8.16	8.93	8.78	7.96	7.80	7.51	8.60	7.39	8.24	8.45
9.89	9.55	8.87	8.84	9.26	10.20	9.95	9.83	12.38	10.14	10.44	10.24	10.90	11.04	9.99	10.57
10.26	10.97	10.49	10.34	10.73	11.25	10.87	11.61	12.08	11.28	11.06	11.43	11.90	10.70	11.31	11.49
10.95	11.23	10.46	10.39	10.59	11.38	11.41	12.07	12.29	11.35	11.37	11.77	11.40	12.53	10.60	12.15
12.80	12.50	12.34	12.11	12.20	13.29	12.85	13.92	14.25	12.59	13.18	13.39	14.03	14.12	13.38	12.73
6.52	7.29	6.45	6.92	7.11	7.08	7.74	7.90	8.72	7.85	7.26	7.35	7.55	6.79	8.03	7.44
7.83	8.11	7.31	6.96	7.93	7.49	10.46	8.25	8.10	7.67	10.86	10.99	12.30	9.85	8.04	9.18
6.68	6.32	6.40	5.79	6.34	6.93	7.08	7.43	8.34	6.33	7.18	7.15	7.87	8.05	7.55	6.40
6.45	6.08	6.01	6.48	6.17	6.27	6.65	8.52	7.29	9.44	6.84	8.58	6.16	8.15	6.80	7.25
12.99	13.05	12.93	12.62	12.74	13.23	13.49	14.28	14.37	12.82	13.56	13.73	14.12	14.31	13.41	12.92
7.54	6.42	6.01	6.15	6.71	6.34	7.41	8.15	8.57	8.15	6.99	7.53	6.48	8.13	6.51	8.01
11.48	12.01	11.35	11.52	11.47	12.10	11.74	12.33	12.40	12.30	11.70	11.90	12.28	12.82	12.49	12.38

续表

基因在正常对照（Normal,N）样本中的表达值						基因在鼻咽癌（Tumor,T）样本中的表达值									
N1	N2	N3	N4	N5	N6	T1	T2	T3	T4	T5	T6	T7	T8	T9	T10
10.73	10.63	10.52	10.20	10.40	10.88	10.84	11.96	11.16	10.60	11.06	11.23	11.93	11.98	11.40	10.70
7.41	7.26	7.02	6.69	6.69	8.21	7.29	8.82	9.06	7.47	7.95	8.80	9.54	8.63	7.97	7.56
6.09	6.49	6.60	6.36	6.15	6.58	6.39	7.78	7.81	6.57	6.78	7.09	7.64	7.16	7.06	6.61
7.65	8.09	7.72	7.76	8.05	8.31	8.31	8.33	8.39	9.07	8.48	8.28	8.01	8.29	9.19	8.56
7.24	7.15	6.95	6.59	7.23	7.67	7.76	8.90	9.57	8.36	8.40	7.63	7.59	7.17	7.79	7.81
5.96	6.79	5.53	5.20	6.08	5.88	8.91	6.57	6.33	5.89	9.34	9.38	10.93	8.14	6.36	7.65
8.06	7.73	7.84	7.33	8.26	8.09	8.32	9.34	8.64	9.08	8.18	8.24	8.53	8.08	8.92	8.11
6.62	7.16	7.11	6.97	7.51	7.21	7.89	8.25	8.41	7.85	7.70	7.15	7.33	7.11	8.04	7.67
6.34	6.50	6.26	6.49	7.11	6.79	7.16	7.71	7.99	6.83	6.72	6.97	7.12	6.81	7.51	7.24
14.75	14.28	14.48	13.81	14.03	14.63	15.02	15.82	16.59	14.19	15.10	15.44	16.40	14.60	15.04	15.04
8.20	9.14	8.60	8.44	8.80	9.35	8.94	9.52	10.55	9.03	10.35	9.83	9.86	9.19	9.06	9.40
8.30	8.90	8.35	8.52	8.68	9.19	9.22	9.89	10.73	8.74	9.31	9.42	11.15	9.50	9.10	9.30
8.85	8.84	8.73	8.52	9.10	9.65	9.31	9.58	10.58	10.44	9.52	9.87	9.77	8.81	9.79	9.34
9.14	9.13	8.86	8.69	8.75	9.47	9.34	10.57	10.29	9.13	9.52	9.87	10.89	10.14	9.44	9.09
6.75	7.21	6.48	6.95	6.84	7.40	7.63	8.02	9.42	7.69	7.75	7.38	7.54	6.81	8.20	7.77
7.52	8.32	7.97	8.06	8.34	8.38	8.66	9.41	9.47	8.58	8.03	9.24	8.73	9.88	8.15	8.77
8.30	8.34	7.99	8.12	8.43	8.46	8.76	8.51	10.70	8.83	8.97	8.77	9.35	9.23	8.69	8.82
5.35	6.33	5.51	5.95	7.59	7.63	6.85	7.52	10.22	6.62	7.53	8.99	11.08	8.99	7.99	7.20
8.50	8.77	8.29	7.97	8.41	8.98	8.49	9.37	8.66	9.42	8.68	8.95	9.77	9.43	8.99	9.39
7.01	7.02	7.27	6.39	6.98	7.07	7.69	7.79	7.56	8.54	7.11	7.45	7.34	6.92	8.30	7.61
8.14	8.39	8.60	8.54	9.25	8.83	9.08	9.59	9.55	9.89	8.67	9.25	9.22	8.84	9.19	8.93
8.05	8.17	7.77	8.05	8.41	8.35	8.69	9.10	9.14	8.32	8.68	8.43	8.22	8.14	9.11	9.17
9.35	8.89	8.91	8.62	9.26	9.39	9.38	10.06	10.90	10.80	10.03	10.38	10.13	8.37	10.17	9.64
7.14	6.64	6.81	6.27	7.00	7.42	7.31	7.14	8.94	7.94	7.51	7.54	7.73	7.05	7.75	7.38
8.43	7.40	7.61	7.14	7.05	7.78	8.46	8.90	8.03	9.72	7.72	8.91	8.64	8.13	8.78	7.48
5.64	6.09	6.39	6.38	6.60	6.44	7.25	7.14	6.38	7.15	6.97	6.91	6.14	6.48	7.56	7.88
11.30	11.07	10.97	10.17	10.55	11.93	11.45	12.03	12.69	10.69	11.79	12.12	12.84	12.97	11.57	11.71
10.16	10.64	10.41	9.77	10.50	11.17	10.65	11.56	11.95	10.52	11.06	11.33	11.83	10.55	11.22	11.22
7.87	6.49	7.03	6.58	6.24	6.79	7.83	8.27	7.44	8.94	7.08	8.40	7.95	7.30	8.14	6.61
7.85	7.14	7.00	6.71	6.92	8.09	7.63	8.13	8.90	7.20	8.09	8.17	8.98	8.53	7.82	7.74
7.15	7.61	6.95	7.25	7.57	7.90	7.62	8.61	8.75	8.10	7.77	7.54	7.59	8.09	8.54	7.83

续表

基因在正常对照（Normal,N）样本中的表达值						基因在鼻咽癌（Tumor,T）样本中的表达值									
N1	N2	N3	N4	N5	N6	T1	T2	T3	T4	T5	T6	T7	T8	T9	T10
9.77	9.76	9.60	9.16	9.30	10.42	9.90	10.95	10.92	9.82	10.01	10.35	11.56	11.02	10.17	10.05
7.15	6.92	7.12	6.61	7.29	7.21	7.34	8.34	7.68	8.15	7.22	7.44	7.66	7.08	8.14	7.30
11.91	11.40	11.19	10.54	10.94	12.04	11.76	12.96	12.93	11.67	11.52	12.84	12.55	11.69	11.95	11.91
7.16	7.26	6.96	7.03	7.28	7.62	7.76	8.70	8.29	8.36	7.79	7.22	7.36	7.25	8.29	7.71
7.87	8.35	7.71	7.80	8.47	9.00	8.78	9.11	10.19	8.68	8.95	9.14	9.27	7.74	9.46	9.06
7.55	8.16	7.60	7.73	8.07	8.47	8.17	8.55	9.12	8.42	8.36	8.41	8.25	8.47	9.98	8.64
6.75	7.15	6.84	6.86	6.85	7.29	7.81	7.60	8.33	8.01	7.35	6.96	7.00	7.00	7.64	7.72
8.21	7.94	7.42	7.58	8.01	8.43	8.53	9.02	9.68	8.31	8.65	7.99	8.45	7.88	8.98	8.85
7.00	6.73	6.51	6.64	6.66	6.78	6.81	7.80	7.37	7.04	6.56	7.14	7.83	7.85	6.95	7.68
10.32	8.99	8.84	8.36	8.96	10.02	9.40	10.51	10.18	10.37	10.07	10.71	10.64	10.64	9.66	9.19
6.70	6.40	5.91	6.48	6.90	6.51	7.36	6.94	9.98	8.05	7.17	7.01	7.13	7.45	6.81	7.57
10.47	10.14	9.68	9.90	9.99	10.81	10.82	12.15	13.48	9.62	11.48	12.19	13.34	11.81	10.66	10.29
8.92	9.26	9.16	8.22	8.63	10.14	9.41	9.87	11.67	8.90	10.22	10.94	11.63	10.21	9.42	9.89
7.89	8.06	7.59	7.81	8.01	8.23	8.11	8.61	9.10	8.23	8.19	8.52	8.38	8.59	9.90	8.28
10.08	10.19	9.93	9.65	9.98	10.56	10.42	10.95	10.92	9.86	10.58	10.93	12.06	10.95	10.53	10.48
12.64	12.22	11.67	11.53	11.25	12.95	12.28	13.52	13.68	11.96	12.54	13.03	13.80	13.70	12.93	12.32
6.60	6.64	6.07	6.63	6.93	7.02	7.41	6.98	9.06	6.63	7.37	7.53	7.56	6.95	7.15	7.91
13.31	12.89	12.76	12.39	12.57	13.54	13.01	14.09	14.30	12.80	13.48	13.65	14.16	14.31	13.69	13.03
8.89	7.90	8.04	7.68	7.48	8.18	8.89	9.39	8.40	10.14	8.09	9.41	8.97	8.61	9.08	7.87
12.67	11.97	11.42	11.42	11.82	11.97	11.97	13.12	14.03	13.84	12.21	13.11	13.26	11.78	11.89	13.60
8.36	8.50	7.62	8.22	8.15	8.41	8.63	9.48	9.49	8.91	8.50	8.38	8.36	8.31	9.13	8.77
11.95	12.01	11.68	11.37	11.69	12.27	12.16	13.23	13.33	12.05	12.23	12.80	14.04	12.89	12.17	11.75
6.27	5.20	5.06	4.72	5.22	5.90	6.40	8.68	7.40	4.79	6.29	8.13	7.07	9.02	4.82	7.41
6.77	8.48	8.70	7.91	8.83	8.53	8.95	8.98	9.91	9.36	9.38	8.65	9.70	8.31	8.73	8.58
5.65	6.60	6.18	6.31	6.98	6.49	6.72	7.62	8.91	6.45	7.03	7.47	6.49	7.77	7.16	6.95
7.66	7.93	6.78	7.64	7.81	7.79	8.24	9.31	8.98	8.55	7.77	8.01	8.29	7.46	8.55	8.00
13.82	13.28	13.04	12.76	12.63	13.65	13.55	14.56	14.36	13.34	13.35	14.04	15.29	14.23	13.62	13.59
6.97	6.44	5.91	5.89	6.18	6.76	6.95	7.01	8.36	6.93	6.49	7.52	8.86	7.44	6.12	7.51
8.02	8.61	8.08	8.61	9.03	9.06	9.16	9.73	11.55	9.25	9.49	8.99	8.97	9.43	9.15	9.07
7.04	6.06	6.09	5.78	5.99	6.73	7.39	9.62	8.41	5.52	7.16	9.01	8.05	9.74	5.57	8.35
7.89	8.30	7.86	8.22	8.51	8.77	8.92	8.53	10.23	9.03	8.95	8.98	8.24	8.66	8.76	8.84

续表

基因在正常对照（Normal,N）样本中的表达值						基因在鼻咽癌（Tumor,T）样本中的表达值									
N1	N2	N3	N4	N5	N6	T1	T2	T3	T4	T5	T6	T7	T8	T9	T10
5.40	6.42	5.68	6.01	7.11	6.91	5.79	7.47	8.15	6.51	7.28	6.58	7.79	7.82	7.56	7.09
12.48	11.79	11.17	11.29	11.63	11.74	11.81	12.96	13.86	13.70	11.99	12.88	13.00	11.56	11.63	13.35
7.11	5.62	6.18	5.71	5.89	6.78	7.29	9.73	8.35	5.45	7.13	9.06	7.96	9.65	5.54	8.31
6.07	5.80	5.09	5.00	6.74	7.71	6.52	7.15	7.91	7.35	7.86	6.60	6.52	6.64	8.04	6.58
9.49	10.33	9.87	9.84	10.07	10.62	10.03	11.95	12.49	9.81	11.03	11.51	12.19	10.37	10.67	10.65
7.74	7.32	7.31	6.81	6.74	8.20	7.96	8.51	8.42	7.01	8.09	8.55	8.72	9.07	7.82	7.45
13.92	14.05	13.73	13.45	13.63	14.89	14.33	15.03	16.15	13.67	14.35	15.36	15.72	15.02	14.23	14.59
8.56	7.92	7.88	8.15	8.22	8.13	8.08	8.96	9.21	10.47	8.32	9.30	8.75	8.45	9.93	8.36
11.24	11.27	11.09	10.42	10.60	11.73	11.10	11.92	12.86	11.32	11.50	12.58	13.06	12.18	11.67	11.02
5.96	6.46	6.01	6.55	6.79	6.79	7.32	7.32	8.27	7.18	6.78	6.54	7.06	6.22	7.33	6.96
7.29	6.39	6.21	5.82	6.23	7.08	7.37	9.68	8.52	5.83	7.32	9.25	8.12	10.02	5.83	8.63
5.10	7.31	6.58	5.85	8.09	7.71	8.11	7.86	8.53	8.67	7.52	6.30	7.35	8.44	7.94	8.62
9.45	9.75	9.67	8.87	9.06	10.37	9.87	10.33	11.99	9.28	10.59	11.32	11.97	10.33	9.86	10.09
6.48	9.01	8.48	8.14	9.27	9.85	9.34	9.31	10.32	9.11	10.23	10.01	8.55	9.58	10.35	9.49
7.15	6.93	6.69	6.64	7.06	7.74	7.87	8.18	8.58	8.00	8.07	7.49	7.25	6.50	8.95	7.45
14.66	13.41	13.28	12.96	13.56	13.39	13.95	14.66	14.95	15.17	14.10	13.91	14.21	13.87	13.81	13.85
8.25	7.96	7.73	7.05	7.52	8.63	8.22	8.56	8.71	7.71	8.12	9.20	9.35	9.43	8.26	8.45
14.08	12.46	12.41	11.76	12.53	12.90	13.00	13.85	14.13	14.31	13.31	13.09	13.44	13.34	13.03	13.15
8.76	9.26	8.37	8.79	9.05	10.27	9.05	9.75	10.27	10.01	9.36	9.25	9.78	10.46	9.97	9.80
5.96	6.59	6.18	6.43	6.83	6.84	6.98	7.47	8.36	6.73	7.13	6.30	7.62	7.09	6.77	6.85
6.83	6.67	6.07	6.37	6.75	6.51	6.84	6.61	9.47	6.44	7.45	7.04	7.62	7.67	7.34	7.70
7.71	6.40	6.20	5.98	6.67	7.00	7.99	6.76	8.92	8.43	6.72	7.49	6.07	7.76	8.28	8.36
6.25	6.63	5.16	6.76	7.20	6.45	7.17	8.67	7.32	6.99	6.91	6.79	6.40	6.90	7.42	7.62
8.01	7.22	6.69	6.70	7.31	7.47	8.31	7.44	9.26	8.73	7.34	7.80	6.82	7.87	8.65	8.56
10.28	11.32	10.44	10.50	11.11	11.20	11.04	11.64	12.10	11.22	11.49	11.42	12.23	10.52	11.28	11.33
7.05	6.46	5.98	6.01	6.18	6.63	6.90	7.03	8.40	6.91	6.11	7.37	8.54	7.48	6.22	7.43
8.74	8.36	8.57	8.06	8.50	9.24	9.05	9.04	9.90	8.33	9.14	8.72	9.48	9.35	9.67	8.83
14.96	13.58	13.42	12.96	13.70	13.66	14.04	14.72	15.06	15.32	14.19	14.06	14.43	14.15	13.98	14.11
7.58	7.51	7.59	8.19	8.31	7.35	8.62	8.02	9.21	8.75	8.23	8.39	8.76	7.68	7.48	8.58
10.92	10.02	9.60	9.15	9.36	9.99	10.27	11.14	12.24	11.65	9.90	11.44	11.20	9.57	9.59	11.81
6.25	7.29	6.38	7.07	7.57	7.27	7.32	8.32	8.16	8.12	7.46	7.01	7.12	7.04	8.18	7.53

续表

基因在正常对照（Normal,N）样本中的表达值						基因在鼻咽癌（Tumor,T）样本中的表达值									
N1	N2	N3	N4	N5	N6	T1	T2	T3	T4	T5	T6	T7	T8	T9	T10
6.59	6.89	6.28	6.95	6.62	6.54	6.71	8.70	7.55	9.44	6.87	8.61	6.41	8.16	6.82	7.17
8.34	8.35	7.73	7.94	8.41	8.70	8.91	9.11	9.77	8.81	9.21	8.02	7.88	9.27	8.73	8.98
6.66	7.76	7.47	7.78	7.86	7.28	8.16	10.85	9.67	7.38	7.22	10.36	9.23	9.42	7.06	8.35
6.51	6.87	5.76	6.78	7.02	6.96	7.19	8.27	7.89	7.59	6.61	6.87	7.10	6.64	7.40	7.27
5.32	8.00	7.59	7.16	8.43	8.49	8.32	8.23	9.18	8.11	9.01	8.83	7.53	8.28	9.23	8.16
7.14	7.82	7.82	8.21	8.50	8.16	8.90	8.90	9.55	9.08	8.35	8.23	8.72	7.45	8.62	8.24
6.18	6.63	6.00	6.55	7.11	6.95	7.12	7.53	8.49	6.87	7.44	6.80	6.82	6.68	6.77	7.48
7.34	6.38	6.67	6.16	6.98	7.08	6.97	8.43	8.57	6.39	7.12	8.36	8.22	7.59	6.47	8.03
8.88	9.10	8.63	8.67	9.09	9.02	9.22	9.32	10.64	9.64	9.38	9.34	10.00	8.67	9.15	9.18
7.70	7.24	7.32	7.40	7.23	7.43	7.95	7.55	10.15	8.44	7.70	8.00	7.90	8.04	7.42	8.20
9.04	8.03	7.83	7.75	7.60	8.05	8.68	8.86	8.86	10.01	8.22	8.94	7.75	8.35	9.43	8.53
7.99	7.03	6.97	6.91	7.37	7.52	8.35	7.64	9.28	8.87	7.31	7.75	6.76	7.86	8.58	8.44
7.77	7.67	7.19	7.69	8.15	7.86	8.49	9.16	9.43	7.81	7.91	8.08	7.34	8.54	8.18	9.30
7.13	6.16	5.83	6.37	6.82	6.33	6.39	8.79	8.74	7.55	7.23	7.94	6.19	6.62	6.61	7.67

附录 B 鼻咽癌中差异表达 mRNA 基因芯片原始结果

鼻咽癌中差异表达 mRNA 基因芯片原始结果见表 B-1。

表 B-1 鼻咽癌中差异表达 mRNA 基因芯片原始结果

基因在正常对照（Normal,N）样本中的表达值						基因在鼻咽癌（Tumor,T）样本中的表达值									
N1	N2	N3	N4	N5	N6	T1	T2	T3	T4	T5	T6	T7	T8	T9	T10
6.54	6.80	6.28	6.20	6.63	6.68	8.12	10.10	9.75	8.81	8.94	9.18	9.11	9.45	9.31	9.51
5.29	4.52	4.70	4.81	5.00	5.04	6.81	7.65	7.77	7.10	6.29	7.33	7.26	6.89	6.87	7.01
5.25	6.85	7.73	7.58	7.69	7.27	11.07	11.46	11.64	11.01	10.27	11.72	12.90	12.18	9.76	11.00
9.13	8.41	8.21	7.52	8.24	8.80	10.07	10.35	11.06	11.10	10.47	11.17	10.73	10.41	10.50	10.01
5.39	5.75	5.67	5.00	5.70	5.39	7.14	7.84	8.91	7.64	7.03	8.02	8.33	7.79	7.44	7.22
5.36	5.61	5.58	5.43	6.19	5.81	7.08	7.14	8.40	7.32	7.53	7.30	7.48	7.73	7.12	7.03
5.64	5.67	5.64	4.70	5.58	6.95	7.32	7.95	8.87	8.09	8.42	8.62	7.98	8.55	8.61	7.83
7.74	8.02	7.33	8.25	7.74	8.22	9.44	9.35	9.65	9.14	8.90	9.80	9.45	9.73	9.06	9.30
4.12	5.60	5.88	6.37	6.53	5.91	9.42	9.74	8.95	8.27	8.03	9.38	11.08	9.66	8.56	9.19
10.47	10.46	11.04	9.40	10.25	11.25	11.70	12.41	12.29	12.50	12.28	12.40	12.02	12.36	12.15	12.46
7.06	6.93	6.86	6.13	6.91	7.43	7.77	9.29	9.50	9.19	8.61	8.73	8.79	8.84	9.13	8.27
8.10	7.76	7.69	7.72	8.38	8.08	9.78	8.94	8.93	8.95	9.09	9.72	9.10	9.50	9.24	9.57
6.70	6.87	6.36	6.54	7.19	7.13	8.93	8.44	9.48	7.91	8.57	8.29	8.37	8.60	7.92	8.96
8.26	8.85	8.11	8.32	8.40	8.85	9.68	9.25	9.86	9.46	9.35	9.89	9.35	9.76	9.90	9.86
9.32	9.49	10.18	10.26	10.36	10.00	12.32	11.76	11.20	11.51	11.30	11.81	11.60	11.21	11.15	12.20
8.29	8.38	8.33	7.41	8.03	8.72	9.14	10.13	10.79	9.95	9.56	10.17	9.96	9.88	9.88	9.64
4.64	5.70	5.39	4.91	5.64	5.64	6.70	8.27	7.91	7.64	7.43	7.57	6.55	6.99	7.89	6.83
5.98	6.21	6.13	5.73	6.13	6.25	7.23	7.67	7.73	7.21	6.75	7.61	7.25	6.88	7.49	7.01
5.21	5.17	5.52	4.00	5.21	6.15	6.81	8.44	8.48	8.74	7.74	7.97	8.29	6.71	8.95	7.55
9.32	8.40	8.03	7.52	8.53	8.69	9.95	10.71	11.85	10.47	10.76	10.61	10.23	10.30	10.25	10.20
5.73	6.09	5.73	5.21	6.29	6.19	7.68	8.29	8.36	7.40	7.40	7.85	7.47	7.49	6.98	7.01

续表

基因在正常对照（Normal,N）样本中的表达值						基因在鼻咽癌（Tumor,T）样本中的表达值									
N1	N2	N3	N4	N5	N6	T1	T2	T3	T4	T5	T6	T7	T8	T9	T10
3.91	4.70	5.09	3.32	4.17	6.09	6.34	7.80	8.68	8.25	7.17	7.13	7.19	7.43	7.07	7.25
5.58	5.25	5.61	4.39	5.58	6.85	6.99	8.19	8.23	7.85	7.29	7.55	8.01	7.38	7.98	7.55
6.00	6.15	5.46	5.52	6.46	6.34	7.38	7.24	8.40	7.94	7.89	7.68	8.02	7.83	6.94	7.25
3.81	6.11	5.61	4.86	5.88	5.36	7.25	8.23	7.89	7.27	7.07	8.17	7.98	8.58	6.97	7.64
9.57	9.27	9.13	8.77	9.22	9.58	10.08	10.80	11.70	10.53	11.16	11.62	10.74	10.96	10.72	10.62
6.09	5.46	5.00	5.04	5.46	5.58	7.25	7.22	6.77	6.09	7.24	7.51	7.76	7.55	6.78	7.47
5.95	5.67	5.88	5.39	5.55	6.32	6.75	7.67	8.29	7.91	7.60	7.59	6.89	6.95	8.01	7.25
5.87	6.16	6.12	5.83	6.30	6.56	6.84	7.46	8.40	7.30	7.64	8.05	7.61	7.58	8.13	8.34
6.54	6.43	5.98	4.81	6.74	7.29	7.99	9.23	10.40	8.66	8.84	9.32	9.61	9.20	7.97	8.95
11.49	11.30	11.58	10.13	10.90	12.01	12.41	13.11	13.72	13.17	12.86	13.42	12.83	12.84	12.92	12.88
7.26	8.30	8.12	7.84	8.50	8.01	10.23	10.54	11.20	10.76	9.05	10.00	9.58	9.66	9.80	9.64
10.69	10.60	10.07	10.19	10.60	10.95	11.68	11.66	12.51	11.62	11.66	12.13	12.04	11.83	11.49	11.31
6.00	5.71	6.02	4.05	5.73	6.79	7.90	9.48	10.02	8.94	8.48	8.15	8.35	7.50	9.43	7.95
6.41	6.15	5.86	5.88	5.91	5.55	7.00	11.35	11.02	10.10	8.79	9.71	9.60	9.81	8.23	9.07
5.21	5.70	5.00	5.25	6.04	5.78	7.51	6.73	7.92	7.06	6.88	7.71	6.67	7.77	6.46	7.52
6.29	4.70	4.75	4.39	5.09	5.67	6.61	7.19	7.48	7.90	6.55	7.26	6.58	7.47	6.83	7.64
7.28	7.11	6.99	6.75	6.99	7.26	8.11	8.68	9.06	8.31	8.35	7.73	8.46	7.83	8.63	8.18
5.43	6.25	7.06	5.58	6.23	6.93	7.80	9.06	9.57	9.04	8.43	8.68	8.88	7.31	9.06	8.03
12.93	12.57	12.76	11.96	12.94	13.16	13.82	14.00	14.70	14.33	14.59	14.38	14.57	13.54	14.01	13.82
6.48	6.41	6.27	5.64	6.17	6.55	7.40	7.15	7.34	7.01	6.95	7.74	7.39	7.48	7.35	7.76
6.13	6.58	6.41	6.09	6.64	6.94	7.62	8.32	8.63	8.87	7.44	8.71	8.63	7.81	7.61	7.79
7.81	8.09	7.22	7.75	8.05	7.95	9.51	9.78	9.79	9.43	8.58	10.10	10.19	10.08	8.62	9.45
5.42	5.39	5.79	4.59	5.13	5.89	6.75	8.05	9.28	8.14	7.28	7.68	7.47	6.78	7.93	7.12
8.13	7.91	7.31	7.64	7.66	8.20	9.12	9.67	9.14	9.68	8.80	9.28	9.27	9.34	8.55	8.64
7.39	7.33	7.02	6.89	7.00	7.91	8.12	9.23	9.89	8.89	9.03	9.33	9.27	8.92	8.82	8.11
9.38	9.46	8.96	9.14	9.24	9.52	10.47	10.39	10.45	10.32	9.67	10.26	9.98	10.29	10.01	10.23
6.07	6.87	6.07	6.23	6.29	6.85	7.80	8.19	9.28	7.94	7.83	7.83	7.87	7.39	8.14	7.71
9.43	9.58	9.68	9.12	9.68	9.22	10.66	10.86	11.69	10.87	10.32	11.03	11.43	10.39	10.50	10.56
6.21	7.40	6.78	7.09	6.87	6.92	9.05	8.59	8.77	8.55	8.17	9.67	9.32	10.48	8.18	8.76
8.06	7.94	7.33	7.16	7.91	8.53	8.66	9.29	9.99	9.89	9.42	9.57	9.83	9.29	9.11	8.95
7.59	7.55	7.40	7.22	7.81	8.16	8.12	8.84	9.11	8.76	9.01	8.98	9.24	8.89	8.91	8.37
7.61	7.99	7.90	7.55	8.10	8.17	8.62	9.93	9.93	9.67	8.95	9.10	8.93	9.03	9.46	9.00
11.12	10.91	11.14	10.17	11.06	11.66	12.43	12.96	12.69	12.94	12.19	12.49	12.17	11.80	12.16	12.76

续表

基因在正常对照（Normal,N）样本中的表达值						基因在鼻咽癌（Tumor,T）样本中的表达值									
N1	**N2**	**N3**	**N4**	**N5**	**N6**	**T1**	**T2**	**T3**	**T4**	**T5**	**T6**	**T7**	**T8**	**T9**	**T10**
6.95	7.11	6.55	6.74	6.91	7.55	8.07	8.52	8.13	8.60	8.08	7.96	7.93	7.54	8.59	8.38
7.52	7.01	6.77	6.73	7.48	7.69	8.13	8.84	9.78	9.50	8.84	8.75	9.50	8.74	8.90	8.09
6.27	5.25	4.91	6.13	6.27	6.36	8.61	8.29	8.91	7.62	7.94	10.47	10.09	10.56	7.69	8.90
7.42	7.70	7.20	7.52	7.73	7.67	8.48	8.61	9.41	8.72	8.45	8.49	8.08	8.78	8.39	8.78
9.86	9.30	10.04	7.12	9.03	10.87	10.94	12.51	12.62	12.59	11.76	12.87	12.84	11.63	13.03	12.21
9.72	10.03	9.26	9.36	9.75	10.84	10.65	11.23	11.69	11.38	10.94	11.40	11.78	11.56	11.29	11.09
6.94	6.70	6.39	6.61	7.00	7.38	7.55	7.88	8.29	7.97	8.38	8.26	7.48	8.11	8.17	7.69
6.48	6.75	6.67	6.15	6.83	7.40	7.78	9.01	9.44	7.88	8.26	8.06	8.21	8.06	9.13	8.28
5.52	5.00	4.32	4.58	5.36	5.13	6.63	6.32	7.82	7.06	7.17	7.60	5.75	7.06	7.57	6.25
5.17	4.70	5.36	4.81	5.58	5.52	6.63	8.65	9.04	7.29	8.03	6.27	7.13	8.29	8.07	6.83
6.19	6.30	6.36	5.36	6.29	7.22	7.89	8.71	9.49	8.99	8.91	8.06	8.38	7.18	9.12	7.70
9.78	9.61	9.29	8.98	9.49	9.60	10.13	10.56	10.29	10.42	10.27	10.20	10.76	10.25	10.22	10.11
8.61	9.42	8.97	8.71	9.08	9.54	9.91	10.10	10.93	10.36	10.57	9.91	9.92	10.19	10.80	10.37
6.94	6.95	6.58	6.87	6.98	7.40	7.66	7.99	8.30	7.85	7.53	7.98	8.11	7.88	7.52	7.81
7.98	7.89	6.67	6.97	7.97	8.15	9.10	9.42	11.52	8.99	9.80	10.27	10.12	10.07	10.45	9.12
11.89	11.79	11.84	11.35	12.22	12.33	12.71	13.11	13.59	13.24	12.85	13.72	13.07	13.03	13.07	12.58
3.91	5.17	4.70	4.70	4.86	6.00	6.21	7.12	9.50	7.09	7.28	7.20	7.58	6.85	7.15	7.88
7.29	6.92	6.19	7.09	6.44	7.35	7.52	9.02	9.27	8.08	8.48	8.41	8.83	8.48	8.30	8.19
12.31	11.83	12.13	10.74	11.73	13.13	12.88	14.22	14.56	14.18	13.47	13.95	14.19	13.65	14.40	13.76
7.04	7.55	6.52	6.88	6.71	7.38	8.60	7.91	8.48	9.03	8.18	8.48	7.91	8.54	7.73	8.81
11.81	11.84	12.36	10.81	11.52	12.67	12.98	13.58	14.01	13.56	13.31	13.24	13.33	12.87	13.16	13.43
5.83	6.30	7.08	5.86	6.43	7.12	7.50	9.17	9.54	8.63	8.03	8.86	9.11	7.91	9.39	7.64
5.52	6.07	5.86	5.32	6.00	6.87	6.78	7.99	8.61	7.96	7.67	7.59	7.53	6.97	7.82	7.28
4.95	5.04	5.32	3.17	5.09	5.93	5.95	7.78	8.29	8.06	7.31	7.50	7.36	6.92	7.68	6.49
7.30	6.93	6.70	6.66	6.97	6.91	7.69	8.63	8.55	7.86	7.98	8.42	8.06	7.98	7.38	7.92
6.89	6.74	7.80	5.84	6.83	7.82	8.09	9.43	9.84	9.28	8.79	9.02	8.91	8.20	9.58	8.53
4.64	5.55	4.00	4.64	5.29	6.00	6.82	7.92	8.11	5.83	7.16	7.12	7.12	6.57	7.49	6.86
5.55	5.39	5.64	4.39	5.88	6.83	6.58	8.77	8.72	8.54	8.04	8.10	8.01	7.15	9.11	7.26
12.08	11.97	12.12	11.40	11.91	12.66	13.02	13.43	14.28	13.77	12.92	13.64	13.67	12.89	13.10	13.27
6.60	6.93	7.03	6.92	7.03	7.13	8.23	8.55	8.54	8.36	8.13	8.69	8.04	7.02	8.06	8.50
9.08	9.13	8.91	8.55	8.87	8.90	9.25	10.62	10.57	10.47	10.14	10.40	11.38	9.94	10.66	10.15
5.95	5.17	5.16	5.21	5.51	5.33	6.27	8.99	9.22	7.71	8.05	7.39	6.62	7.31	7.76	7.41

续表

基因在正常对照（Normal,N）样本中的表达值						基因在鼻咽癌（Tumor,T）样本中的表达值									
N1	N2	N3	N4	N5	N6	T1	T2	T3	T4	T5	T6	T7	T8	T9	T10
9.92	10.01	9.97	9.58	10.25	10.39	10.44	11.31	11.38	11.79	11.39	12.05	12.19	11.61	10.80	11.74
7.68	7.77	7.85	6.95	7.33	8.14	8.80	9.52	9.22	9.16	8.13	8.83	8.66	8.65	9.11	8.81
6.29	7.02	6.09	6.07	7.06	6.85	8.15	9.24	8.90	8.63	8.21	7.73	8.46	7.61	9.83	7.89
6.00	5.75	6.32	4.25	5.52	6.73	6.91	8.43	9.24	8.91	7.95	8.07	7.98	7.30	9.04	7.55
5.09	5.70	5.49	4.81	5.81	6.30	6.93	7.92	9.24	7.07	6.82	7.86	8.12	6.66	8.10	7.88
5.52	6.25	6.25	5.61	7.13	7.42	8.47	8.69	10.22	9.45	9.04	7.87	8.71	8.88	7.38	8.24
7.64	7.27	7.11	6.78	7.11	8.05	8.14	8.89	8.67	9.31	8.71	8.75	8.66	8.34	8.30	8.13
7.41	8.18	7.73	8.39	8.41	8.40	9.96	9.46	9.54	9.02	8.73	9.32	8.96	9.28	9.21	9.74
11.88	11.36	12.45	10.26	11.51	12.42	12.93	13.70	13.89	13.74	13.16	13.39	13.36	12.90	13.10	13.27
6.52	7.06	6.69	6.27	7.11	7.51	7.55	8.11	8.89	8.05	8.18	8.72	8.89	8.14	8.63	7.73
7.14	7.24	7.14	6.81	7.25	7.63	7.93	8.84	9.46	8.44	8.50	9.12	8.70	8.55	8.01	7.94
10.86	10.52	10.16	10.17	10.51	11.28	11.24	12.04	11.63	11.65	11.49	11.61	11.54	12.23	12.11	11.61
11.24	11.21	11.55	10.21	10.83	11.96	11.83	12.92	12.85	12.71	12.14	12.56	12.86	12.43	12.92	12.55
7.17	7.15	6.52	6.57	6.71	7.51	7.32	8.25	8.33	8.54	7.92	7.99	8.18	7.89	8.45	8.03
5.93	4.75	5.58	5.81	5.13	4.86	8.29	8.71	7.31	7.13	6.61	7.83	5.98	7.08	7.41	8.01
9.43	9.60	9.51	9.50	9.65	9.65	11.11	10.72	10.27	10.64	10.09	10.52	10.43	10.73	9.91	10.91
7.38	7.53	7.38	7.42	7.38	7.51	8.78	8.85	9.54	8.58	8.33	8.87	8.03	8.57	7.91	8.58
9.18	9.50	9.23	8.60	9.42	9.78	9.71	10.55	10.68	10.45	10.17	10.79	10.64	10.55	10.56	10.04
7.17	7.78	7.64	7.03	7.54	7.79	8.44	7.60	9.05	9.13	8.82	8.82	8.92	9.01	9.03	8.79
6.74	6.58	6.64	6.51	6.78	7.25	7.44	8.15	8.17	7.43	7.84	7.61	7.76	7.37	7.95	7.38
6.58	7.24	6.67	6.43	7.02	7.34	7.58	7.99	8.84	7.87	7.81	7.99	8.61	8.11	7.83	8.58
10.73	11.19	11.08	10.22	10.87	11.70	11.69	12.17	12.98	12.38	11.93	12.64	12.73	12.10	12.04	12.29
5.73	6.93	6.09	6.55	6.49	6.55	7.29	8.52	10.71	9.23	8.29	8.28	8.73	8.37	8.18	8.31
10.89	10.63	11.35	9.38	10.48	11.98	11.81	12.81	13.40	12.67	12.45	12.38	12.87	12.46	12.79	12.53
6.78	7.29	7.07	6.95	7.58	7.53	8.16	8.49	9.56	8.76	8.25	8.32	9.13	8.00	8.64	8.13
6.46	6.67	5.88	6.32	6.57	6.75	7.75	7.56	8.31	7.48	7.58	8.21	7.43	7.66	7.03	7.14
6.75	6.95	6.34	6.36	6.94	7.54	7.61	8.20	8.45	8.29	7.55	7.74	7.93	8.07	8.10	7.64
6.32	6.28	6.03	6.22	6.59	6.95	6.96	7.81	8.57	8.82	7.68	7.64	7.77	8.21	8.46	7.31
5.78	5.04	4.25	3.46	5.61	5.95	7.31	7.62	7.39	7.43	6.04	8.73	8.20	8.34	7.04	6.83
7.54	8.42	7.73	7.40	8.29	8.41	8.95	9.46	10.74	10.08	9.35	9.80	9.65	9.88	8.65	9.37
6.39	7.03	6.13	6.23	7.42	8.25	9.07	9.14	9.55	9.92	7.91	10.18	10.10	9.67	7.94	9.10
6.55	5.86	5.04	4.91	6.09	6.49	7.59	8.14	9.48	7.97	7.92	7.63	6.97	8.09	6.97	8.17

续表

基因在正常对照（Normal,N）样本中的表达值						基因在鼻咽癌（Tumor,T）样本中的表达值									
N1	**N2**	**N3**	**N4**	**N5**	**N6**	**T1**	**T2**	**T3**	**T4**	**T5**	**T6**	**T7**	**T8**	**T9**	**T10**
9.91	9.94	9.61	9.25	9.77	10.62	10.33	11.54	11.76	11.32	10.97	10.88	11.32	11.49	11.14	10.86
7.10	7.46	7.00	6.89	7.29	7.52	8.01	8.53	8.41	7.68	8.26	7.83	8.02	8.07	8.51	7.89
6.89	7.29	6.87	7.08	7.33	7.38	8.55	9.32	9.14	9.63	7.94	8.72	8.65	9.52	7.61	8.51
8.93	8.98	8.85	8.51	8.87	9.58	9.36	10.65	10.37	10.53	10.08	10.29	10.80	10.19	10.57	9.61
5.73	5.93	5.83	5.61	6.34	6.64	6.55	6.93	7.61	7.60	6.83	7.35	6.88	7.21	7.22	7.20
6.15	6.91	6.74	6.50	6.48	6.85	7.31	8.05	8.80	9.02	7.67	7.86	7.71	7.71	8.30	7.66
8.38	8.59	8.60	8.17	8.60	8.89	9.31	9.71	9.65	9.80	9.05	9.62	9.45	9.65	9.05	9.07
6.39	6.34	6.77	4.77	6.51	7.63	7.47	9.34	10.26	9.75	8.66	8.96	9.01	7.95	9.63	8.25
8.36	8.39	7.82	7.84	8.09	8.79	8.88	9.24	9.13	8.93	9.02	9.66	9.18	9.55	9.02	9.13
6.51	6.85	6.25	6.36	6.87	6.94	7.54	7.29	8.10	7.94	7.61	7.57	7.65	8.01	6.98	7.82
9.84	10.13	10.18	10.47	11.04	10.68	11.86	11.36	11.27	11.77	11.28	12.13	12.06	12.49	11.32	11.38
7.24	7.98	7.01	7.41	7.84	8.44	10.78	10.84	10.73	9.29	9.45	11.91	11.45	12.33	8.37	10.34
8.04	8.45	8.20	7.79	8.15	8.97	9.41	9.24	8.76	9.75	9.15	9.42	9.36	9.54	9.06	9.80
6.15	6.17	5.91	5.98	6.21	6.63	6.67	7.66	7.52	8.31	7.46	6.82	7.93	7.43	7.50	7.09
7.50	7.58	7.36	7.52	7.98	7.58	8.29	9.04	9.25	8.86	8.35	8.28	8.36	8.37	8.96	8.29
5.58	5.83	6.13	6.17	6.46	6.29	7.20	7.73	8.49	7.31	7.83	8.10	7.31	6.67	9.00	7.76
7.93	7.98	7.47	7.82	8.07	8.39	8.82	9.44	9.87	9.26	9.44	8.97	8.16	9.15	9.32	9.20
9.42	9.82	9.44	9.19	9.58	9.93	10.36	10.16	11.64	10.84	10.35	11.05	11.54	10.85	10.67	10.88
4.86	4.81	6.11	4.17	4.64	5.98	7.00	8.17	7.78	8.03	7.37	7.11	6.83	5.75	8.12	6.64
6.95	7.38	6.85	7.28	7.52	7.21	7.41	8.92	9.54	8.96	7.96	8.84	9.27	8.54	8.93	8.85
11.09	10.74	11.83	9.29	10.74	11.70	12.38	13.31	13.99	13.23	12.80	13.28	12.49	12.08	12.90	12.61
7.21	6.13	6.44	6.48	6.67	6.09	7.73	8.87	10.44	9.63	9.41	7.52	8.52	8.31	8.15	8.20
9.47	8.95	8.77	8.24	8.95	9.55	9.70	9.89	10.31	10.05	10.19	10.47	9.68	10.23	10.00	10.19
3.17	5.83	5.09	3.58	5.91	5.49	6.48	7.29	8.98	6.30	7.37	8.38	8.67	9.23	7.54	7.75
5.43	6.34	6.04	6.13	6.73	5.91	7.37	7.88	8.36	8.52	7.31	7.48	7.83	7.73	6.55	7.25
7.07	7.56	6.89	8.47	7.87	7.51	9.93	9.03	8.68	8.73	8.84	10.17	9.57	10.31	8.60	9.89
6.34	6.79	6.19	6.44	6.46	6.70	7.74	8.01	8.10	8.15	7.07	8.50	8.01	6.77	7.76	7.67
11.73	11.83	12.22	10.62	11.61	12.74	12.64	13.40	13.99	13.30	13.21	13.39	13.27	12.92	13.12	13.50
7.29	7.00	6.87	6.95	6.79	6.99	7.88	8.03	9.73	8.78	8.27	8.60	8.09	8.41	7.64	8.35
5.21	5.32	4.64	5.25	4.58	5.04	7.82	8.82	7.01	5.86	6.09	7.31	8.01	7.73	6.36	6.78
9.50	10.17	9.75	9.79	10.03	10.35	10.20	11.47	11.69	11.33	11.15	10.90	11.24	10.85	11.44	10.78
6.41	4.64	5.75	5.29	5.39	5.32	6.71	7.91	7.91	7.29	6.39	7.06	7.73	7.58	6.43	6.64

续表

基因在正常对照（Normal,N）样本中的表达值						基因在鼻咽癌（Tumor,T）样本中的表达值									
N1	**N2**	**N3**	**N4**	**N5**	**N6**	**T1**	**T2**	**T3**	**T4**	**T5**	**T6**	**T7**	**T8**	**T9**	**T10**
8.22	8.17	8.01	7.70	8.24	8.49	9.11	9.15	10.26	9.23	9.39	9.35	9.11	8.61	9.18	9.07
6.85	6.48	6.11	5.86	6.58	6.99	6.94	7.44	8.22	8.29	8.07	7.86	7.88	8.08	8.01	7.16
7.32	7.38	7.28	6.88	7.18	7.67	8.21	8.11	8.47	7.74	8.60	8.14	7.78	7.95	8.32	8.02
10.54	10.00	9.19	9.36	10.29	10.39	10.70	11.63	11.91	11.08	11.86	11.25	11.55	11.32	10.77	11.29
6.07	5.58	6.69	4.09	5.83	6.30	7.47	8.68	9.36	7.55	7.43	7.67	8.04	6.95	8.03	7.89
9.25	9.34	9.34	9.18	9.57	9.34	10.61	10.39	10.55	9.95	9.80	10.39	10.36	10.50	9.68	10.91
8.17	8.20	8.48	7.60	8.17	8.38	9.08	9.62	10.40	9.64	9.47	10.36	9.53	8.58	9.72	9.17
9.52	9.44	9.45	8.71	9.49	9.84	10.49	11.30	12.44	11.31	10.81	10.91	10.96	10.15	11.23	10.41
7.15	7.11	6.82	6.98	7.20	7.46	7.43	7.85	8.44	8.19	7.75	8.03	8.05	8.06	8.20	7.67
8.37	8.47	8.52	8.37	8.65	8.57	11.00	10.69	9.57	10.41	10.04	9.65	9.44	8.86	9.81	10.29
8.11	8.50	8.28	7.81	8.45	9.13	8.96	9.58	10.31	9.69	9.68	9.54	9.91	9.25	9.92	9.19
5.95	6.48	6.44	6.19	6.81	6.69	6.95	7.73	7.72	7.27	7.09	7.65	7.31	7.55	7.39	6.95
8.27	9.00	7.71	8.36	8.69	9.26	9.61	10.12	10.44	10.00	9.37	9.64	9.77	9.56	9.86	9.51
8.52	9.04	7.59	8.37	8.56	9.61	9.52	10.22	10.30	9.91	9.85	9.75	10.03	9.65	10.05	9.91
6.77	7.30	7.19	6.94	7.38	7.46	7.93	7.97	8.44	7.70	7.97	7.87	7.67	7.92	8.24	7.88
8.47	8.08	7.75	7.85	8.38	8.50	9.16	9.42	10.26	9.66	9.46	9.70	8.82	9.08	9.64	8.71
7.04	7.08	6.55	6.60	7.11	7.08	7.60	8.20	8.09	7.98	7.60	7.83	7.24	8.01	7.71	7.56
7.35	8.68	7.73	7.71	8.29	8.58	9.61	10.49	12.35	9.63	9.81	9.74	9.90	10.53	9.28	10.28
7.39	7.69	7.95	7.15	8.13	7.94	8.48	9.62	8.91	8.57	8.84	8.64	8.91	8.95	9.43	8.32
7.04	7.20	6.64	6.19	6.77	7.34	7.55	9.78	9.34	9.79	8.11	8.94	8.90	7.94	9.31	8.05
6.29	5.25	6.09	5.39	5.91	6.23	6.29	7.03	7.48	7.20	6.82	7.00	7.36	7.34	6.86	6.66
7.14	7.20	6.64	6.87	7.29	7.80	8.11	8.25	8.89	7.90	8.77	8.92	8.15	9.02	7.70	8.53
9.04	8.44	8.39	8.42	8.35	8.74	9.76	9.93	9.99	9.86	9.28	9.41	9.04	9.08	9.38	9.57
11.76	11.34	11.73	10.29	10.98	12.25	12.06	13.08	13.23	12.99	12.25	13.19	13.20	12.64	13.25	13.21
6.89	6.49	6.49	6.47	6.84	7.24	7.46	7.79	8.77	8.02	7.56	7.65	7.67	7.37	8.09	7.89
11.95	12.02	12.06	11.26	11.81	12.93	12.43	13.58	13.58	13.49	12.78	13.72	13.70	13.26	14.01	13.54
6.29	6.60	5.58	6.54	6.34	5.95	7.76	9.96	8.76	8.76	7.12	8.61	8.14	7.42	7.37	8.04
6.25	6.15	5.64	5.88	6.17	6.97	6.83	7.55	7.52	7.07	7.32	7.23	6.86	7.98	7.28	7.28
8.41	8.58	8.09	8.04	8.66	8.79	9.07	10.03	10.51	10.17	9.76	9.67	10.21	9.12	9.39	9.18
12.02	12.14	12.00	11.14	12.15	12.56	12.39	13.53	13.49	13.21	12.96	13.18	13.62	13.03	13.68	12.98
7.71	8.48	8.04	7.56	7.98	8.62	8.88	9.60	10.59	9.45	9.28	9.19	9.55	9.00	9.01	9.23
7.30	7.29	7.29	6.78	6.92	7.95	8.14	9.27	9.86	8.43	9.05	8.98	9.15	8.01	9.53	8.07

续表

基因在正常对照（Normal,N）样本中的表达值						基因在鼻咽癌（Tumor,T）样本中的表达值									
N1	**N2**	**N3**	**N4**	**N5**	**N6**	**T1**	**T2**	**T3**	**T4**	**T5**	**T6**	**T7**	**T8**	**T9**	**T10**
6.08	5.86	5.59	6.12	6.50	6.08	7.78	7.68	7.64	6.64	6.70	7.82	7.11	7.04	6.67	7.35
6.13	5.39	5.04	5.21	5.75	4.81	7.27	8.62	7.45	7.26	6.60	7.99	7.77	6.83	5.81	7.02
6.38	6.77	6.23	5.88	5.91	7.41	6.88	7.46	8.15	8.08	7.93	8.01	8.69	7.91	7.81	7.69
7.48	7.63	7.82	7.24	7.85	8.16	8.66	9.42	10.36	9.49	9.26	8.78	9.05	8.77	10.66	8.72
11.31	10.96	10.96	10.46	10.78	10.96	11.98	12.25	12.70	12.15	11.63	12.26	12.44	11.06	12.25	11.88
4.93	4.97	6.19	3.57	5.18	6.52	6.34	8.51	9.20	8.20	7.35	7.74	8.13	6.54	7.81	7.26
8.16	8.39	7.79	7.59	8.10	8.70	8.57	9.55	9.35	9.77	8.87	9.55	9.58	8.93	9.45	8.94
10.91	10.48	11.16	9.25	10.34	11.62	11.46	12.43	12.96	12.36	12.07	12.17	12.62	12.02	12.16	12.04
5.21	5.86	5.75	5.49	5.75	5.75	8.55	9.12	8.85	10.14	8.20	5.49	9.12	8.46	10.38	7.39
12.87	12.54	12.68	11.73	12.35	13.18	12.89	13.83	14.11	13.75	13.44	14.15	14.09	13.58	13.99	14.28
7.10	6.46	6.81	5.04	6.46	7.39	7.73	9.17	8.75	9.31	8.48	8.59	8.31	7.29	8.64	7.90
9.02	8.89	8.15	7.82	8.55	9.63	9.62	10.14	10.81	10.67	9.95	11.22	10.20	9.74	10.23	9.70
9.49	9.07	9.05	8.30	8.77	9.60	9.60	10.57	11.66	10.48	10.63	10.42	11.07	10.30	10.66	9.84
6.19	6.34	5.25	6.07	6.13	6.79	6.82	7.04	7.19	7.28	6.88	7.33	6.92	7.17	7.12	7.10
8.22	8.38	7.46	7.85	8.39	9.00	8.91	9.07	9.61	8.99	9.33	9.21	9.41	9.20	9.27	9.32
7.84	7.58	7.03	7.50	7.50	7.73	9.13	8.48	8.39	8.41	8.20	8.62	7.95	8.24	8.41	8.98
6.98	7.16	6.58	7.30	7.64	8.08	8.14	8.46	8.58	8.73	8.02	9.01	8.58	8.17	8.73	8.04
7.73	7.82	6.58	6.77	7.01	7.08	9.22	10.11	9.70	8.57	8.89	9.18	9.25	9.08	7.50	8.11
6.38	6.67	6.43	5.70	6.00	6.70	7.61	8.09	8.47	7.73	6.73	7.36	7.73	7.99	6.94	8.27
6.21	6.21	5.75	5.67	6.15	6.46	7.01	6.75	7.55	6.38	7.01	7.42	6.94	6.82	7.07	7.06
7.68	4.00	5.36	5.25	5.21	4.86	7.91	8.89	7.64	7.71	7.07	7.87	7.60	7.07	7.86	6.88
6.13	5.98	6.36	5.09	6.39	7.24	7.55	8.72	9.16	8.23	8.09	8.27	8.29	6.49	9.21	7.95
6.92	6.73	6.09	6.43	6.71	6.86	7.19	7.78	9.12	8.44	7.77	8.20	8.63	7.30	7.71	8.03
5.78	6.04	6.34	5.55	6.67	6.54	6.91	7.97	7.77	7.97	7.16	7.83	6.61	7.38	8.04	7.13
8.36	8.38	8.21	7.72	8.45	8.97	8.76	9.77	9.58	9.56	9.15	9.31	9.41	9.22	9.56	8.99
5.09	5.78	6.70	4.32	5.65	6.56	6.92	7.58	8.57	7.91	7.01	7.46	8.06	6.65	8.40	7.70
9.92	9.87	9.90	9.14	9.83	10.31	10.32	11.07	11.50	10.76	11.21	11.15	11.36	10.92	10.30	10.78
10.63	10.30	9.83	9.99	10.03	11.06	11.21	11.21	11.31	11.23	11.23	11.62	12.02	11.13	11.14	11.12
5.55	6.43	5.61	6.17	6.23	6.39	6.81	7.25	7.67	6.44	7.24	7.10	6.87	7.17	7.45	6.89
7.20	7.15	6.66	6.86	7.26	7.49	7.69	8.34	8.78	8.46	8.01	7.75	7.76	7.98	8.27	7.75
11.52	10.42	10.59	11.04	10.92	11.12	12.90	13.31	11.27	11.94	12.24	12.66	12.71	11.69	12.57	12.73
6.61	6.89	6.49	6.07	6.86	7.47	7.43	8.48	9.22	9.26	7.76	8.23	8.68	7.66	8.38	7.79

续表

基因在正常对照（Normal,N）样本中的表达值						基因在鼻咽癌（Tumor,T）样本中的表达值									
N1	**N2**	**N3**	**N4**	**N5**	**N6**	**T1**	**T2**	**T3**	**T4**	**T5**	**T6**	**T7**	**T8**	**T9**	**T10**
8.72	8.60	8.64	8.34	8.95	9.08	9.11	9.67	10.32	9.63	9.38	9.55	9.62	9.52	9.75	9.34
5.88	6.58	6.46	5.43	6.17	6.88	7.98	9.26	8.99	8.37	8.23	8.09	7.70	6.21	8.81	8.16
11.78	11.34	11.66	10.41	11.57	12.32	12.00	12.95	13.15	12.83	12.41	12.77	12.93	12.80	12.98	12.89
5.32	4.52	5.52	3.00	4.00	6.23	6.51	7.66	8.40	8.14	6.83	7.38	6.94	5.52	7.88	7.33
6.46	6.74	6.49	6.33	6.71	7.15	7.51	8.67	8.91	7.99	7.45	7.59	7.90	7.47	8.10	7.40
10.29	9.84	9.69	9.16	9.94	10.21	10.64	11.03	11.14	11.47	10.63	10.92	10.89	10.20	11.16	10.81
9.92	9.83	9.74	8.85	9.51	10.51	10.29	11.42	10.85	10.95	10.44	11.27	11.34	10.85	11.23	10.77
5.86	6.07	5.88	5.13	6.30	6.11	7.00	8.54	8.51	7.98	6.41	8.55	8.09	6.77	7.13	7.69
7.45	7.14	7.44	7.36	7.47	7.52	7.55	8.20	8.50	8.63	8.42	8.30	8.09	8.27	8.39	7.76
5.81	6.48	5.97	6.42	6.43	6.57	7.71	7.65	7.21	7.50	6.57	8.05	7.81	8.20	6.79	7.91
9.28	8.97	8.62	8.53	8.77	9.83	9.49	10.48	10.66	11.37	9.85	10.72	10.46	9.98	10.69	10.14
7.94	7.50	6.52	7.23	7.62	7.89	8.41	8.17	8.57	8.44	8.35	8.69	8.92	8.41	8.12	8.72
11.58	11.17	11.92	10.80	11.51	12.10	12.30	12.96	13.39	12.90	12.29	12.83	12.57	12.13	12.51	12.61
7.91	7.69	7.75	7.58	8.12	8.89	8.82	9.06	10.38	9.18	8.91	9.65	9.16	8.81	9.25	9.45
8.12	8.09	7.60	7.47	8.18	8.92	8.36	9.60	9.43	9.37	9.11	9.25	9.85	9.11	9.53	9.06
7.83	8.03	7.55	7.28	8.12	8.75	8.63	9.55	10.66	9.43	9.82	8.86	10.84	9.37	9.40	9.29
12.94	12.52	12.69	11.72	12.85	13.16	13.17	13.87	14.20	13.80	13.51	13.75	13.93	13.41	13.85	13.52
6.32	6.92	6.25	6.48	6.74	7.13	7.56	8.30	8.05	7.38	7.52	8.26	7.38	7.44	7.23	7.56
6.71	6.21	6.57	5.67	6.17	6.21	7.60	8.20	7.29	7.96	6.66	7.42	7.57	6.83	7.16	7.63
8.55	8.73	8.14	8.05	8.95	8.43	10.17	9.82	10.66	10.70	9.33	11.09	11.67	9.90	9.01	9.93
9.47	9.70	9.70	8.55	9.22	10.71	10.64	11.34	12.06	11.11	10.82	11.05	10.87	10.70	10.54	11.88
6.91	7.50	6.89	7.18	7.65	7.74	8.01	8.21	8.77	8.32	7.88	8.50	8.22	8.63	8.51	7.72
8.08	7.91	8.99	7.27	8.11	8.48	9.09	10.16	10.92	10.02	9.27	10.01	9.48	8.78	9.97	9.45
5.75	6.27	6.13	5.83	5.95	6.11	8.29	7.87	9.35	8.33	7.72	8.03	7.29	7.72	6.13	7.12
7.83	7.47	6.56	7.25	7.53	8.12	8.78	9.00	9.39	8.63	9.01	8.61	8.08	8.00	9.48	9.30
11.69	12.24	11.58	11.92	12.19	12.06	12.42	12.78	13.20	12.78	12.60	12.49	12.78	12.50	13.19	12.59
6.58	6.34	6.48	6.21	6.25	6.89	6.94	7.62	7.70	7.29	6.93	8.20	7.17	7.61	7.20	7.61
9.94	9.32	9.40	8.08	9.06	9.99	9.90	11.08	11.39	10.75	10.27	11.52	11.59	10.52	11.34	10.64
5.49	6.23	5.36	5.93	6.11	6.88	7.67	9.89	9.16	9.21	8.38	7.71	7.81	6.41	9.95	7.89
5.86	6.67	6.55	5.36	6.38	6.92	7.58	9.29	9.49	8.38	8.06	7.84	7.73	7.15	9.19	7.42
7.52	7.58	7.16	7.36	7.52	7.66	8.08	8.29	8.40	8.02	8.61	8.13	7.70	8.03	8.70	8.53
4.91	5.21	6.44	3.46	5.46	6.75	6.70	7.97	8.31	7.82	7.19	7.25	7.27	6.85	7.26	7.67

续表

基因在正常对照（Normal,N）样本中的表达值						基因在鼻咽癌（Tumor,T）样本中的表达值									
N1	**N2**	**N3**	**N4**	**N5**	**N6**	**T1**	**T2**	**T3**	**T4**	**T5**	**T6**	**T7**	**T8**	**T9**	**T10**
8.31	8.70	8.25	8.35	8.66	9.34	9.03	9.48	9.91	9.81	9.83	9.60	9.63	9.08	9.62	9.44
5.75	6.58	6.19	6.29	6.43	6.15	6.75	7.38	7.66	6.67	7.37	6.99	7.43	7.45	6.67	7.20
6.38	5.98	7.02	5.86	6.61	7.16	7.23	8.51	9.11	7.99	7.83	7.90	8.02	7.18	8.87	7.78
8.63	8.71	8.50	8.10	8.84	9.12	9.06	9.82	10.33	9.77	9.25	9.72	9.87	9.52	9.68	9.28
7.21	7.45	6.88	6.77	7.59	7.48	7.89	8.43	8.55	8.64	7.73	8.22	8.46	8.19	7.92	7.70
10.62	11.04	10.77	10.48	11.08	11.63	11.74	11.93	12.89	12.11	11.69	12.18	13.02	11.75	12.34	11.80
8.91	9.15	8.31	8.66	8.91	9.39	9.36	10.29	10.98	9.77	10.18	10.15	10.08	9.64	10.17	9.63
5.81	6.13	5.29	5.86	6.07	7.06	6.66	7.59	7.23	7.32	7.02	6.78	7.11	7.88	7.46	7.31
6.77	7.43	6.99	6.55	6.91	7.79	7.52	8.64	8.33	8.52	7.75	8.50	9.08	8.11	8.65	7.92
5.78	6.21	5.39	5.17	5.91	6.38	6.30	7.23	8.50	7.28	7.06	6.75	7.82	7.13	7.31	6.92
7.35	8.12	7.94	7.54	8.05	8.02	8.49	8.81	9.10	9.54	8.80	8.64	8.45	8.26	9.08	9.29
6.93	6.60	6.09	6.25	6.39	6.81	6.97	7.58	7.82	7.26	7.43	7.61	6.82	7.27	7.56	7.52
6.61	6.30	6.86	4.46	5.98	7.89	7.46	8.19	8.20	8.43	7.87	8.09	8.24	8.41	8.23	8.46
5.15	5.99	5.76	4.89	5.81	6.71	6.67	8.44	9.15	7.17	7.30	8.27	8.74	6.74	8.54	6.92
7.31	7.84	7.33	7.61	7.83	8.20	8.25	8.77	9.04	9.08	8.20	8.49	8.57	8.49	8.69	8.23
9.94	9.49	9.49	9.05	9.65	10.37	10.08	10.75	10.91	10.45	10.82	11.47	10.94	10.59	11.07	10.44
6.23	6.70	6.39	6.70	6.86	6.86	8.34	8.39	9.65	7.29	7.97	8.27	8.98	7.85	7.12	8.00
5.70	4.81	4.52	3.46	4.64	5.55	5.93	7.07	9.88	7.64	7.08	6.64	6.38	6.89	7.29	7.08
6.38	7.54	7.00	6.92	7.69	7.46	8.09	9.12	9.28	9.00	7.99	8.25	7.89	8.65	9.80	8.48
12.56	12.12	12.12	11.16	12.08	12.71	12.59	13.29	13.62	13.20	12.93	13.27	13.25	13.18	13.16	13.08
6.48	6.77	6.19	6.38	6.86	7.29	7.25	7.35	8.15	8.08	7.68	7.48	7.42	7.29	7.74	7.57
5.83	6.38	6.38	6.34	6.66	7.07	7.13	7.73	8.50	7.88	7.08	8.01	7.74	6.93	7.81	7.50
6.87	7.37	6.85	6.97	7.52	7.55	8.22	8.44	8.37	8.30	7.47	8.08	8.60	7.80	8.73	7.81
6.76	7.04	6.88	6.53	7.31	7.71	7.41	7.83	8.15	7.80	7.90	8.38	8.26	8.19	7.98	7.74
12.39	12.33	12.38	11.38	12.41	12.95	12.69	13.91	13.66	13.55	13.07	13.27	13.75	13.19	13.81	13.46
8.42	8.11	8.01	7.85	8.01	8.30	8.94	8.87	8.75	8.53	8.88	9.68	8.80	8.78	9.01	8.70
11.84	11.71	12.71	10.79	11.90	12.56	12.96	13.74	14.13	13.60	13.01	13.31	13.16	12.69	13.00	13.24
4.75	4.64	6.34	3.70	5.70	6.23	6.43	8.02	7.61	8.20	7.24	7.52	7.42	6.19	8.39	6.55
6.43	5.91	6.51	5.93	6.36	6.55	7.16	7.00	7.58	6.58	7.63	7.91	6.98	7.79	6.94	7.48
7.21	7.71	6.95	7.40	6.71	7.08	9.15	8.70	8.75	8.57	8.33	8.13	8.60	7.16	8.13	8.51
6.51	5.09	4.58	5.49	4.95	5.93	6.19	6.71	7.43	7.28	7.55	6.71	7.89	7.26	7.27	6.02
8.94	8.99	8.70	8.20	8.79	9.80	9.18	9.94	10.13	10.37	9.76	10.28	10.11	10.04	10.57	10.00

续表

基因在正常对照（Normal,N）样本中的表达值						基因在鼻咽癌（Tumor,T）样本中的表达值									
N1	N2	N3	N4	N5	N6	T1	T2	T3	T4	T5	T6	T7	T8	T9	T10
7.06	7.41	7.71	6.38	7.53	8.18	8.45	9.89	10.30	9.24	9.17	9.07	9.52	7.79	9.89	8.41
6.73	6.89	6.27	6.51	7.02	7.48	8.45	8.02	8.51	9.83	7.76	8.86	8.20	8.13	7.44	7.89
7.51	7.82	8.06	7.78	8.02	8.50	8.65	9.92	9.34	9.16	8.88	8.38	8.91	9.48	9.12	8.60
7.68	7.86	7.81	7.73	7.73	8.23	8.48	9.16	9.80	8.90	8.87	8.65	8.88	8.18	9.54	8.62
9.08	8.34	7.87	7.75	8.33	8.65	8.89	8.98	9.60	10.25	9.36	9.97	10.11	9.82	9.11	9.67
6.55	6.41	6.04	6.15	6.49	6.86	7.03	7.46	8.32	7.52	7.32	7.17	7.15	6.89	7.75	7.38
7.09	6.27	5.93	6.11	6.60	7.03	7.55	8.13	8.09	7.10	7.64	8.60	7.89	7.33	7.16	7.77
9.21	9.13	8.70	8.54	9.06	9.32	9.53	9.88	10.46	10.31	9.62	9.65	10.04	10.07	9.93	9.38
12.65	12.17	13.16	10.41	11.95	13.23	13.36	14.36	15.12	14.32	14.10	14.26	13.87	13.48	14.02	13.91
7.40	8.38	7.69	7.61	8.45	8.26	9.10	9.02	9.99	9.18	9.51	9.33	9.05	8.26	8.76	9.83
7.75	6.21	6.04	6.73	6.21	6.61	7.95	8.96	8.02	8.07	7.32	8.22	7.93	7.52	8.54	7.38
7.38	7.44	6.98	6.78	7.43	8.00	7.95	8.26	8.98	8.65	8.09	8.05	8.38	8.13	8.56	8.04
10.58	10.90	10.26	10.27	10.70	11.20	11.06	11.52	11.91	11.65	11.37	11.24	11.76	11.30	11.56	11.35
9.40	9.33	9.24	9.15	9.42	9.76	9.71	9.85	10.32	10.18	9.86	10.15	9.98	9.95	9.79	9.91
5.91	5.67	6.04	4.09	5.43	6.63	6.29	7.24	7.27	7.67	6.67	7.45	7.67	7.02	7.23	7.14
6.43	7.22	6.12	7.04	7.19	7.37	7.63	8.19	8.92	8.03	7.98	7.68	8.19	7.72	8.09	7.67
7.92	8.11	8.82	7.37	8.21	9.23	9.13	10.30	10.63	10.10	9.39	9.41	9.76	9.12	10.07	9.33
8.59	8.88	9.43	8.08	7.89	8.50	10.91	11.37	14.17	11.08	10.29	10.26	12.01	9.41	10.87	10.97
7.22	7.82	8.46	7.41	7.89	7.94	9.61	11.04	9.84	10.38	9.38	8.48	10.36	8.21	11.42	9.87
6.43	6.30	5.49	6.15	6.36	6.69	6.73	7.18	8.52	7.75	7.55	7.29	7.43	7.37	8.50	7.15
7.98	7.54	7.29	6.64	7.25	7.31	9.70	10.72	11.89	10.10	9.24	9.31	9.04	10.09	7.67	8.72
6.49	7.04	7.67	7.42	7.62	7.17	9.68	9.42	9.18	9.54	8.55	8.02	8.54	7.61	8.18	9.04
8.38	7.85	7.17	7.50	7.70	8.18	8.74	8.82	9.61	9.36	9.00	8.35	8.92	8.89	8.39	8.56
10.39	10.59	10.52	10.26	10.49	11.48	11.06	12.23	11.99	11.68	11.05	12.12	12.24	11.51	12.25	11.71
6.25	5.73	5.43	5.43	6.04	7.08	6.19	7.99	8.17	8.26	7.50	8.05	8.56	7.06	7.39	7.32
9.14	9.40	8.84	8.69	9.09	9.91	9.55	10.53	10.84	10.54	9.81	10.00	10.44	10.44	10.13	10.07
7.00	7.38	7.40	7.21	7.39	7.27	7.62	8.65	8.72	8.60	8.57	8.01	8.19	7.58	8.56	7.86
6.61	7.10	6.27	6.43	6.99	7.21	7.63	7.24	8.46	7.66	7.53	7.43	7.79	7.64	8.29	7.85
9.79	9.47	9.66	8.75	9.24	10.44	10.24	11.23	12.53	11.22	11.20	11.35	10.33	11.12	10.96	10.63
7.80	7.73	7.39	7.64	7.61	7.98	8.55	8.10	9.30	8.21	8.63	9.10	8.22	8.89	8.30	8.71
6.60	6.99	6.29	6.58	7.01	7.11	7.72	8.16	9.04	8.01	7.67	7.15	7.51	7.67	8.03	8.07
6.17	6.41	5.61	6.38	6.30	6.23	6.81	7.46	7.72	7.21	7.08	7.01	6.55	6.70	7.28	6.88

续表

基因在正常对照（Normal,N）样本中的表达值						基因在鼻咽癌（Tumor,T）样本中的表达值									
N1	**N2**	**N3**	**N4**	**N5**	**N6**	**T1**	**T2**	**T3**	**T4**	**T5**	**T6**	**T7**	**T8**	**T9**	**T10**
7.76	7.76	7.54	7.18	7.84	8.31	8.32	10.13	9.57	8.77	8.41	10.09	9.69	9.68	8.63	8.81
6.83	7.35	7.04	7.52	7.80	7.16	8.43	8.28	9.67	9.04	8.52	9.31	9.93	8.46	7.45	9.12
11.54	11.42	11.48	10.32	11.51	12.13	11.84	12.62	12.62	12.50	12.16	12.42	12.60	12.57	12.62	12.55
8.30	8.29	7.82	8.04	8.41	8.56	8.78	9.23	9.77	9.06	8.99	8.98	8.49	9.07	9.45	9.07
6.55	6.87	6.15	6.52	6.54	6.73	7.03	7.34	7.42	7.20	7.44	7.16	6.82	7.16	7.36	6.94
10.03	10.32	9.82	9.73	10.11	11.00	10.66	10.98	11.59	11.43	11.53	10.99	10.75	11.54	11.07	11.09
6.52	6.39	6.00	6.15	6.41	6.57	7.03	9.55	9.67	8.09	8.41	7.84	7.06	7.77	7.98	7.67
8.53	8.52	8.35	8.27	8.54	8.89	8.81	9.92	9.81	9.10	9.04	9.65	9.72	9.17	9.28	9.23
9.07	8.27	7.86	7.58	8.23	8.93	8.85	9.73	10.51	10.21	9.36	10.00	9.96	10.63	9.36	9.12
12.07	11.86	12.87	10.78	11.95	12.72	13.07	13.95	14.16	13.77	13.19	13.11	13.52	12.88	13.25	13.28
6.27	6.79	6.83	6.49	7.19	7.06	7.87	7.91	8.29	7.61	7.51	7.12	7.66	7.24	7.96	7.58
11.41	11.15	11.91	10.32	11.51	11.89	12.03	12.86	13.31	12.80	12.21	12.85	12.59	12.03	12.49	12.45
7.45	6.87	6.38	5.95	6.92	7.49	8.34	7.93	9.71	8.27	8.30	8.86	9.04	7.31	8.19	8.03
6.21	6.77	7.00	6.46	7.02	7.48	7.77	8.98	9.73	9.02	7.88	7.92	7.99	7.48	8.54	8.13
12.71	10.93	10.88	9.63	11.16	10.72	14.26	12.82	15.40	14.71	13.72	14.09	14.49	12.99	10.85	14.48
7.46	7.70	7.33	7.41	7.92	7.83	8.57	8.95	8.74	8.36	8.39	8.25	8.01	7.92	8.69	8.19
6.49	6.41	6.73	5.83	6.60	6.89	7.32	8.30	8.12	7.71	7.54	7.24	7.14	6.82	7.84	7.61
8.11	7.77	8.34	6.09	7.64	8.99	8.80	9.36	10.22	10.00	9.51	9.97	9.38	9.46	8.72	9.68
5.85	6.27	5.45	6.16	6.24	6.87	6.82	7.09	7.51	7.24	7.15	7.07	6.81	6.93	7.89	6.87
6.97	7.36	7.50	7.36	7.98	7.71	8.10	8.43	8.67	7.87	8.14	8.31	8.29	8.68	8.03	8.11
9.50	9.11	8.78	8.38	8.81	10.14	9.56	10.56	10.54	10.67	9.75	10.95	10.82	10.54	10.61	10.08
7.75	8.11	7.83	7.31	7.83	8.57	8.38	8.81	9.42	8.85	8.42	8.77	8.68	8.84	8.71	8.91
11.11	10.05	10.06	10.34	10.16	11.15	10.80	12.14	11.96	11.69	11.36	11.47	11.23	11.52	11.95	11.85
8.53	8.41	8.17	7.59	8.05	8.95	8.84	9.06	9.99	9.24	9.50	9.42	9.11	9.01	9.47	9.01
7.41	7.14	7.55	7.31	7.79	7.77	7.85	8.37	9.12	8.70	8.41	7.98	8.50	8.17	8.42	8.10
5.75	5.25	6.49	5.32	5.93	5.43	7.70	9.21	7.44	7.96	7.20	6.73	6.89	6.11	7.73	7.21
7.12	6.87	6.13	6.41	6.61	7.07	8.29	7.73	7.58	8.52	7.97	7.83	7.39	8.72	6.95	7.91
5.98	5.58	5.64	5.95	5.98	5.58	8.02	9.17	6.94	7.07	7.18	9.81	9.03	9.40	6.23	7.96
6.75	6.83	6.46	6.60	6.94	7.35	7.24	7.38	8.00	7.90	7.43	7.48	7.67	7.46	7.38	7.48
7.03	7.54	6.96	7.31	7.64	7.76	8.26	9.15	8.94	8.59	8.13	7.84	8.15	7.91	8.61	8.17
11.05	10.60	10.93	9.69	10.36	11.69	11.19	12.09	12.12	11.96	11.38	12.21	12.28	12.12	12.01	12.50
4.46	4.52	6.02	5.00	5.43	6.11	6.34	7.87	7.73	8.37	6.17	7.37	7.88	5.75	8.24	6.86

续表

基因在正常对照（Normal,N）样本中的表达值						基因在鼻咽癌（Tumor,T）样本中的表达值									
N1	N2	N3	N4	N5	N6	T1	T2	T3	T4	T5	T6	T7	T8	T9	T10
6.48	6.64	6.13	6.27	6.48	6.79	7.09	7.53	7.41	6.75	7.43	7.17	6.78	7.52	7.12	7.04
10.27	10.10	10.02	9.18	9.70	10.58	10.37	11.12	11.69	10.95	10.72	11.21	11.03	10.87	10.85	11.01
7.78	8.33	7.92	7.60	8.16	8.40	8.77	8.97	9.29	8.55	8.68	8.89	8.83	8.62	8.39	8.64
8.77	8.71	8.04	8.74	8.96	9.08	9.59	9.86	9.70	10.45	9.18	9.58	10.34	9.48	9.22	9.85
7.45	6.89	6.57	6.78	6.99	6.95	7.87	7.87	9.66	8.48	8.26	8.15	8.16	7.72	9.01	7.48

参 考 文 献

[1] Gong Z J, Zhang S S, Zhang W L, et al. Long non-coding RNAs in cancer [J]. Science China. 2012, 55 (12): 1120-1124.

[2] Yi Z, Hui L, Fang S, et al. NONCODE 2016: an informative and valuable data source of long non-coding RNAs [J]. Nucleic Acids Research. 2016 (D1): D203-D208.

[3] Ecker J R, Bickmore W A, Barroso I, et al. ENCODE explained [J]. Nature. 2012, 489 (7414): 52-54.

[4] Zhou Y, Zeng Z, Zhang W, et al. Lactotransferrin: A candidate tumor suppressor —Deficient expression in human nasopharyngeal carcinoma and inhibition of NPC cell proliferation by modulating the mitogen-activated protein kinase pathway [J]. International journal of cancer. 2008, 123 (9): 2065-2072.

[5] Liang H, Zhang S, Fu Z, et al. Effective detection and quantification of dietetically absorbed plant microRNAs in human plasma [J]. The Journal of nutritional biochemistry. 2015, 26 (5): 505-512.

[6] Liu N, Tang L-L, Sun Y, et al. MiR-29c suppresses invasion and metastasis by targeting TIAM1 in nasopharyngeal carcinoma [J]. Cancer letters. 2013, 329 (2): 181-188.

[7] 刘欢. 鼻咽癌关键 microRNA 的鉴定及其与 mRNA 调控途径的生物信息学分析[D]. 衡阳：南华大学, 2020.

[8] Fan C, Tang Y, Wang J, et al. Role of long non-coding RNAs in glucose metabolism in cancer [J]. Molecular Cancer. 2017, 16 (1): 130.

[9] Gong Z, Qian Y, Zeng Z, et al. An integrative transcriptomic analysis reveals p53 regulated miRNA, mRNA, and lncRNA networks in nasopharyngeal carcinoma [J]. Tumor Biology. 2016, 37 (3): 3683-3695.

[10] Zhaojian G, Shanshan Z, Zhaoyang Z, et al. LOC401317, a p53-Regulated Long Non-Coding RNA, Inhibits Cell Proliferation and Induces Apoptosis in the Nasopharyngeal Carcinoma Cell

Line HNE2 [J]. Plos One. 2014, 9 (11): e110674.

[11] Yang L, Tang Y, Xiong F, et al. LncRNAs regulate cancer metastasis via binding to functional proteins [J]. Oncotarget. 2018, 9 (1): 1426.

[12] Jianjun, Yu, Yan, et al. Overexpression long non-coding RNA LINC00673 is associated with poor prognosis and promotes invasion and metastasis in tongue squamous cell carcinoma [J]. Oncotarget. 2016, 8 (10): 16621-16632.

[13] Jianjun Y, Yan L, Can G, et al. Upregulated long non-coding RNA LINC00152 expression is associated with progression and poor prognosis of tongue squamous cell carcinoma [J]. J Cancer. 2017, 8 (4): 523-530.

[14] Wu W, Bhagat T D, Yang X, et al. Hypomethylation of noncoding DNA regions and overexpression of the long noncoding RNA, AFAP1-AS1, in Barrett' s esophagus and esophageal adenocarcinoma. [J]. Gastroenterology. 2013, 144 (5): 956-966.

[15] Tang Y, Yi H, Ping Z, et al. LncRNAs regulate the cytoskeleton and related Rho/ROCK signaling in cancer metastasis [J]. Molecular Cancer. 2018, 17 (1): 77.

[16] Wang Y, Dan X, Li Y, et al. The Long Noncoding RNA MALAT-1 is A Novel Biomarker in Various Cancers: A Meta-analysis Based on the GEO Database and Literature [J]. Journal of Cancer. 2016, 7 (8): 991-1001.

[17] Expression of LINC00312, a long intergenic non-coding RNA, is negatively correlated with tumor size but positively correlated with lymph node metastasis in nasopharyngeal carcinoma [J]. Journal of Molecular Histology. 2013, 44 (5): 545-554.

[18] Hao B, Gong Z, Zhang W, et al. Upregulated long non-coding RNA AFAP1AS1 expression is associated with progression and poor prognosis of nasopharyngeal carcinoma [J]. Oncotarget. 2015, 6 (24): 20404-20418.

[19] Yang M, Li Y, Padgett R W. MicroRNAs: Small regulators with a big impact [J]. Cytokine & growth factor reviews. 2005, 16 (4-5): 387-393.

[20] Han J, Sun Y, Yan X, et al. Mining knowledge from databases: an information network analysis approach [C]. Proceedings of the 2010 ACM SIGMOD International Conference on Management of data. 2010: 1251-1252.

[21] Sun Y, Han J, Zhao P, et al. Rankclus: integrating clustering with ranking for heterogeneous

information network analysis [C]. Proceedings of the 12th International Conferenceon Extending Database Technology: Advances in Database Technology.2009: 565-576.

[22] Han J. Mining heterogeneous information networks by exploring the power of links [C]. International Conference on Discovery Science. 2009: 13-30.

[23] Han J, Sun Y, Yan X, et al. Mining knowledge from data: An information network analysis approach [C]. 2012 IEEE 28th International Conference on Data Engineering. 2012: 1214-1217.

[24] Sun Y, Yu Y, Han J. Ranking-based clustering of heterogeneous information networks with star network schema [C]. In ACM SIGKDD International Conference on Knowledge Discovery and Data Mining, Paris, France, June 28 - July. 2009: 797-806.

[25] Sun Y, Han J, Yan X, et al. PathSim: Meta Path-Based Top-K Similarity Search in Heterogeneous Information Networks [J]. Proceedings of the Vldb Endowment. 2011, 4 (11): 992-1003.

[26] Jamali M, Lakshmanan L. HeteroMF: recommendation in heterogeneous information networks using context dependent factor models [C]. In International Conference on World Wide Web. 2013: 643-654.

[27] Long B, Zhang Z, Yu P S. Co-clustering by block value decomposition [C]. In Eleventh ACM SIGKDD International Conference on Knowledge Discovery and Data Mining, Chicago, Illinois, Usa, August. 2005: 635-640.

[28] Shi C, Kong X, Yu P S, et al. Relevance search in heterogeneous networks [C]. In International Conference on Extending Database Technology. 2012: 180-191.

[29] Wang R, Shi C, Yu P S, et al. Integrating Clustering and Ranking on Hybrid Heterogeneous Information Network [M] // Pei J, Tseng V S, Cao L, et al. In Advances in Knowledge Discovery and Data Mining: 17th Pacific-Asia Conference, PAKDD 2013, Gold Coast, Australia, April 14-17, 2013, Proceedings, Part I. Berlin, Heidelberg: Springer Berlin Heidelberg, 2013: 583-594.

[30] Kong X, Cao B, Yu P S. Multi-label classification by mining label and instance correlations from heterogeneous information networks [C]. In ACM SIGKDD International Conference on Knowledge Discovery and Data Mining. 2013: 614-622.

[31] Shi C, Zhang Z, Luo P, et al. Semantic Path based Personalized Recommendation on Weighted Heterogeneous Information Networks [C]. In the 24st ACM international conference on Information and knowledge management. 2015: 453-462.

[32] Kiers H A L. Towards a standardized notation and terminology in multiway analysis [J]. Journal of Chemometrics. 2000, 14 (3).

[33] Harshman, Richard A. An index formalism that generalizes the capabilities of matrix notation and algebra to n-way arrays [J]. Journal of Chemometrics. 2001, 15 (9): 689-714.

[34] Håstad J. Tensor rank is NP-complete [J]. Journal of Algorithms. 1990, 11 (4): 644-654.

[35] Davidson E, Levin M. Gene regulatory networks [J]. Proceedings of the National Academy of Sciences of the United States of America. 2005, 102 (14): 4935.

[36] Macneil L T, Walhout A J. Gene regulatory networks and the role of robustness and stochasticity in the control of gene expression [J]. Genome Research. 2011, 21 (5): 645.

[37] Cordella L P, Foggia P, Sansone C, et al. A (sub)graph isomorphism algorithm for matching large graphs [J]. IEEE Transactions on Pattern Analysis and Machine Intelligence. 2004, 26 (10): 1367-1372.

[38] Sun Z, Wang H, Wang H, et al. Efficient subgraph matching on billion node graphs [J]. Proceedings of the Vldb Endowment. 2012, 5 (9): 788-799.

[39] Ullmann J R. An Algorithm for Subgraph Isomorphism [J]. Journal of the Acm. 1976, 23 (1): 31-42.

[40] Zou L, Chen L, Lu Y. Top-k subgraph matching query in a large graph [J]. 2007: 139-146.

[41] Bader B W, Kolda T G. Efficient MATLAB computations with sparse and factored tensors [J]. SIAM Journal on Scientific Computing. 2007, 30 (1): 205-231.

[42] Bader B, Kolda T. MATLAB Tensor Toolbox Version 2.6, Available online. http://www.sandia.gov/~tgkolda/TensorToolbox/. February 2015.

[43] Zeng Z-Y, Zhou Y-H, Zhang W-L, et al. Gene expression profiling of nasopharyngeal carcinoma reveals the abnormally regulated Wnt signaling pathway [J]. Human pathology. 2007, 38 (1): 120-133.

[44] Deng J, Liang Y, Liu C, et al. The up-regulation of long non-coding RNA AFAP1-AS1 is associated with the poor prognosis of NSCLC patients [J]. Biomedicine and Pharmacotherapy. 2015, 75: 8-11.

[45] Sun Y, Han J, Yan X, et al. Pathsim: Meta path-based top-k similarity search in heterogeneous information networks [J]. Proceedings of the VLDB Endowment. 2011, 4 (11): 992-1003.

[46] Watts D J, Strogatz S H. Collective dynamics of 'small-world' networks [J]. nature. 1998, 393 (6684): 440-442.

[47] Barabási A-L, Albert R. Emergence of scaling in random networks [J]. science. 1999, 286 (5439): 509-512.

[48] Girvan M, Newman M E. Community structure in social and biological networks [J]. Proceedings of the national academy of sciences. 2002, 99 (12): 7821-7826.

[49] Bilal S, Abdelouahab M. Evolutionary algorithm and modularity for detecting communities in networks [J]. Physica A: Statistical Mechanics and its Applications. 2017, 473: 89-96.

[50] Ghasabeh A, Abadeh M S. Community detection in social networks using a hybrid swarm intelligence approach [J]. International Journal of Knowledge-based and Intelligent Engineering Systems. 2015, 19 (4): 255-267.

[51] Liu C, Liu J, Jiang Z. A multiobjective evolutionary algorithm based on similarity for community detection from signed social networks [J]. IEEE transactions on cybernetics. 2014, 44 (12): 2274-2287.

[52] Hu Y, Li M, Zhang P, et al. Community detection by signaling on complex networks [J]. Physical Review E. 2008, 78 (1): 016115.

[53] Shang R, Bai J, Jiao L, et al. Community detection based on modularity and an improved genetic algorithm [J]. Physica A: Statistical Mechanics and its Applications.2013, 392 (5): 1215-1231.

[54] Erodos P. On random graphs I [J]. Publicationes Mathematicae (Debrecen).1959, 6: 290-297.

[55] Newman M E. Modularity and community structure in networks [J]. Proceedings of the national academy of sciences. 2006, 103 (23): 8577-8582.

[56] Park Y, Song M, et al. A genetic algorithm for clustering problems [C]. Proceedings of the third annual conference on genetic programming. 1998: 568-575.

[57] Guerrero M, Montoya F G, Baños R, et al. Adaptive community detection in complex networks using genetic algorithms [J]. Neurocomputing. 2017, 266: 101-113.

[58] Pizzuti C. Ga-net: A genetic algorithm for community detection in social networks [C]. International conference on parallel problem solving from nature. 2008: 1081- 1090.

[59] Sun Y, Han J, Zhao P, et al. RankClus: integrating clustering with ranking for heterogeneous information network analysis [C]. In EDBT 2009, International Conference on Extending

Database Technology, Saint Petersburg, Russia, March 24-26, 2009, Proceedings. 2009: 439-473.

[60] Sun Y, Yu Y, Han J. Ranking-based clustering of heterogeneous information networks with star network schema [C]. In ACM SIGKDD International Conference on Knowledge Discovery and Data Mining, Paris, France, June 28 - July. 2009: 797-806.

[61] Shi C, Wang R, Li Y, et al. Ranking-based Clustering on General Heterogeneous Information Networks by Network Projection [C/OL]. In Proceedings of the 23rd ACM International Conference on Conference on Information and Knowledge Management. New York, NY, USA, 2014: 699-708. http://doi.acm.org/10.1145/2661829.2662040.

[62] Sun Y, Han J, Yan X, et al. PathSim: Meta Path-Based Top-K Similarity Search in Heterogeneous Information Networks. [J]. Proceedings of the Vldb Endowment. 2011, 4 (11): 992-1003.

[63] Sun Y, Norick B, Han J, et al. Integrating meta-path selection with user-guided object clustering in heterogeneous information networks [C]. In Proceedings of the 18th ACM SIGKDD international conference on Knowledge discovery and data mining. 2012: 723-724.

[64] Sun Y, Norick B, Han J, et al. PathSelClus: Integrating meta-path selection with user-guided Object clustering in heterogeneous information networks [J]. Acm Transactions on Knowledge Discovery from Data. 2012, 7 (3): 723-724.

[65] Yu X, Sun Y, Norick B, et al. User guided entity similarity search using metapath selection in heterogeneous information networks [C]. In ACM International Conference on Information and Knowledge Management. 2012: 2025-2029.

[66] Mørup M, Hansen L K, Arnfred S M. Algorithms for Sparse Nonnegative Tucker Decompositions [J]. Neural Comput. 2008, 20 (8): 2112-2131.

[67] Lee D D, Seung H S. Learning the parts of objects by non-negativ matrix factorization [J]. Nature. 1999, 401 (6755): 788-791.

[68] Lee D D, Seung H S. Algorithms for Non-negative Matrix Factorization [C]. In NIPS. 2001: 556-562.

[69] Harshman R A. Foundations of the PARAFAC procedure: Model and conditions for an "explanatory" multi-mode factor analysis [C]. In UCLA Working Papers in. 1969.

[70] Lathauwer L D, Moor B D, Vandewalle J. On the Best Rank-1 and Rank-(R 1 , R 2 ,⋯, R N) Approximation of Higher-Order Tensors [J]. Siam Journal on Matrix Analysis & Applications.

2000, 21 (4): 1324-1342.

[71] Carroll J D, Chang J J. Analysis of individual differences in multidimensional scaling via an n-way generalization of "Eckart-Young" decomposition [J]. Psychometrika. 1970, 35 (3): 283-319.

[72] Strehl A, Ghosh J. Cluster ensembles — a knowledge reuse framework for combining multiple partitions [J]. Journal of Machine Learning Research. 2002, 3 (3): 583-617.

[73] Chen J, Dai W, Sun Y, et al. Clustering and Ranking in Heterogeneous Information Networks via Gamma-Poisson Model [C]. In Proceedings of the 2015 SIAM International Conference on Data Mining. 2015: 424-432.

[74] Yang J, Chen L, Zhang J. Fct Clus: A Fast Clustering Algorithm for Heterogeneous Information Networks. [J]. Plos One. 2015, 10 (6).

[75] Sun Y, Aggarwal C C, Han J. Relation strength-aware clustering of heterogeneous information networks with incomplete attributes [J]. Proceedings of the VLDB Endowment. 2012, 5 (5): 394-405.

[76] Yang J, Chen L, Zhang J. FctClus: A Fast Clustering Algorithm for Heterogeneous Information Networks. [J]. Plos One. 2015, 10 (6).

[77] Acar E, Dunlavy D M, Kolda T G. A scalable optimization approach for fitting canonical tensor decompositions [J]. Journal of Chemometrics. 2011, 25 (2): 67-86.

[78] Paatero P. A weighted non-negative least squares algorithm for three-way 'PARAFAC' factor analysis [J]. Chemometrics & Intelligent Laboratory Systems. 1997, 38 (2): 223-242.

[79] Paatero P. Construction and analysis of degenerate PARAFAC models [J]. Journal of Chemometrics. 2000, 14 (3): 285-299.

[80] Bottou B L, Murata N. Stochastic Approximations and Efficient Learning [C]. In The Handbook of Brain Theory and Neural Networks, Second edition. 2002.

[81] Vervliet N, Lathauwer L D. A Randomized Block Sampling Approach to Canonical Polyadic Decomposition of Large-Scale Tensors [J]. IEEE Journal of Selected Topics in Signal Processing. 2016, 10 (2): 284-295.

[82] Sun Y, Yu Y, Han J. Ranking-based clustering of heterogeneous information networks with star network schema [C]. In ACM SIGKDD International Conference on Knowledge Discovery and

Data Mining, Paris, France, June 28 - July. 2009: 797-806.

[83] Sun Y, Han J, Yan X, et al. PathSim: Meta Path-Based Top-K Similarity Search in Heterogeneous Information Networks. [J]. Proceedings of the Vldb Endowment. 2011, 4 (11): 992-1003.

[84] Sun Y, Norick B, Han J, et al. Integrating meta-path selection with user-guided object clustering in heterogeneous information networks [C]. In Proceedings of the 18th ACM SIGKDD international conference on Knowledge discovery and data mining. 2012: 723-724.

[85] Sun Y, Norick B, Han J, et al. PathSelClus: Integrating meta-path selection with user-guided Object clustering in heterogeneous information networks [J]. Acm Transactions on Knowledge Discovery from Data. 2012, 7 (3): 723-724.

[86] Chen J, Dai W, Sun Y, et al. Clustering and Ranking in Heterogeneous Information Networks via Gamma-Poisson Model [C]. In Proceedings of the 2015 SIAM International Conference on Data Mining. 2015: 424-432.

[87] Yang J, Chen L, Zhang J. FctClus: A Fast Clustering Algorithm for Heterogeneous Information Networks. [J]. Plos One. 2015, 10 (6).

[88] Sun Y, Aggarwal C C, Han J. Relation strength-aware clustering of heterogeneous information networks with incomplete attributes [J]. Proceedings of the VLDB Endowment. 2012, 5 (5): 394-405.

[89] Sun Y, Han J, Zhao P, et al. RankClus: integrating clustering with ranking for heterogeneous information network analysis [C]. In EDBT 2009, International Conference on Extending Database Technology, Saint Petersburg, Russia, March 24- 26, 2009, Proceedings. 2009: 439-473.

[90] Cai D, Shao Z, He X, et al. Mining hidden community in heterogeneous social networks [C]. In Acm-Sigkdd Workshop on Link Discovery: Issues. 2005: 58-65.

[91] Wang X, Tang L, Liu H, et al. Learning with multi-resolution overlapping communities [J]. Knowledge and Information Systems. 2013, 36 (2): 517-535.

[92] Tang L, Wang X, Liu H. Community detection via heterogeneous interaction analysis [J]. Data Mining and Knowledge Discovery. 2012, 25 (1): 1-33.

[93] Jin R, Kou C, Liu R. Improving Community Detection in Time-Evolving Networks Through Clustering Fusion [J]. Cybernetics & Information Technologies. 2015, 15 (2): 63-74.

[94] Aggarwal C C, Yu P S. Online Analysis of Community Evolution in Data Streams [J]. Sdm Lars Backstrom Dan Huttenlocher Jon Kleinberg & Xiangyang. 2005.

[95] Revelle M, Domeniconi C, Sweeney M, et al. Finding Community Topics and Membership in Graphs [C]. In ECML PKDD. 2015: 625-640.

[96] Holland P W, Laskey K B. Stochastic blockmodels: First steps [J]. Social Networks. 1983, 5 (2): 109-137.

[97] Nowicki K. Estimation and Prediction for Stochastic Blockstructures [J]. Journal of the American Statistical Association. 2001, 96 (455): 1077-1087.

[98] Airoldi E M, Blei D M, Fienberg S E, et al. Mixed Membership Stochastic Blockmodels [J]. Journal of Machine Learning Research. 2008, 9 (5): 1981-2014.

[99] Sun J, Papadimitriou S, Yu P S, et al. Community Evolution and Change Point Detection in Time-Evolving Graphs [M/OL] //Yu P S, Han J, Faloutsos C. In Link Mining: Models, Algorithms, and Applications. New York, NY: Springer New York, 2010: 73-104.

[100] Lin Y R, Sundaram H, Chi Y, et al. Blog Community Discovery and Evolution Based on Mutual Awareness Expansion [C]. In Web Intelligence, IEEE/WIC/ACM International Conference on. Nov 2007: 48-56.

[101] Palla G, Barabási A L, Vicsek T. Quantifying social group evolution. [J]. Nature. 2007, 446 (446): 664-667.

[102] Cuzzocrea A, Folino F, Pizzuti C. DynamicNet: An Effective and Efficient Algorithm for Supporting Community Evolution Detection in Time-evolving Information Networks [C/OL]. In Proceedings of the 17th International Database Engineering & Applications Symposium. New York, NY, USA, 2013: 148-153.

[103] Lin Y-R, Chi Y, Zhu S, et al. Analyzing Communities and Their Evolutions in Dynamic Social Networks [J/OL]. ACM Trans. Knowl. Discov. Data. 2009, 3 (2): 8:1-8:31.

[104] Tantipathananandh C, Berger-Wolf T, Kempe D. A framework for community identification in dynamic social networks [C]. In ACM SIGKDD International Conference on Knowledge Discovery and Data Mining, San Jose, California, Usa, August. 2007: 717-726.

[105] Folino F, Pizzuti C. An Evolutionary Multiobjective Approach for Community Discovery in Dynamic Networks [J]. IEEE Transactions on Knowledge and Data Engineering. 2014, 26 (8):

1838-1852.

[106] Sun Y, Yu Y, Han J. Ranking-based clustering of heterogeneous information networks with star network schema [C]. In ACM SIGKDD International Conference on Knowledge Discovery and Data Mining, Paris, France, June 28 - July. 2009: 797-806.

[107] Sun Y, Tang J, Han J, et al. Community Evolution Detection in Dynamic Heterogeneous Information Networks [C/OL]. In Proceedings of the Eighth Workshop on Mining and Learning with Graphs. New York, NY, USA, 2010: 137-146.

[108] Sun Y, Tang J, Han J, et al. Co-Evolution of Multi-Typed Objects in Dynamic Star Networks [J]. IEEE Transactions on Knowledge & Data Engineering. 2014, 26 (12): 2942-2955.

[109] Lin Y-R, Sun J, Castro P, et al. MetaFac: Community Discovery via Relational Hypergraph Factorization [C/OL]. In Proceedings of the 15th ACM SIGKDD International Conference on Knowledge Discovery and Data Mining. New York, NY, USA, 2009: 527-536.

[110] Lin Y-R, Sun J, Sundaram H, et al. Community Discovery via Metagraph Factorization [J]. ACM Trans. Knowl. Discov. Data. 2011, 5 (3).

[111] Wu J, Wu Y, Deng S, et al. Multi-way Clustering for Heterogeneous Information Networks with General Network Schema [C]. In 2016 IEEE International Conference on Computer and Information Technology (CIT). Dec 2016: 339-346.

[112] Wu J, Meng Q, Deng S, et al. Generic, network schema agnostic sparse tensor factorization for single-pass clustering of heterogeneous information networks [J/OL]. PLOS ONE. 2017, 12 (2): 1-28.

[113] Wu J, Wang Z, Wu Y, et al. A Tensor CP Decomposition Method for Clustering Heterogeneous Information Networks via Stochastic Gradient Descent Algorithms [J]. Scientific Programming. 2017, 2017: 1-13.

[114] Animashree A, Rong G, Daniel H, et al. A Tensor Spectral Approach to Learning Mixed Membership Community Models [C]. In JMLR: Workshop and Conference Proceedings. 2013.

[115] Sun J, Tao D, Papadimitriou S, et al. Incremental tensor analysis:Theory and applications [J]. Acm Transactions on Knowledge Discovery from Data. 2008, 2 (3): 1-37.

[116] Zhang M, Ding C. Robust Tucker Tensor Decomposition for Effective Image Representation [C]. In IEEE International Conference on Computer Vision. 2013: 2448-2455.

[117] Cao X, Wei X, Han Y, et al. Robust Face Clustering Via Tensor Decomposition [J]. Cybernetics IEEE Transactions on. 2014, 45 (11): 2546-2557.

[118] Paatero P. Construction and analysis of degenerate PARAFAC models [J]. Journal of Chemometrics. 2000, 14 (3): 285-299.

[119] Acar E, Dunlavy D M, Kolda T G. A scalable optimization approach for fitting canonical tensor decompositions [J]. Journal of Chemometrics. 2011, 25 (2): 67-86.

[120] Bottou B L, Murata N. Stochastic Approximations and Efficient Learning [C]. In The Handbook of Brain Theory and Neural Networks, Second edition. 2002.

[121] Bro R, Kiers H A L. A new efficient method for determining the number of components in PARAFAC models [J]. Journal of Chemometrics. 2003, 17 (5): 274-286.

[122] Tang L, Liu H, Zhang J, et al. Community evolution in dynamic multi-mode networks [C]. In ACM SIGKDD International Conference on Knowledge Discovery and Data Mining, Las Vegas, Nevada, Usa, August. 2008: 677-685.

[123] Tang L, Liu H, Zhang J. Identifying Evolving Groups in Dynamic Multimode Networks [J]. IEEE Transactions on Knowledge and Data Engineering. 2012, 24 (1): 72-85.

[124] Strehl A, Ghosh J. Cluster ensembles — a knowledge reuse framework for combining multiple partitions [J]. Journal of Machine Learning Research. 2002, 3 (3): 583-617.

[125] Newman M E J, Girvan M. Finding and evaluating community structure in networks [J/OL]. Phys. Rev. E. 2004, 69: 026113.

[126] Newman M E. Modularity and community structure in networks [C]. In APS March Meeting. 2006: 8577-8582.